江苏省高校品牌专业建设工程资助项目

云计算实践教程

金永霞　孙　宁　朱　川　刘小洋　编著

电子工业出版社
Publishing House of Electronics Industry
北京·BEIJING

内 容 简 介

本书介绍了云计算的相关概念及实践应用,重点阐述了开源 IaaS 云平台 OpenStack 和分布式存储与计算平台 Hadoop 的原理及使用方法。主要内容包括 OpenStack 架构和组件、OpenStack 的安装部署、OpenStack 基本操作和管理、Hadoop 相关项目、Hadoop 安装与配置、Hadoop 分布式计算实例。书中详细介绍了云计算平台 OpenStack 和 Hadoop 的部署及使用过程,读者通过学习理论知识,结合云平台的实践操作,可对云计算技术快速入门,在此基础上对云计算开展深入研究。本书配套 PPT、源代码、习题解答等。

本书可以作为高等院校云计算课程的教材,也可以作为广大云计算爱好者的入门级参考用书。

未经许可,不得以任何方式复制或抄袭本书之部分或全部内容。
版权所有,侵权必究。

图书在版编目(CIP)数据

云计算实践教程 / 金永霞等编著. —北京:电子工业出版社,2016.4
ISBN 978-7-121-28588-2

I. ①云… II. ①金… III. ①计算机网络-高等学校-教材 IV. ①TP393

中国版本图书馆 CIP 数据核字(2016)第 076118 号

策划编辑:任欢欢
责任编辑:任欢欢
印　　刷:北京京师印务有限公司
装　　订:北京京师印务有限公司
出版发行:电子工业出版社
　　　　　北京市海淀区万寿路 173 信箱　邮编：100036
开　　本:787×1 092　1/16　印张:19　字数:486.4 千字
版　　次:2016 年 4 月第 1 版
印　　次:2020 年 1 月第 5 次印刷
定　　价:42.00 元

凡所购买电子工业出版社图书有缺损问题,请向购买书店调换。若书店售缺,请与本社发行部联系,联系及邮购电话:(010)88254888,88258888。
质量投诉请发邮件至 zlts@phei.com.cn,盗版侵权举报请发邮件至 dbqq@phei.com.cn。
本书咨询联系方式:192910558(qq 群)。

前　言

　　云计算技术是目前计算机和互联网领域的研究热点，并在短短几年内极大地改变了人们的生活形态。云计算的虚拟化、动态可伸缩性以及按需服务的特性，颠覆了传统的技术模式和商业模式，让人们的生活和工作变得简单而高效。今天，我们可以随时随地通过访问互联网来管理自己的办公桌面、浏览信息、存储文件或者处理大数据，不必担心在传统 IT 环境下的成本、运维效率、数据备份等问题。许多企业都通过采用云计算技术来降低成本、提高效率，Google、Amazon、IBM 等 IT 巨头都推出了自己的云计算产品和服务，极大地推动了云计算技术和应用的普及。

　　随着云计算技术的迅速发展，就业市场对云计算技术人才的需求也越来越大，培养具备一定云计算设计和应用能力的专业人才已经成为计算机教学和科研领域的一个新兴的热点问题。目前，国内各高校根据自己的实际情况，开设了云计算相关的课程，在培养云计算专业人才方面进行了探索和实践。云计算的学习除了要了解基本的理论知识、拓宽知识面外，更要强化实践操作和应用。本书主要面向普通本科院校和广大的云计算初学者，在介绍云计算相关概念、基础架构和关键技术的基础上，重点阐述了开源 IaaS 云平台 OpenStack 以及分布式计算平台 Hadoop 的原理及使用方法，并在这些主流的云计算平台上展开实践，激发读者深入认识计算机领域新兴技术的兴趣。本教材具有以下几个特色：

　　（1）在内容设计上注重理论知识和实践操作相结合，首先让读者快速建立起云计算的基本概念，然后通过实验操作体验云平台的使用，在此基础上深入理解云计算系统的体系结构和实现模块。在内容的组织上由浅入深，从理论到实践循序渐进，适合初学者从认识到实践再到应用的学习过程。

　　（2）为便于自学，实验内容给出了云平台安装、使用的详细操作步骤，并配以大量的图表和说明，使读者能够按照实验步骤独立完成实验，经历云平台搭建、基本操作、平台配置管理、应用开发等环节，训练对云平台的设计、实施和应用能力。

　　（3）书中的内容均来自于云平台的实验和实践，其中 OpenStack 的实验操作和 Hadoop 的程序代码在 IBM OpenStack Solution for System X 云计算实验平台上测试通过。云平台的安装参考了官方文档并进行了验证，在安装时根据实验环境进行了部分调整。对于本书的实验材料，读者均可以在自己搭建的测试平台上操作和验证。

　　本书的内容包括以下几个章节：

　　第 1 章介绍云计算的概念、基础架构、关键技术、云服务类型以及主流的云计算解决方案。第 2 章介绍开源云平台 OpenStack 的发展历史、基本框架以及核心组件的功能。第 3 章介绍 OpenStack 的安装部署方式，包括脚本安装、自动化安装和手动安装，读者按照这些步骤能够搭建起一个云平台环境。第 4 章介绍 OpenStack 的基本操作，包括项目和用户管理、虚拟机管理、存储管理、网络管理、云监控工具 Nagios 和 Ganglia 的使用以及基于 OpenStack 的桌面云系统。第 5 章介绍云计算的开源实现 Hadoop，包括 Hadoop 生态系统、Hadoop 组件、Hadoop 行业应用案例。第 6 章介绍 Hadoop 实验集群的部署结构，给出了 Hadoop 的安装和配置过程，让读者快速搭建和体验 Hadoop。第 7 章介绍 Hadoop 实践操作，包括 HDFS 基本操作、MapReduce 编程实例以及使用 Hbase、Hive 进行查询分析。第 8 章介绍 Savanna 项目，以及利用 Savanna 在 OpenStack 上运行和管理 Hadoop 集群的基本过程。

在学习本书之前，读者需要有一定的 Linux 操作系统的基础知识和使用经验，对计算机网络有一定的了解，有较好的编程基础，能熟练使用 Java 语言。在内容的编排上，OpenStack 和 Hadoop 的实验内容相对独立，读者可以有选择地学习。由于云计算很多技术仍然处于研究阶段，新的研究成果和技术往往难以迅速以教材形式出版，建议读者在学习过程中充分利用开源软件的网络资源，实时关注开源软件更新信息，获取最新的技术资料。

本书的编写得到了 IBM OpenStack 设计团队张小斌、姚岩炜、郭晋兵等专家的大力支持，他们为云计算教学实验平台的搭建和实验项目的设计做了大量的工作；刘景老师对本书的编写提出了许多宝贵的意见和建议；本书中部分实验项目的验证工作由吕进、吴俞昊、吴龙影、张智高、韩磊等完成，在此向他们表示诚挚的谢意。

作者在书中使用了部分从网络中收集的资料，如 OpenStack 官网、Hadoop 官网、个人博客文章等，这些网络资源为本书提供了很好的参考素材，在此向这些网络作者表示衷心的感谢。

作者为本书的编写投入了大量的精力和努力，尽管我们希望做到最好，但受知识水平所限，书中难免存在不足，恳请广大读者批评指正。作者联系方式：jinyx@hhu.edu.cn。

目 录

第1章 云计算概述 ... 1
1.1 理解云计算 ... 1
1.2 云计算的三大交付模型 ... 1
1.2.1 基础设施即服务（IaaS） ... 1
1.2.2 平台即服务（PaaS） ... 2
1.2.3 软件即服务（SaaS） ... 3
1.2.4 云交付模型的比较 ... 3
1.3 云计算的四大部署模式 ... 4
1.4 云计算的关键技术——虚拟化 ... 4
1.4.1 硬件无关性 ... 5
1.4.2 服务器整合 ... 5
1.4.3 资源复制 ... 5
1.4.4 基于操作系统的虚拟化 ... 5
1.4.5 基于硬件的虚拟化 ... 6
1.4.6 虚拟化管理 ... 6
1.5 基本云架构模型 ... 7
1.5.1 相关技术 ... 7
1.5.2 负载分布架构 ... 7
1.5.3 资源池架构 ... 8
1.5.4 动态可扩展架构 ... 8
1.6 云计算解决方案及厂商简介 ... 8
本章小结 ... 9
思考题 ... 10

第2章 开源云平台 OpenStack ... 11
2.1 OpenStack 发展史 ... 11
2.2 OpenStack 概述 ... 12
2.3 OpenStack 架构剖析 ... 13
2.4 OpenStack 核心组件 ... 14
2.4.1 Identity 组件 Keystone ... 14
2.4.2 Storage 组件 Swift、Glance 及 Cinder ... 16
2.4.3 Compute 组件 Nova ... 20
2.4.4 Network 组件 Neutron ... 21
本章小结 ... 24
思考题 ... 24

· V ·

第3章 OpenStack 安装部署 ····· 25
3.1 DevStack 脚本安装 ····· 25
3.1.1 环境准备 ····· 25
3.1.2 安装 ····· 26
3.2 OpenStack 自动化部署 ····· 28
3.2.1 自动化安装和配置工具 ····· 28
3.2.2 IBM OpenStack 自动化部署方案 ····· 33
3.2.3 Fuel 快速安装多节点 OpenStack ····· 36
3.3 OpenStack 手动安装配置 ····· 49
3.3.1 多节点部署的典型架构 ····· 50
3.3.2 多节点虚拟机配置 ····· 53
3.3.3 基础环境准备和设置 ····· 60
3.3.4 认证服务的安装和配置 ····· 61
3.3.5 镜像服务的安装和配置 ····· 66
3.3.6 计算服务的安装和配置 ····· 70
3.3.7 网络服务的安装和配置 ····· 75
3.3.8 安装 Horizon ····· 84
3.3.9 安装块存储服务 ····· 85
本章小结 ····· 89
思考题 ····· 89

第4章 OpenStack 云平台应用与实践 ····· 90
4.1 项目和用户管理 ····· 90
4.1.1 仪表盘设置 ····· 90
4.1.2 项目管理 ····· 91
4.1.3 用户管理 ····· 95
4.2 虚拟机管理 ····· 99
4.2.1 设置云主机类型（Flavor） ····· 99
4.2.2 虚拟机实例操作 ····· 101
4.3 存储管理 ····· 108
4.3.1 镜像操作 ····· 108
4.3.2 卷操作 ····· 111
4.4 网络管理 ····· 120
4.4.1 创建网络 ····· 120
4.4.2 创建子网 ····· 121
4.4.3 查看网络列表 ····· 123
4.4.4 删除网络 ····· 123
4.5 云监控工具：Nagios 和 Ganglia 的使用 ····· 124
4.5.1 Nagios 对服务与资源的监控 ····· 124
4.5.2 Ganglia 对云平台性能的监控 ····· 128

4.6 OpenStack 环境下的桌面云系统·····128
    4.6.1 基于 OpenStack 的桌面虚拟化实现方案·····129
    4.6.2 桌面云系统的应用和实践·····132
本章小结·····134
思考题·····134

第 5 章 云计算的开源实现 Hadoop·····135
5.1 Hadoop 概述·····135
5.2 Hadoop 在云计算和大数据中的位置和其相应关系·····135
5.3 Hadoop 生态系统·····136
    5.3.1 Hadoop 分布式文件系统 HDFS·····137
    5.3.2 Hadoop 分布式计算模型 MapReduce·····138
    5.3.3 Hadoop 分布式数据库 HBase·····139
    5.3.4 Hadoop 数据仓库 Hive·····141
5.4 Hadoop 的行业应用·····142
本章小结·····144
思考题·····144

第 6 章 Hadoop 安装和部署·····145
6.1 Hadoop 安装环境·····145
6.2 Hadoop 实验集群的部署结构·····145
6.3 Hadoop 安装部署实验·····146
    6.3.1 Hadoop 伪分布式安装配置·····146
    6.3.2 Hadoop 集群式安装配置·····156
    6.3.3 第一个 MapReduce 测试程序·····158
6.4 Hadoop 集群异常问题及解决方法·····160
本章小结·····162
思考题·····162

第 7 章 Hadoop 应用与实践·····163
7.1 HDFS 基本操作·····163
    7.1.1 HDFS 基本概念·····163
    7.1.2 HDFS Shell 命令·····166
    7.1.3 HDFS 的 Web 接口·····178
    7.1.4 HDFS 的 Java 访问接口·····179
7.2 MapReduce 编程·····192
    7.2.1 MapReduce 工作机制·····192
    7.2.2 在 Eclipse 中配置开发环境·····193
    7.2.3 MapReduce 程序结构·····197
    7.2.4 MapReduce 应用实例·····199
7.3 HBase 的基本操作·····229

		7.3.1 HBase 安装部署	229
		7.3.2 HBase 的 SHELL 操作	231
		7.3.3 HBase 的 Java API	234
本章小结			238
思考题			238

第 8 章 OpenStack 环境下 Hadoop 的应用 ... 239

8.1	Savanna 简介	239
8.2	Savanna 应用与实践	240
本章小结		249
思考题		249

附录 A 常用 Linux 命令 ... 250

附录 B 常用 OpenStack 命令 ... 285

参考文献 ... 294

第 1 章 云计算概述

1.1 理解云计算

"云"中计算的思想可以追溯到效用计算的起源，这个概念是 John McCarthy 在 1961 年公开提出的："如果我倡导的计算机能在未来得到使用，那么有一天，计算也可能像电话一样成为公用设施。……计算机应用（Computer utility）将成为一种全新的、重要的产业基础。"

直到 2006 年，"云计算"这一术语才开始出现在商业领域。Amazon 推出其弹性计算云（Elastic Compute Cloud，EC2）服务，使得企业通过"租赁"计算容量和处理能力来运行其企业应用程序。同年，Google Apps 也推出了基于浏览器的企业应用服务。三年后，Google 应用引擎（Google App Engine）成为另一个里程碑。

全球最具权威的 IT 研究与顾问咨询公司 Gartner 在其报告中将云计算放在战略技术领域的前沿，其对云计算的正式定义为："……一种计算方式，能通过 Internet 技术将可扩展的和弹性的 IT 能力作为服务交付给外部用户。"

本书参照《云计算时代：本质、技术、创新、战略》一书中所给出的云计算的定义："云计算是指能够通过网络随时、方便、按需访问一个可配置的共享资源池的模式。"资源池包括网络、服务器、存储、应用、服务等，它能在需要很少管理工作或与服务商交互的情况下被快速部署和释放。

1.2 云计算的三大交付模型

云交付模型是指由云服务提供商提供的具体的、事先打包处理好的 IT 资源组合。公认的和被形式化描述的三种常见云交付模型为：基础设施即服务（Infrastructure-as-a-Service，IaaS）、平台即服务（Platform-as-a-Service，PaaS）、软件即服务（Software-as-a-Service，SaaS）。三种模型互相关联，一个模型的范围可以包含另一个。

随着云计算的发展与演变，逐渐涌现出基于这三种交付模型的变种。例如：存储即服务（Storage-as-a-Service）、数据库即服务（Database-as-a-Service）、安全即服务（Security-as-a-Service）、通信即服务（Communication-as-a-Service）、集成即服务（Integration-as-a-Service）、测试即服务（Testing-as-a-Service）、处理即服务（Process-as-a-Service）等。

云交付模型也被称为云服务交付模型，因为每个模型都可被作为不同类型的云服务来向用户提供。

1.2.1 基础设施即服务（IaaS）

IaaS 交付模型是一种自我包含的 IT 环境，由以基础设施为中心的 IT 资源组成，可以通过基于云服务的接口和工具访问、管理这些资源。该环境可以包括硬件、网络、连通性、操作系统以及其他一些"原始"的 IT 资源。与传统的托管或外包环境相比,在 IaaS 中 IT 资源通常是虚拟化的并打成包的形式,这种方式更易于运行扩展和定制基础设施。

IaaS 环境一般需要允许云用户对其资源配置和使用进行更高层次的控制。IaaS 提供的 IT 资源通常是未被配置好的,管理的责任直接落在云用户身上。因此,在实际应用中,对所创建的基于云的环境需要有更高控制权的用户才能使用这种模型。

有时,云提供者为了扩展他们自己的云环境,会从其他云提供者处签约一些 IaaS 资源,不同云提供者提供的 IaaS 产品中 IT 资源的类型和品牌相差各异。通过 IaaS 环境可以得到的 IT 资源通常是初始化生成的虚拟实例。一个典型的 IaaS 环境中的核心和主要的 IT 资源就是虚拟服务器,虚拟服务器的租用是通过指定服务器硬件需求来完成的,例如,处理器能力、内存和本地存储空间等。

如图 1-1 所示是 IaaS 环境中虚拟服务器使用示例,云提供者向云用户提供了一组合约保证,这些保证是关于诸如容量、性能和可用性之类的一些特性。SLA(Service Level Agreement)即服务水平协议,是云提供者和云用户之间签订的服务条款,主要规定了 QoS(Quality of Service)特点、行为、云服务限制以及其他条款。SLA 提供了与 IT 结果相关的各种可测量特征的细节,比如正常运行时间、安全特性以及其他特定的 QoS 特性——可用性、可靠性和性能。由于云用户不了解服务是如何实现的,因此 SLA 就成为一个重要的规范。

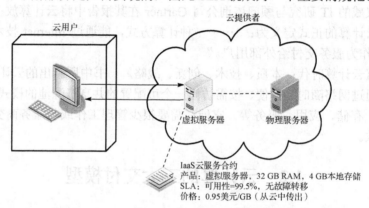

图 1-1 IaaS 环境中虚拟服务器使用示例

1.2.2 平台即服务(PaaS)

PaaS 交付模型是预先定义好的"就绪可用"(ready-to-use)环境,一般由已经部署好和配置好的 IT 资源组成。PaaS 依赖于使用已就绪(ready-made)环境,设立好一套预先打好包的产品和用以支持定制化应用的整个交付生命周期的工具。

云用户会使用和投资 PaaS 环境的常见原因包括:为了可扩展性和经济原因,云用户想要把企业内的环境扩展到云中;云用户使用已就绪环境来完全替代企业内的环境;云用户想要成为云提供者并部署自己的云服务,使之对其他外部云用户可用。

在预先准备好的平台上工作,云用户省去了建立和维护裸的基础设施 IT 资源的管理负担,而在 IaaS 模型中提供的就是这样的裸的资源。对于承载和提供这个平台的底层 IT 资源,云用户只被给予了较低等级的控制权。如图 1-2 所示是用户对 PaaS 环境的访问示例,图中问号表明云用户是被有意识地屏蔽了平台的实现细节。

PaaS 产品带有不同的开发栈，例如，Google App Engine 提供的是基于 Java 和 Python 的环境。

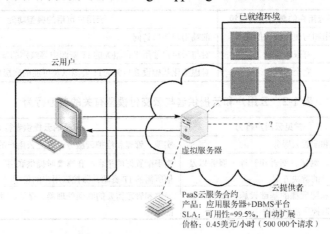

图 1-2　用户对 PaaS 环境的访问

1.2.3　软件即服务（SaaS）

SaaS 通常是把软件程序定位成共享的云服务，作为"产品"或通用的工具进行提供。SaaS 交付模型一般是使用一个可重用云服务，对大多数云用户可用（通常是商用）。SaaS 产品是有完善的市场的，可以出于不同的目的和通过不同的条款来租用和使用这些产品。

通常，云用户对 SaaS 实现的管理权限非常有限。如图 1-3 所示是用户对 SaaS 环境的访问示例，图中问号表示云服务用户可以访问云服务，但是不能访问任何底层的 IT 资源或实现细节。SaaS 实现通常是由云提供者提供的，但也可以是任何承担云服务拥有者角色的实体合法拥有的。例如，一个组织在使用 PaaS 环境时是云用户，它可以建立一个云服务，然后决定将它部署在同一环境中作为 SaaS 提供。那么此组织实际上就承担了这个基于 SaaS 的云服务的云提供者角色，这个云服务对其他组织来说可用，那些组织在使用这个云服务的时候，扮演的就是云用户的角色。

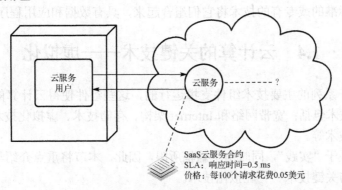

图 1-3　用户对 SaaS 环境的访问

1.2.4　云交付模型的比较

IaaS、PaaS 及 SaaS 这三种云交付模型，在控制等级、典型的责任及使用方面有所不同，表 1-1 和表 1-2 分别从不同的角度，对 IaaS、PaaS 及 SaaS 进行了横向比较。

表 1-1 典型云交付模型的控制等级比较

云交付模型	赋予云用户的典型控制等级	云用户可用的典型功能
SaaS	使用和与使用相关的配置	前端用户接口访问
PaaS	有限的管理	对与云用户使用平台相关的IT资源中等级别的管理控制
IaaS	完全的管理	对虚拟化基础设施相关的IT资源以及可能的底层物理IT资源的完全访问

表 1-2 云用户和云提供者与云交付模型有关的典型行为

云交付模型	常见云用户行为	常见的云提供者行为
SaaS	使用和配置云服务	实现、管理和维护云服务；监控云用户的使用
PaaS	开发、测试、部署和管理云服务以及基于云的解决方案	实现配置好的平台和在需要时提供底层的基础设施、中间件和其他所需的IT资源；监控云用户的使用
IaaS	建立和配置裸的基础设施，安装、管理和监控所需的软件	提供和管理需要的物理处理器、存储、网络和托管；监控云用户的使用

1.3 云计算的四大部署模式

云部署模型表示的是某种特定的云环境类型，主要是以所有权、大小和访问方式来区分。有四种常见的云部署模型。

1）公有云：云基础设施被部署给广泛的公众开放使用。它可能被一个商业组织、研究机构、政府机构或者几者混合所拥有、管理、运营，或被一个销售云计算服务的组织所拥有，该组织将云计算服务销售给一般大众或广泛的工业群体。

2）社区云：基础设施由一些具有共有关注点（如目标、安全需求、策略、遵从性考虑）的组织形成的社区中的用户部署和使用。它可能被一个或多个社区中的组织、第三方或两者的混合所拥有、管理、运营。

3）私有云：云基础设施由一个单一的组织部署和独占使用，适用于多个用户。该基础设施可能由该组织、第三方、两者的混合所拥有和管理、运营。

4）混合云：基础设施是由两种或两种以上的云（公有、社区或私有）组成，每种云仍然保持独立，但用标准的或专有的技术将它们组合起来，具有数据和应用程序的可移植性。

1.4 云计算的关键技术——虚拟化

云计算是由一系列的主要技术组件支撑运行的，这些组件使得云计算的关键功能与特点得以实现。主要技术包括：宽带网络和Internet架构、存储技术、虚拟化技术、Web技术、多租户技术、服务技术等。

本书的重点在于"实践"，同时由于篇幅所限，因此，本节将重点介绍与本书主题密切相关的云计算核心与关键技术——虚拟化技术。

虚拟化是将物理IT资源转换为虚拟IT资源的过程。多数IT资源都能被虚拟化，包括

1）服务器：一个物理服务器可以抽象为一个虚拟服务器；

2）存储设备：一个物理存储设备可以抽象为一个虚拟存储设备或一个虚拟磁盘；

3）网络：物理路由器和交换机可以抽象为逻辑网络，如VLAN；

4）电源：一个物理的不间断电源UPS和电源分配单元可以抽象为通常意义上的虚拟UPS。

运行虚拟化软件的物理服务器称为主机（Host）或物理主机（Physical Host），其底层硬件可以被虚拟化软件访问。虚拟化软件功能包括系统服务，具体来说是与虚拟机管理相关的服务，这些服务通常不会出现在标准操作系统中。因此，这种软件有时也称为虚拟机管理器（Virtual Machine Manager）或虚拟机监视器（Virtual Machine Monitor，VMM），而最常见的称谓是**虚拟机监控器**（Hypervisor）。

1.4.1 硬件无关性

虚拟化是一个转换的过程，其对某种 IT 硬件进行仿真，将其标准化为基于软件的版本。依靠硬件无关性，虚拟服务器能够自动解决软硬件不兼容的问题，很容易地迁移到另一个主机上。因此，克隆和控制虚拟 IT 资源比复制物理硬件要容易得多。

1.4.2 服务器整合

虚拟化软件提供的协调功能可以在一个物理主机上同时创建多个虚拟服务器。虚拟化技术允许不同的虚拟服务器共享同一个物理服务器，这就是服务器整合（Server Consolidation），通常用于提高硬件利用率、负载均衡以及对可用 IT 资源的优化。服务器整合带来了灵活性，使得不同的虚拟服务器可以在同一台主机上运行不同的客户操作系统。

服务器整合是一项基本功能，它直接支持着常见的云特性，如按需使用、资源池、灵活性、可扩展性和可恢复性。

1.4.3 资源复制

创建虚拟服务器就是生成虚拟磁盘映像，它是硬盘内容的二进制文件副本。主机操作系统可以访问这些虚拟磁盘映像，因此，简单的文件操作（如复制、移动和粘贴）可以用于实现虚拟服务器的复制、迁移和备份。这种操作和复制的方便性是虚拟化技术最突出的特点之一，它有助于实现以下功能：

1) 创建标准化虚拟机映像，通常包含了虚拟硬件功能、客户操作系统和其他应用软件，将这些内容预打包入虚拟磁盘映像，以支持快速部署。
2) 增强迁移和部署虚拟机新实例的灵活性，以便快速向外和向上扩展。
3) 回滚功能，将虚拟服务器内存状态和硬盘映射保存到基于主机的文件中，可以快速创建 VM 快照（操作员可以很容易地恢复这些快照，将虚拟机还原到之前的状态）。
4) 支持业务连续性，具有高效的备份和恢复程序能力，为关键 IT 资源和应用创建多个实例。

1.4.4 基于操作系统的虚拟化

基于操作系统的虚拟化是指，在一个已存在的操作系统上安装虚拟化软件，这个已存在的操作系统被称为**宿主操作系统**（Host Operating System），其逻辑分层如图 1-4 所示。其中，虚拟化软件首先被安装在完整的宿主操作系统上，然后被用于产生虚拟机。

虚拟化软件将需要特殊操作软件的硬件 IT 资源转换为兼容多个操作系统的虚拟 IT 资源。由于宿主操作系统自身就是一个完整的操作系统，因此，许多作为管理工具的基于操作系统的服务可以被用来管理物理主机。

基于操作系统的虚拟化会产生与性能开销相关的需求和问题，例如：宿主操作系统消耗

CPU、内存和其他硬件 IT 资源；来自客户操作系统的硬件相关调用需要穿越多个层次，降低了整体性能；宿主操作系统通常需要许可证，而其每个客户操作系统也需要一个独立的许可证。

基于操作系统的虚拟化还有一个关注重点是运行虚拟化软件和宿主操作系统所需的处理开销，实现一个虚拟化层会对系统整体性能产生负面影响。而对影响结果的评估、监控和管理，则要求具备对系统工作负载、软硬件环境和复杂的监控工具的专业知识。

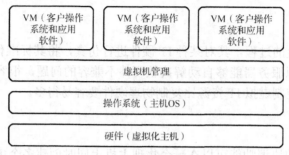

图 1-4　基于操作系统虚拟化的逻辑分层

1.4.5　基于硬件的虚拟化

基于硬件的虚拟化是指将虚拟化软件直接安装在物理主机硬件上，从而绕过宿主操作系统，其逻辑分层如图 1-5 所示。由于虚拟服务器与硬件的交互不再需要来自宿主操作系统的中间环节，因此，基于硬件的虚拟化通常更高效。

在这种情况下，虚拟化软件一般是指虚拟机管理程序（Hypervisor），它具有简单的用户接口，需要的存储空间可以忽略不计。它由处理硬件管理功能的软件构成，形成了虚拟化管理层。虽然没有实现标准操作系统的功能，但是为了供给虚拟服务器，优化了设备驱动程序和系统服务。因此，这种虚拟化系统主要优化协调由此产生的性能开销，这种协调使得多个虚拟服务器可以与同一个硬件平台进行交互。

基于硬件虚拟化的一个主要问题是与硬件设备的兼容性。虚拟化层被设计为直接与主机硬件进行通信，这就意味着所有相关的设备驱动程序和支撑软件都要与虚拟机管理程序兼容。硬件设备驱动程序可以被操作系统调用，却不表示它们同样可以被虚拟机管理程序平台使用。操作系统的高级功能通常包括宿主机控制与管理功能，但是虚拟机管理程序中就不一定有这种功能。

图 1-5　基于硬件虚拟化的逻辑分层

1.4.6　虚拟化管理

与使用物理设备相比，许多管理任务使用虚拟服务器会更容易实现。当前的虚拟化软件提供了一些先进的管理功能，使得管理任务自动化，并减少虚拟 IT 资源的总体执行负担。

虚拟化 IT 资源的管理通常是由虚拟化基础设施管理（Virtualization Infrastructure Management，VIM）工具予以实现。这个工具依靠集中管理模块对虚拟 IT 资源进行统一管理，也被称为控制器，在专门的计算机上运行。

1.5 基本云架构模型

在实现具体的云服务时会面临各种问题，根据所处理的问题的不同，逐渐涌现出了一些云架构，这些云架构的使用可以大大提升整个云服务的服务水平与能力。更为重要的是，这些架构模型为云服务提供者在部署实施云服务时提供了良好的架构方案，使得云服务的质量得到进一步的保证。

1.5.1 相关技术

在向外提供资源或服务时，根据云服务的实现方式不同，可以分为垂直扩展（Vertical Scaling）和水平扩展（Horizontal Scaling）。垂直扩展是指为了应对服务需求的增加或减少，云服务提供者对后台相应资源进行性能、容量方面的提升或下降，但是相应资源的数量并未发生变化。例如，虚拟服务器的 CPU 主频由 2.0 GHz 提升为 3.0 GHz，内存由 4 GB 提升为 16 GB 等。水平扩展则是指为了应对服务需求的增加或减少，云服务提供者对后台相应资源进行数量的增加或减少。例如，某一特定类型的虚拟服务器的数量由 2 台增加至 4 台等。

1.5.2 负载分布架构

水平扩展的常见方法是把负载在两个或更多的 IT 资源上进行负载均衡，与单一 IT 资源相比，这提升了性能的容量。负载均衡器（Load Balancer）机制是一个运行时代理，其逻辑基本上就是基于这一思想的。

负载分布架构就是利用负载均衡器，通过增加一个或多个相同的 IT 资源来达到 IT 资源的水平扩展。提供运行时逻辑的负载均衡器能够在可用 IT 资源上均匀分配工作负载。如图 1-6 所示，云服务 A 在虚拟服务器 B 上有一个冗余副本，负载均衡器截获云服务用户请求，并将其定位到虚拟服务器 A 和 B 上，以保证均匀的负载分布。由此产生的负载分布架构在一定程度上依靠复杂的负载均衡算法和运行时逻辑，减少 IT 资源的过度使用和使用率不足的情况。

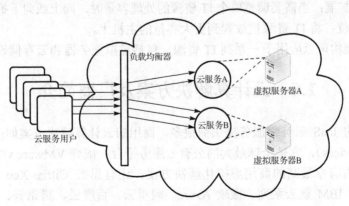

图 1-6　云服务负载分布架构

除了简单的劳动分工算法之外，负载均衡器还可以实现一组特殊的运行时负载分配功能，包括：

1）非对称分配：较大的工作负载被分配到具有较强处理能力的 IT 资源。
2）负载优先级：负载根据其优先等级进行调度、排队、丢弃和分配。
3）上下文感知的分配：根据请求内容的指示把请求分配到不同的 IT 资源。

负载分布常可以用于支持分布式虚拟服务器、云存储设备和云服务。因此，这种基本架构模型可以应用于任何 IT 资源。

1.5.3 资源池架构

资源池架构以使用一个或多个资源池为基础，其中相同的 IT 资源由一个系统进行分组和维护，以确保它们自动保持同步。常见的资源池有：物理服务器池、虚拟服务器池、存储池、网络池、CPU 池、内存池。

可以为每种类型的 IT 资源创建专用池，也可以将单个池集合为一个更大的池，在这个更大的资源池中，每个单独的池成为子资源池。

定义了资源池之后，就可以在每个池中通过创建 IT 资源的多个实例来提供"活的"IT 资源池。

1.5.4 动态可扩展架构

动态可扩展架构是一个架构模型，它基于预先定义扩展条件的系统，触发这些条件会导致从资源池中动态分配 IT 资源。由于不需要人工交互就可以有效地回收不必要的 IT 资源，所以，动态分配使得资源的使用可以按照使用需求的变化而变化。自动扩展监听器机制是一个服务代理，部署在云中，通常靠近防火墙，它监控和追踪云服务用户和云服务之间的通信，自动追踪负载状态信息，用以实现动态自动扩展。自动扩展监听器机制是根据给定云用户的供给合同条款来提供的，并配以决定可以动态提供的额外 IT 资源数量的逻辑。

自动扩展监听器配置了负载阈值，以决定何时为工作负载的处理添加新 IT 资源。对于不同负载波动的条件，自动扩展监听器可以提供不同类型的响应，如：根据云用户事先定义的参数，自动扩展 IT 资源（通常称为自动扩展）；当负载超过当前阈值或低于已分配资源时，自动通知云用户，这种方式下，云用户能够选择调节它当前的 IT 资源分配。

以下是常用的动态扩展类型。
1）动态水平扩展：向内或向外扩展 IT 资源实例，以便处理工作负载的变化。
2）动态垂直扩展：当需要调整单个 IT 资源的处理容量时，向上或向下扩展 IT 资源实例。
3）动态重定位：将 IT 资源重放置到更大容量的主机上。

动态可扩展架构可以应用于一系列 IT 资源，包括虚拟服务器和云存储设备。

1.6 云计算解决方案及厂商简介

市场上主流的 IaaS 云计算服务提供商很多，商用的云计算解决方案如：亚马逊的 AWS（Amazon Web Services），它是全球最大的公有云服务平台；威睿 VMware vSphere 产品系列，它是私有云市场占有率最高的商用虚拟化解决方案；还有思杰 Citrix Xen 产品系列、红帽 RHEV 产品系列、IBM 蓝云系列、微软 Azure、阿里云、百度云、腾讯云、盛大云、UCloud 以及 QingCloud 等。

亚马逊于 2006 年推出 AWS，AWS 由一系列服务组成。在推出 AWS 之前，亚马逊 CEO 在 2002 年要求其内部 IT 系统基于标准 API 方式集成，这一点是非常关键的，这是真正面向服务的尝试。在 SOA 宣传了多年后，亚马逊为 IT 界提供了标杆性的系统设计和实现示范。一切都是 API，这一点也是开源云解决方案 OpenStack 所遵循和推崇的核心设计理念之一。

在中国，阿里云处于公有云领域的第一阵营，是市场影响力和客户基数最大的厂商。然而，从 2009 年成立至今，阿里巴巴对阿里云的战略定位已经数次改变，而且没有一次是定位于 IaaS 服务的。当然，在阿里云的庞大财力、市场知名度和影响力、BGP（Border Gateway Protocol）带宽、基础设施运营经验等多方面优势之下，阿里云最终成为了国内顶级的 IaaS 服务商。处于第二阵营的百度云、腾讯云、盛大云、UCloud 和 QingCloud，都具备一定的研发力量，因此具备了长期发展的基础和可能性。

除了商用解决方案之外，开源社区也存在着如下一些解决方案。

1）Eucalyptus：最初是美国加利福尼亚大学 Santa Barbara 计算机科学学院的一个研究项目，现已经商业化，发展成为 Eucalyptus Systems Inc。不过，Eucalyptus 依然按开源项目那样维护和开发，Eucalyptus Systems 还在基于开源的 Eucalyptus 上构建额外的产品，它还提供支持服务。

2）AbiCloud：是 Abiquo 公司推出的一个开源云计算平台，使公司/企业能够以快速、简单和可扩展的方式创建和管理大型、复杂的 IT 基础设施（包括虚拟服务器、网络、应用、存储设备等）。AbiCloud 与其他同类产品的一个主要区别在于有强大的 Web 界面管理。

3）CloudStack：已被思杰 Citrix 收购，其主要基于 XEN 虚拟化技术，提供私有、公有云解决方案。

4）OpenStack：已被全球三大数据中心之一的 Rackspace、HP 等公有云服务提供商在大规模商用，得到了众多 IT 厂商的支持和认可，是被广泛验证过的产品。OpenStack 以 Apache 许可证授权，是一个自由软件和开放源代码项目，没有企业版。正是因为 OpenStack 的广泛验证与诸多厂家的认可，本书接下来的一章将重点介绍 OpenStack。

本 章 小 结

本章介绍了云计算的相关概念和基础知识，给出了云计算的定义，介绍了云计算的服务类型、部署模式、虚拟化技术、常见的云架构模型以及主流的云计算解决方案。目前人们对云计算的认识还在不断地发展，对云计算的定义也有多种形式，本章给出了其中的一种定义形式。虽然对云计算没有普遍一致的定义，但在一些比较权威的定义中都提到了云计算的几点特征：基于互联网以服务的形式提供应用，动态可伸缩性，共享资源池等。

云计算按服务类型可以分为基础设施即服务 IaaS、平台即服务 PaaS、软件即服务 SaaS，它们在控制等级、典型的责任及使用方面都有所不同。云计算有 4 种常见的部署模式，分别是公有云、社区云、私有云、混合云，主要是以所有权、大小和访问方式来区分。

本章还介绍了云计算的核心与关键技术之一：虚拟化。云计算通过虚拟化技术将物理 IT 资源转换为虚拟 IT 资源，实现资源集中管理，使应用能够动态地使用虚拟资源和物理资源。之后介绍了常见的云架构模型，包括负载分布架构、资源池架构、动态可扩展架构，这些云架构的使用，可以大大提升整个云服务系统的服务水平与能力。最后介绍了目前主流的云计算解决方案及厂商，包括商用和开源解决方案。

本章主要介绍的是云计算的基础知识，所涉及的内容在后面的章节中会详细介绍并进行实践。

思 考 题

1. 云计算是依托哪些技术的发展而形成的？简述云计算的发展背景。
2. 本书中对云计算的定义是什么？
3. 云计算按照服务类型可以分为哪几类？
4. 什么是 IaaS？在 IaaS 中的基础资源设施有哪些？试给出一个 IaaS 云的例子。
5. 什么是 PaaS？PaaS 可以提供哪些平台服务？试给出一个 PaaS 云的例子。
6. 什么是 SaaS？用户对 SaaS 环境的访问受到哪些限制？试给出一个 SaaS 云的例子。
7. 收集 IaaS、PaaS、SaaS 的应用案例，试就它们的技术架构展开讨论和分析。
8. 常见的云部署模型有哪几类？
9. 云计算的关键技术主要有哪些？
10. 什么是基础设施虚拟化？
11. 基于操作系统的虚拟化和基于硬件的虚拟化有什么不同？
12. 常见的云架构模型有哪些？
13. 云计算可以在哪些领域有所应用？至少举出两个行业案例。

第 2 章 开源云平台 OpenStack

2.1 OpenStack 发展史

OpenStack（http://www.openstack.org/）是由 Rackspace 和 NASA（美国国家航空航天局）共同研发的云计算平台，是一个旨在为公有云及私有云的建设与管理提供软件的开源项目。OpenStack 项目最初包括两个模块，一是 NASA 开发的计算服务模块 Nova，另一个是 Rackspace 开发的云存储（对象存储）模块 Swift。在 2010 年 10 月，用于镜像管理的部件 Glance 加入其中，形成了 OpenStack 的核心架构。

Rackspace 是全球三大数据中心之一，公司总部位于美国，在全球拥有 10 个以上数据中心，管理超过 10 万台服务器，是全球领先的托管服务器及云计算提供商。而美国国家航空航天局（NASA）的星云计划 Nebula 是 NASA 埃姆斯研究中心的一项云计算重点开发项目，它整合了一系列的开源组件，形成无缝自助平台，利用虚拟化、可扩展技术提供了高性能计算、存储和网络。

Rackspace 和 NASA 合作时决定 OpenStack 由 Rackspace 管理，为了使 OpenStack 更好地发展，Rackspace 联合部分成员于 2011 年成立了 OpenStack 基金会，其下有三个分支：技术委员会、用户委员会、董事会。OpenStack 基金会作为一个独立的组织，确保 OpenStack 在长期内获得更好的发展，保护、培育和提升 OpenStack 软件和社区，包括用户、开发者和整个生态系统。会员既包括 IT 厂商、公司成员，也包括以个人名义或代表公司加入的个人成员。OpenStack 发展迅速，除了得到 Rackspace 和 NASA 的支持，还吸引了 IBM、惠普、戴尔以及英特尔等著名 IT 巨头们的加入和支持，而且拥有 5600 位个人会员，其社区活跃度也已经超越了 Eucalyptus 和 CloudStack，成为仅次于 Linux 的世界第二大开源基金会。OpenStack 的技术更新和版本发行速度很快，从机构成立至第一个版本发布仅用了很短的时间，之后基本上每六个月发布一个新版本。OpenStack 的版本发展如表 2-1 所示。

表 2-1 OpenStack 版本发展

时 间	成 果
2010 年 6 月	Rackspace 和 NASA 成立 OpenStack
2010 年 7 月	超过 25 名合作伙伴
2010 年 10 月	首个版本发布，代号"Austin"，35 名合作伙伴
2011 年 2 月	代号"Bexar"版本发布
2011 年 4 月	代号"Cactus"版本发布
2011 年 9 月	代号"Diablo"版本发布，该版本相对比较稳定，可以开始大规模部署应用
2012 年 4 月	代号"Essex"版本发布
2012 年 9 月	发布 Folsom 版本，融合 Quantum 网络服务
2013 年 4 月	发布 Grizzly 版本，将 Melang 和 Quantum 融合起来支撑网络服务

续表

时间	成果
2013年10月	发布 Havana 版本，正式发布 Ceilometer 项目和 Heat 项目，网络服务 Quantum 变更为 Neutron
2014年4月	发布 Icehouse 版本，新项目 Trove 成为版本的组成部分
2014年10月	发布 Juno 版本，实现对 Hadoop 和 Spark 集群管理和监控的自动化服务
2015年4月	发布 Kilo 版本，实现首个完整版的 ironic 裸机服务

2.2 OpenStack 概述

OpenStack 的愿景是为所有公有云和私有云提供商提供可满足其任意需求、容易实施且可以大规模扩展的开源云计算平台。整个 OpenStack 项目被设计为可大规模灵活扩展的云计算操作系统，任何组织均可以通过 OpenStack 基于标准化的硬件设施创建和提供云计算服务。

由于亚马逊经过多年的发展并取得了巨大的成功，已经成为事实上的 IaaS 的标准，OpenStack 也希望通过标准化服务的方式，在云计算的标准化和规范化方面有所推动。OpenStack 定位是亚马逊 AWS（Amazon Web Services）的开源实现，无论在功能上还是 API 接口上，都尽可能与 AWS 保持兼容，所以 OpenStack 很多功能和亚马逊基本上是对应的，如表 2-2 所示。

表 2-2 OpenStack 与 AWS 映射

亚马逊 AWS	OpenStack
EC2 弹性虚拟机	Nova，虚拟化管理程序
S3 云存储	Swift，对象存储组件
EBS 弹性云硬盘	Nova-volume/Cinder，虚拟机的存储管理组件
ELB 负载均衡	Atlas-LB，OpenStack 外围项目，实现负载均衡
Console 控制台	Dashboard Horizon，界面访问控制台
VPC 虚拟私有云	Neutron，网络管理的组件
IAM 认证鉴权	Keystone，提供身份认证和授权的组件
Elastic MapReduce	Sahara，大数据方案

此外，OpenStack 提供了框架标准和 API，用户可以以此为基础构建云计算解决方案，这些标准与亚马逊云计算服务 AWS 是兼容的。OpenStack 所有模块子系统之间均是通过标准化的 API 实现服务调用的，标准化的接口服务框架意味着可以有差异化的实现，所以 OpenStack 也以包容的方式融合了诸多厂商的云计算服务，如 KVM、VMware、Xen、Hyper-V 等。

OpenStack 是一个开源软件，以 Apache 许可证授权。OpenStack 的版本由 OpenStack 基金会整理与发布，同时应用厂商对核心的要求也不断返回 OpenStack 基金会的技术委员会，并进一步促使拥有更强大功能的新版本推出。OpenStack 的开放性使其能够在推动技术创新的同时，达到与应用厂商共赢的局面。此外，由于开源软件的源代码是公开的，若源代码有质量方面的问题，则更易于被发现并被修正，从而源代码的安全漏洞也易于被发现并被修正。OpenStack 主要用 Python 编写，其代码质量相当高，带有一个完全文档化的 API，开发者可以很方便地从 OpenStack 的官方网站获取代码和文档。由此可见，OpenStack 的社会化研发、OpenStack 基金会的有效管理、Apache 许可证授权等原则和机制有力地保证了 OpenStack 的发展和创新。

由于 OpenStack 可帮助服务商实现类似亚马逊 EC2 和 S3 这种基础设施服务，因此被越来越多的厂家和云计算服务提供商采纳并应用到生产环境中。Rackspace 已经采用 OpenStack 提供虚拟机和云存储服务，其中云存储 Swift 已经达到 100 PB。HP 推出的公有云服务也是基于 OpenStack 的。IBM 作为 OpenStack 基金会的白金会员，于 2013 年推出首个基于 OpenStack 的产品 SmartCloud Orchestrator。SmartCloud 是基于数据中心运行云部署的平台名称，Orchestrator 则为用户提供云应用所需的计算、存储和网络资源交付服务。通过 SmartCloud Orchestrator，用户可以在基础设施和平台层面进行端到端的服务部署，可以自定义工作流用于过程自动化和 IT 管理、资源监控、成本管理等。eBay 在使用 OpenStack 搭建其私有云之前，有自己研发的云，现在他们的一大工作是将之前开发的云的一些代码迁移到现在 OpenStack 环境中。从下面几个数字可以看出 eBay OpenStack 云的规模：8 个地理位置分散的完全隔离的可用域、7 000 多个 Hypervisor、65 000 个虚拟机、1.3 PB 块存储、90 TB 对象存储。

OpenStack 提供了公有云及私有云部署的解决方案，同时也逐渐成为混合云部署的标准。在实践应用中，很少企业有能力将其整个基础架构移至公有云，对于大多数企业而言，混合部署将成为常态。2015 年 Google 加入 OpenStack 基金会，将加速 OpenStack 的深入推广以及与 GCE（Google Compute Engine）等公有云的互联互通，使 OpenStack 成为企业级市场和互联网巨头共同认可的开放云、混合云平台标准。

2.3 OpenStack 架构剖析

关键需求决定架构，在分析 OpenStack 架构前，需要再次深入理解 OpenStack 的业务背景。OpenStack 项目被设计为可大规模灵活扩展的云计算操作系统，任何组织均可通过 OpenStack 创建和提供云计算服务。为了达到该目标，OpenStack 需要具有如下功能：项目所有的构成子系统和服务均被集成起来，一起提供 IaaS 服务；通过标准化公用服务接口 API 实现集成；子系统和服务之间可以通过 API 互相调用。

OpenStack 采用了职责拆分的设计理念，根据职责不同拆分成 7 个核心子系统，每个子系统都可以独立部署和使用。在每个子系统中，又根据分层（layer）设计理念，拆分为 API、逻辑处理（包含数据库存储）、底层驱动适配 3 个层次。OpenStack 的核心系统概念架构如图 2-1 所示。

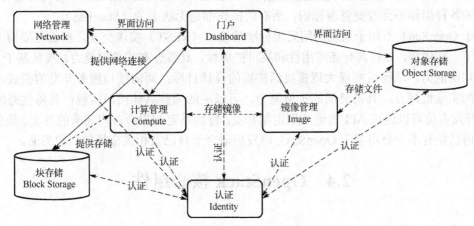

图 2-1 OpenStack 核心系统概念架构图

OpenStack 的核心项目包括
1）对象存储（Object Storage）：系统名称是 Swift，通过简单的 key/value 的方式实现对象文件的存储和读取，适用于"一次写入，多次读取，无须修改"的情况，例如图片、视频、邮件附件等海量数据的存储。对象存储俗称云存储，国外的 dropbox、box，以及国内的云盘等均是云存储的应用，而 dropbox 则是基于亚马逊 S3 API 接口开发的典型案例。

2）镜像管理（Image）：系统名称为 Glance，提供虚拟磁盘镜像的目录分类管理以及镜像库存储管理，用于 OpenStack 虚拟机。

3）计算管理（Compute）：系统名称为 Nova，提供虚拟主机，包括虚拟机、弹性云硬盘等服务。通过虚拟化技术，例如 KVM、Xen、VMware ESXI 等实现计算、网络、存储等资源池的构建及应用，将计算能力通过虚拟机的方式交付用户。虚拟机的诞生很大程度上改变了 IT 支撑运维的管理模式，带来了诸如采购、管理、运维等的变革。

4）网络管理（Network）：系统名称为 nova-network 和 Neutron，其实现了虚拟机的网络资源管理，包括网络连接、子网 IP 管理、L3 的公网映射、后续的负载均衡等。

5）块存储（Block Storage）：系统名称为 nova-volume 和 Cinder，其实现了对块存储的管理，为虚拟机提供云硬盘（块设备）服务。块存储将物理存储根据需要划分成不同的存储空间提供给虚拟机，虚拟机将其识别为新的硬盘。该系统的规划支持主流的 IP-SAN、FC-SAN 等存储网络，以及 NAS 存储设备。Essex 版本中 nova-volume 实现了块存储（云硬盘）的管理，在 Folsom 版本后，独立新增加的 Cinder 项目增强了该方面的管理能力。

6）认证管理（Identity）：系统名称为 Keystone，其为 OpenStack 所有的系统提供统一的授权和身份验证服务。

7）界面展示：系统名称为 Horizon，是基于 OpenStack API 接口开发的 Web 呈现。

整个 OpenStack 对终端用户提供两大类访问入口：界面 Horizon 和 API。所有子系统提供标准化 API，终端用户（包括开发人员）通过 API 访问和调用不同子系统的服务。子系统内部划分 API、逻辑处理（Manager）和底层驱动适配（Driver）。

不同子系统通过 API 实现交互，这里主要是指 REST 风格的 API。RESTfull 风格的接口设计理念基于 HTTP 协议，类似于 WebService，但更简单。REST 提出了一些设计概念和准则，包括：网络上的所有事物都被抽象为资源（Resource）；每个资源对应一个唯一的资源标识（Resource Identifier）；通过通用的连接器接口（Generic Connector Interface）对资源进行操作；对资源的各种操作不会改变资源标识；所有的操作都是无状态的（Stateless）。

由于 OpenStack 不同子系统之间采用标准的接口（REST）实现交互，那么在架构上就天然具备了一些优势，如：具有高可用性和高可扩展性，具备分布式部署能力，具备基于 HTTP 的负载均衡能力，从而可实现大规模灵活扩展的设计目标；面向接口服务开发的模式，不同子系统间实现低耦合；具备灵活的扩展能力，可以灵活调整具体接口实现；具备优秀的集成能力，开发人员可以通过 API 实现应用定制开发，特别是定制符合客户需求的界面、原生 API 等。国内已经有不少公司基于 OpenStack 研发出适合于自己及相关市场的门户界面。

2.4 OpenStack 核心组件

2.4.1 Identity 组件 Keystone

OpenStack Identity 提供了对其他所有 OpenStack 项目进行身份验证的一种常见方法。每项多用户服务都需要一些机制来管理哪些人可以访问应用程序，以及每个人可以执行哪些操作，私有云也不例外。OpenStack 已经将这些功能简化为一个单独的称为 Keystone 的项目。

Keystone 是 OpenStack Identity 的项目名称，该服务通过 OpenStack 应用程序编程接口 API 提供令牌、策略和目录功能。与其他 OpenStack 项目一样，Keystone 表示一个抽象层。它并不实际实现任何用户管理功能，而是会提供插件接口，以便使用者可以利用其当前的身份验证服务，或者从市场上的各种身份管理系统中进行选择。

Keystone 集成了用于身份验证、策略管理和目录服务的 OpenStack 功能，这些服务包括注册所有租户和用户，对用户进行身份验证并授予身份验证令牌，创建横跨所有用户和服务的策略，以及管理服务端点目录。身份管理系统的核心对象是用户，也就是使用 OpenStack 服务的个人、系统或服务的数字表示。用户通常被分配给称为租户的容器，该容器会将各种资源和身份项目隔离开来。租户可以表示一个客户、账户或者任何组织单位。

身份验证是确定用户是谁的过程。Keystone 确认所有传入的功能调用都源于声明发出请求的用户，通过测试凭证形式的声明来执行这一验证。凭证数据的显著特性就是它应该只供拥有数据的用户访问，该数据中可以只包含用户知道的数据（用户名称和密码或密钥）、用户通过物理方式处理的一些信息（硬件令牌），或者是用户的一些"实际信息"（视网膜或指纹等生物特征信息）。

在 OpenStack Identity 确认用户的身份之后，它会给用户提供一个证实该身份并且可以用于后续资源请求的令牌。每个令牌都包含一个作用范围，列出了对其适用的资源。令牌只在有限的时间内有效，如果需要删除特定用户的访问权限，也可以删除该令牌。

安全策略是借助一个基于规则的授权引擎来实施的。用户经过身份验证后，下一步就是确定身份验证的级别。Keystone 利用角色的概念封装了一组权利和特权。身份服务发出的令牌包含一组身份验证的用户可以假设的角色，然后，由资源服务将用户角色组与所请求的资源操作组相匹配，并做出允许或拒绝访问的决定。

Keystone 的一个附加服务是用于端点发现的服务目录。该目录提供一个可用服务清单及其 API 端点。一个端点就是一个可供网络访问的地址（例如 URL），用户可在其中使用一项服务。所有 OpenStack 服务，包括 OpenStack Compute（Nova）和 OpenStack Object Storage（Swift），都提供了 Keystone 的端点，用户可通过这些端点请求资源和执行操作。

Keystone 作为 OpenStack 的核心组件，为云主机管理 Nova、镜像管理 Glance、对象云存储 Swift 和界面仪表盘 Horizon 提供认证服务。以上这些组件的交互方式如图 2-2 所示。

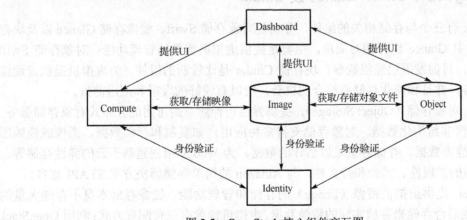

图 2-2　OpenStack 核心组件交互图

Keystone 作为 OpenStack 最早期的核心项目独立发展起来,由于 OpenStack 的核心设计理念是一切皆 API 化,所以涉及服务 API 的调用脱离不了 Keystone。Keystone 为整个 OpenStack 项目的其他子系统提供以下服务:用户信息管理,包括用户/租户基本信息、项目管理;认证服务,登录认证、鉴权管理,Keystone 通过角色及权限控制实现鉴权。

Keystone 涉及以下几个基本业务概念。

1) Service(服务):Service 是基于 OpenStack 标准 REST API 对外提供的服务。例如云主机服务 Nova、弹性云硬盘服务 Cinder、认证服务 Keystone、镜像服务 Glance、网络服务 Neutron 等。

2) Endpoint(服务端点):Endpoint 是指提供服务的 Server 端,一个可以通过网络访问的地址,以 URL 的形式表示。通常 OpenStack 的每一个服务都需要绑定 API 端点,例如,下面的命令就是为认证服务指定 API 端点,即创建一个端点并指定 public API、internal API 和 admin API 的 URL。

```
keystone endpoint-create \
  --service-id=$(keystone service-list | awk '/ identity / {print $2}') \
  --publicurl=http://control:5000/v2.0 \
  --internalurl=http://control:5000/v2.0 \
  --adminurl=http://control:35357/v2.0
```

3) Tenant(租户/项目):使用 OpenStack 相关服务的一个用户组。租户可以是一个消费者(Consumer)、账户(Account)、组织(Organization)或者项目(Project)。一个用户(包括 admin user)必须至少属于一个项目,也可以属于多个项目。在 Nova 云主机中,Tenant 对应项目 Project,在其云存储中对应于 Account。

4) Role(角色):对应于一个租户中的使用权限的集合,包括超级管理员 admin、普通成员 member 等。admin 具有管理员权限,member 使用租户内部的相关功能。

5) Token(令牌):Keystone 成功验证用户身份后提供的凭证,用来实现单点登录,是各模块之间调用的认证令牌。

6) Credentials(凭证证书):证明用户身份的数据,通常是用户名和密码、指纹识别或者是加密令牌等。

2.4.2 Storage 组件 Swift、Glance 及 Cinder

OpenStack 有三个与存储相关的组件,分别是对象存储 Swift、镜像存储 Glance 以及块存储 Cinder。其中 Glance 组件相对简单,主要是提供虚拟机镜像的管理功能;对象存储 Swift 出现时间较早,目前发展已经很成熟;块存储 Cinder 是比较新的组件,为虚拟机提供云硬盘(块设备)服务,并且和商业存储有结合的机会,所以有较好的发展和应用前景。

1) Swift:对象存储(Object Storage),提供弹性可伸缩、高可用的分布式对象存储服务,适合存储大规模非结构化数据。对象存储支持多种应用,如复制和存档数据、图像或视频服务,存储次级静态数据,存储容量难以估计的数据,为 Web 应用创建基于云的弹性存储等。Swift 具有很强的扩展性、冗余和持久性,与 Amazon 的简单存储解决方案 S3 API 兼容。

2) Glance:提供虚拟机镜像(Image)的存储和管理功能。镜像存储本身不存储大量的数据,需要挂载后台存储来存放实际的镜像数据。虚拟机镜像有三种配置方式:利用 OpenStack 对象存储机制来存储镜像;利用 Amazon S3 直接存储信息;或者将 S3 存储与对象存储结合起来，作为 S3 访问的连接器。OpenStack 镜像服务支持多种虚拟机镜像格式，包括 VMware（VMDK）、Amazon 镜像（AKI、ARI、AMI）以及 VirtualBox 所支持的各种磁盘格式。

3）Cinder：块存储（Block Storage）服务，提供持久化块设备存储的接口。OpenStack 中的实例是不能持久化的，需要挂载卷（Volume），在卷中实现持久化。Cinder 就是提供对卷实际需要的存储块单元的管理功能，用户通过把块存储卷附加到虚拟机上实现虚拟机数据的持久化存储。

1. OpenStack 对象存储——Swift

Swift 是 OpenStack 开源云计算项目的子项目之一，它并不是文件系统或者实时的数据存储系统，它称为**对象存储**，主要用于永久类型的静态数据的长期存储，这些数据可以检索、调整或更新。Swift 前身是 Rackspace Cloud Files 项目，随着 Rackspace 加入到 OpenStack 社区，其于 2010 年 7 月贡献给 OpenStack，作为该开源项目的一部分。

Swift 具有极高的数据持久性（Durability）和很强的可扩展性，这里的可扩展性表现在两方面，一是数据存储容量的扩展，二是 Swift 性能的线性提升（如每秒查询率 QPS、吞吐量等）。由于通信方式采用非阻塞式 I/O 模式，所以极大地提高了系统吞吐和响应能力。

Swift 采用完全对称、面向资源的分布式系统架构设计，所有组件都可扩展，并且整个 Swift 集群中没有一个角色是单点的，能够有效地避免因单点失效而扩散并影响整个系统运转。对称架构意味着 Swift 中各节点可以完全对等，能极大地降低系统维护成本，并且易于扩容，只需简单地新增机器，系统便会自动完成数据迁移等工作，使各存储节点重新达到平衡状态。Swift 的元数据存储是完全均匀随机分布的，并且与对象文件存储一样，元数据也会存储多份，在架构和设计上保证了元数据信息的可靠存储。

Swift 的物理架构如图 2-3 所示，主要有三个组成部分：Proxy Server、Storage Server 和 Consistency Server。其中 Storage 和 Consistency 服务均允许部署在 Storage Node 上。为了统一 OpenStack 各个项目间的认证管理，认证服务目前使用 OpenStack 的认证服务 Keystone。

1）Proxy Server（代理服务）：用于对外提供对象服务 API，负责 Swift 其余组件间的相互通信，会根据环（Ring）的信息来查找服务地址，并转发用户请求至相应的账户、容器或者对象服务。由于采用无状态的 REST 请求协议，所以可以进行横向扩展来均衡负载。Proxy Server 也负责处理大量的失败，比如一个服务器不可用，它就会要求环为它寻找下一个接替的服务器，并把请求转发到那里。

2）Storage Server（存储服务）：提供了磁盘设备上的存储服务。在 Swift 中有三类存储服务：对象服务（Object Server）、容器服务（Container Server）和账户服务（Account Server）。

其中对象服务（Object Server）提供对象元数据和内容服务，每个对象的内容会以文件的形式存储在文件系统中，元数据会作为文件属性来存储，一般采用支持扩展属性的 XFS 文件系统。

容器服务（Container Server）提供容器元数据和统计信息，并维护所含对象列表的服务，每个容器的信息存储在一个 SQLite 数据库中。

账户服务（Account Server）提供账户元数据和统计信息，并维护所含容器列表的服务，每个账户的信息也被存储在一个 SQLite 数据库中。

3）Consistency Server：用于查找并解决由数据损坏和硬件故障引起的错误。主要有三项服务：审计服务（Auditor）、更新服务（Updater）和复制服务（Replicator）。

审计服务（Auditor）主要检查对象、容器和账户的完整性，如果发现比特级的错误，那么文件将被隔离，并复制其他副本以覆盖本地损坏的副本，其他类型的错误会被记录到日志中。

复制服务（Replicator）用以检测本地分区副本和远程副本是否一致，具体是通过对比散列文件和高级水印来完成，发现不一致时会采用推式（Push）更新远程副本，另外一个任务是确保被标记删除的对象从文件系统中移除。

更新服务（Updater）主要负责更新处理，当对象由于高负载的原因而无法立即更新时，任务将会被序列化到本地文件系统中进行排队，以便服务恢复后进行异步更新。例如成功创建对象后容器服务器没有及时更新对象列表，这个时候容器的更新操作就会进行排队，更新服务会在系统恢复正常后扫描队列并进行相应的更新处理。

审计服务在每个 Swift 服务器的后台持续地扫描磁盘来检测对象、容器和账号的完整性。如果发现数据损坏，审计服务就会将该文件移动到隔离区域，然后由复制服务负责用一个完好的复制来替代该数据。

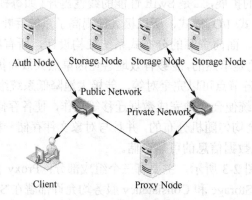

图 2-3　Swift 物理架构

2. OpenStack 镜像存储——Glance

Glance 实现虚拟机镜像模板的管理，是 Nova 系统架构中非常重要的模块。镜像管理的目标就是提供镜像的存储访问管理，OpenStack 将 Glance 独立出来的一个原因是尽可能将镜像存储至多种存储设备上。Glance 提供一个完整的适配框架，支持亚马逊对象存储 S3、OpenStack 自有的 Swift 对象存储，以及常用的文件系统存储。当然也可以自行开发拓展到别的存储上，例如 HDFS。下面对 Glance 的基本功能进行剖析。

1）镜像管理：包括镜像创建，基本信息更新，镜像文件上传、下载等。镜像可以看成虚拟机的模板，用于生成虚拟机实例。

2）快照管理：快照也是一种镜像，对虚拟机创建快照后，可以基于快照部署虚拟机实例。例如，部署一台 Linux 虚拟机，其上运行 Ubuntu，在该虚拟机上安装 Web 应用，安装调试完毕后，为该虚拟机当前状态做一个快照。以后如果需要部署该 Web 应用，可以直接通过该快照部署，几分钟内 Web 应用即可部署完毕，并且增加至负载均衡里面可实现应用处理能力的水平扩展。

3）镜像的存储管理：镜像特别是虚拟机快照类镜像，随着使用规模的扩大，镜像的数量和容量需求在不断扩大，对存储要求越来越高。用传统的文件系统难以解决大规模海量存储要求,所以镜像的存储需要进行扩展,可以通过分布式文件系统或对象云存储的方式实现镜像文件存储。

镜像管理包括三个组成部分,分别是 API 接口服务、注册服务和存储适配器,其功能架构如图 2-4 所示。

1) API 接口服务 Glance-API:对外提供镜像接口服务,包括镜像的上传和下载、更改信息,以及虚拟机、云硬盘快照管理等接口服务;

2) 注册服务 Glance-Registry:存储镜像元数据信息,与数据库交互实现镜像基础信息存储;

3) 存储适配器 Store Adapter:存储镜像文件,提供多种存储适配,支持 S3 存储、Swift 存储以及文件系统等。

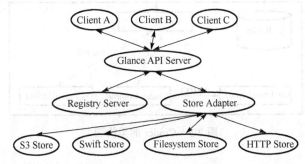

图 2-4 Glance 功能架构图

从 Glance 的功能架构图可以看出,API 接口服务调用注册服务和存储适配。在实际部署中,Glance-API 和 Glance-Registry 可以分离,所以 Glance-API 接口服务访问 Glance-Registry 注册服务需要通过远程 HTTP 方式访问,而接口服务与存储适配是通过本地接口调用实现的。

3. OpenStack 块存储——Cinder

在 OpenStack 的 Folsom 版本中,将之前 Nova 中的部分持久性块存储功能(Nova-Volume)分离了出来,独立为新的组件 Cinder。Cinder 的功能是实现块存储服务,根据实际需要快速为虚拟机提供块设备的创建、挂载、回收以及快照备份控制等。它并没有实现对块设备的管理和实际服务,而是为后端不同的存储结构提供了统一的接口,不同的块设备服务厂商在 Cinder 中实现其驱动支持,以与 OpenStack 进行整合。

Cinder 包括 API、调度 Scheduler 和存储适配 Cinder-Volume 三项服务,其中 Cinder-Scheduler 根据服务寻找合适的服务器 Cinder-Volume,发送消息到 Cinder-Volume 节点,由 Cinder-Volume 提供弹性云存储服务。Cinder-Volume 可以部署到多个节点上。其架构如图 2-5 所示。

1) Cinder-API:解析所有传入的请求并将它们转发给消息队列。

2) Cinder-Scheduler:调度程序,根据预定策略选择合适的块存储服务节点来执行任务。在创建新的卷时,该调度器选择卷数量最少的一个活跃节点来创建卷。

3) Cinder-Volume:该服务运行在存储节点上,负责管理存储空间,通过消息队列直接在块存储设备或软件上与其他进程交互。每个存储节点都有一个块存储服务,若干个这样的存储节点联合起来可以构成一个存储资源池。

Cinder 通过添加不同厂商的指定驱动来支持不同类型和型号的存储,目前能支持的商业存储设备有 EMC 和 IBM 的几款产品,也能通过 LVM 支持本地存储。对于本地存储,

Cinder-Volume 使用 LVM 驱动，需要在主机上事先用 LVM 命令创建一个 Cinder-Volumes 的卷组，当该主机接收到创建卷请求的时候，Cinder-Volume 在该卷组上创建一个逻辑卷，并且用 OpeniSCSI 将这个卷当成一个 iSCSI TGT 输出。虽然从管理的角度来看可以解决存储共享的问题，但是这样的设计对于本地存储的管理会产生较大的性能损耗，因为和直接访问相比，通常 iSCSI 导出会增加 30%以上的 IO 延迟。从目前的实现来看，Cinder 对本地存储和 NAS 的支持比较好，可以提供完整的 Cinder API V2 支持，而对于其他类型的存储设备，Cinder 的支持会受到一些限制。

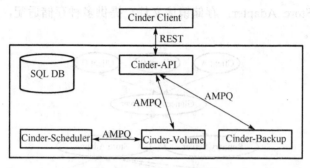

图 2-5 Cinder 的架构图

2.4.3 Compute 组件 Nova

OpenStack Compute 是云计算系统的结构控制器，它的功能是根据用户需求提供计算服务，配置虚拟机规格，负责对虚拟机进行创建并管理虚拟机实例的整个生命周期。OpenStack Compute 这个名称指的是一个特定的项目，该项目也被称为 Nova，但与计算和运行计算相关的组件有两个：镜像管理 Glance 和计算管理 Nova。其中 Glance 包含可执行代码和操作环境的静态磁盘镜像，Nova 用以管理正在运行的虚拟机实例。

Nova 是基础架构服务核心，也是 OpenStack 家族中最复杂的组件，具有高度分散的性质和多个流程。Nova 与其他几个 OpenStack 服务都有一些接口：它使用 Keystone 来执行其身份验证，使用 Horizon 作为其管理接口，并用 Glance 提供其镜像。Nova 与 Glance 的交互最为密切，它需要下载镜像，以便通过镜像来创建虚拟机。虽然 Nova 本身不包括任何虚拟化软件，但它可以通过与虚拟化技术有关联的驱动程序来集成许多常见的虚拟机管理程序。

启动虚拟机实例涉及识别并指定虚拟硬件模板（在 OpenStack 中称为 Flavor）。模板描述被分配给虚拟机实例的计算（虚拟 CPU）、内存（RAM）和存储配置（硬盘）。OpenStack 的默认安装提供了五种模板，它们由管理员配置。

Nova 通过将执行分配给某个特定的计算节点（在 OpenStack 中称为主机）来调度被请求的实例。每个 OpenStack 子系统都必须定期报告其状态和能力，调度程序使用数据来优化其分配。整个分配过程由两个阶段组成：Filtering（过滤）阶段和 Weighting（加权）阶段。Filtering（过滤）阶段应用一组过滤器生成最适合的主机的列表。调度程序将会缩小主机的选择范围，以找到符合请求参数的主机，每个 OpenStack 服务的能力是影响选择的重要因素之一。在 Weighting（加权）阶段使用一个特殊的函数来计算每个主机的成本，并对结果进行排序。这个阶段的输出是一个主机列表，这些主机可用最少的成本满足用户对给定数量的实例的请求。

Nova 还执行了其他一些函数,这些函数与涵盖网络、安全性和管理的其他 OpenStack 项目有密切的交互。但 Nova 一般处理这些项目中与实例相关的方面,如存储的连接和取消,分配 IP 地址,或创建运行实例的快照。

Nova 采用的是无共享架构,如图 2-6 所示,这样所有的主要部件都可以在不同的服务器上运行,分布式设计依赖于一个消息队列来处理组件对组件的异步通信。

Nova 将虚拟机的状态存储在一个基于结构化查询语言 SQL 的中央数据库中,所有的 OpenStack 组件都使用该数据库。该数据库保存了可用实例类型、网络和项目的详细信息。

OpenStack Compute 的用户界面是 Web 仪表板(Dashboard)。这也是所有 OpenStack 模块的中央门户,为所有项目提供图形界面,并执行应用程序编程接口(API)来调用被请求的服务。

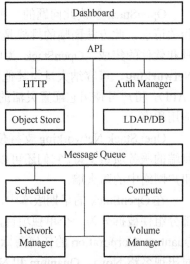

图 2-6 Nova 的无共享架构

Nova API 负责接收 HTTP 请求,处理命令,然后将任务通过消息队列或 HTTP(在使用对象存储的情况下)委派给其他组件。Nova API 支持 OpenStack Compute API、Amazon Elastic Compute Cloud(Amazon EC2)API,以及面向特权用户的 Admin API。

Authorization Manager 负责身份验证,每个 HTTP 请求都需要一个特定的身份验证凭据。它暴露了用户、项目和角色的 API 授权使用情况,并与 OpenStack Keystone 进行通信,以便获得详细信息。任何 OpenStack 组件都可以使用它进行身份验证。

Object Store 是一个基于 HTTP 或基于对象的简单存储(如 Amazon Simple Storage Service),专门针对镜像,通常可以用 OpenStack Glance 取代它。

消息队列 Message Queue 是为 Nova 中的所有组件提供相互通信、相互协调的一种手段,是所有 Nova 组件都共享和更新的一个任务列表。Nova 的组件都在一个非阻塞的基于消息的架构上运行,只要它们使用了相同的消息队列服务,就可以在相同或不同的主机上运行。这些组件使用 AMQP(Advanced Message Queuing Protocol)协议,以面向回调的方式进行交互。

Nova 有两个主要的守护进程:调度程序 Scheduler 和计算进程 Compute。调度程序 Scheduler 确定为虚拟机请求分配哪个计算主机。它采用了过滤和调度算法,并考虑多种参数,包括亲和性(与共置相关的工作负载)、反亲和性(分发工作负载)、可用区、核心 CPU 使用率、系统内存等。计算进程 Compute 是一个执行守护进程,用于管理虚拟机管理程序和虚拟机的通信。它从消息队列中检索其订单,并使用虚拟机管理程序的 API 执行虚拟机的创建和删除任务。计算进程还在中央数据库中更新其任务状态。

Network Manager 负责管理 IP 转发、网桥和虚拟局域网。它是一个守护进程,从消息队列读取与网络有关的任务。

Volume Manager 负责处理将持久存储的块存储卷附加到虚拟机,以及从虚拟机分离块存储卷(类似于 Amazon Elastic Block Store)。此功能现在已被分离到 OpenStack Cinder。

2.4.4 Network 组件 Neutron

OpenStack Networking 管理其他 OpenStack 项目之间的连接性。要在计算节点之间建立连接并访问外部网络，可以利用现有的网络基础架构来分配 IP 地址并在节点之间传输数据。但在多租户环境中，已有的网络管理系统无法高效安全地在用户之间隔离流量，这是构建公有云和私有云时面临的一个巨大问题。

OpenStack 解决此问题的一种方式是，构建一个详尽的网络管理堆栈，用以处理所有网络相关请求。此方法面临的挑战是，每个实现都可能拥有一组独特的需求，包括与其他各种工具和软件的集成。OpenStack 为此采取了创建抽象层的方法，这个抽象层被称为 **OpenStack Networking**，可容纳大量与其他网络服务集成的插件。它为云租户提供了一个应用编程接口（API），租户可使用它配置灵活的策略和构建复杂的网络拓扑结构，例如用它来支持多级 Web 应用程序。

OpenStack Networking 支持使用第三方插件来引入高级网络功能，例如 L2-in-L3 隧道和端到端的服务质量支持。它们还可以创建网络服务，例如负载平衡、虚拟专用网或插入 OpenStack 租户网络中的防火墙。

在 OpenStack 的早期版本中，网络组件位于 OpenStack Nova（Compute）项目中。之后大部分组件被拆分为一个单独项目，最初称为 Quantum，后来重命名为 Neutron，以避免与公司 Quantum Corporation 的任何商标混淆。所以，在 OpenStack Networking 参考资料中经常会同时出现名称 Nova、Quantum 和 Neutron，这三个术语都与描述 OpenStack 的网络服务有关。

1. 模型

OpenStack Networking API 基于一个简单的模型（包含虚拟网络、子网和端口抽象）来描述网络资源。网络是一个隔离的 2 层网段，类似于物理网络中的虚拟 LAN（VLAN）。具体来讲，它是为租户而保留的一个广播域，或者被显式地配置为共享网段。端口和子网始终被分配给某个特定的网络。

子网是一组 IPv4 或 IPv6 地址以及与其有关联的配置。它是一个地址池，OpenStack 可以从地址池中为虚拟机（VM）分配 IP 地址。每个子网被指定为一个 CIDR（Classless Inter-Domain Routing 无类别域间路由）范围，必须与一个网络相关联。除了子网之外，租户还可以指定一个网关、一个域名系统（DNS）服务器列表以及一组主机路由。这个子网上的 VM 实例随后会自动继承该配置。

端口是一个虚拟交换机连接点，一个 VM 实例可通过此端口将它的网络适配器附加到一个虚拟网络。在创建之后，一个端口可以从指定的子网收到一个固定 IP 地址，API 用户可以从地址池请求一个特定的地址，或者由 Neutron 分配一个可用的 IP 地址。在取消分配端口后，所有已分配的 IP 地址都会被释放并返回到地址池。OpenStack 还可以定义接口使用的媒体访问控制地址。

2. 插件

最初的 OpenStack Compute 网络实现了采用一种基本模型，通过 Linux VLAN 和 IP 表执行所有隔离操作。OpenStack Networking 引入了插件的概念，插件是 OpenStack Networking API 的一种后端实现，可使用各种不同的技术来实现逻辑 API 请求。插件架构使云管理员可以非常灵活地自定义网络的功能。第三方可通过 API 扩展提供额外的 API 功能，这些功能最终会成为核心 OpenStack Networking API 的一部分。

Neutron API 向用户和其他服务公开虚拟网络服务接口，但这些网络服务的实现位于一个插件中,插件向租户和地址管理等其他服务提供隔离的虚拟网络。任何人都能够通过 Internet 访问 API 网络,而且该网络实际上可能是外部网络的一个子网。Neutron API 公开了一个网络连接模型,其中包含网络、子网和端口,但它并不实际执行工作,Neutron 插件负责与底层基础架构交互,以便依据逻辑模型来传送流量。

一些 OpenStack Networking 插件可能使用基本的 Linux VLAN 和 IP 表,这些插件对于小型和简单的网络通常已经足够,但更大型的客户可能拥有更复杂的需求,涉及多级 Web 应用程序和多个私有网络之间的内部隔离。例如需要自己的 IP 地址模式(这可能与其他租户使用的地址重复),用来允许应用程序在无须更改 IP 地址的情况下迁移到云中。在这些情况下,就需要采用更高级的技术,比如 L2-in-L3 隧道或 OpenFlow。

现在 Network 组件已有大量包含不同功能和性能参数的插件,而且插件数量仍在增长。目前包含的插件有:Open vSwitch、Cisco UCS/Nexus、Linux Bridge、Nicira Network Virtualization Platform、Ryu OpenFlow Controller、NEC OpenFlow。云管理员可自行选择插件,他们可评估各个选项并根据具体的安装需求进行调整。

3. 架构

Neutron 的系统架构及内部组成如图 2-7 所示。

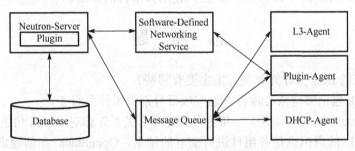

图 2-7 Neutron 系统架构图

Neutron Server 包含守护进程 neutron-server 和各种插件 neutron-*-plugin,它们既可以安装在控制节点也可以安装在网络节点。neutron-server 提供 API 接口,并把对 API 的调用请求传给已经配置好的插件进行后续处理。插件需要访问数据库来维护各种配置数据和对应关系,例如路由器、网络、子网、端口、浮动 IP 和安全组等。

OpenStack Networking 包含三个代理,它们通过消息队列或标准 OpenStack Networking API 与主要 Neutron 进程进行交互,这三个代理分别是 DHCP 代理 neutron-dhcp-agent、三层代理 neutron-l3-agent 和插件代理 neutron-*-agent。DHCP 代理向所有租户网络提供动态主机配置协议(Dynamic Host Configuration Protocol,DHCP)服务;三层代理执行 L3/网络地址转换(Network Address Translation)转发,以支持访问租户网络上的 VM;插件代理是一个特定于插件的可选代理(neutron-*-agent),在每个虚拟机管理程序上执行本地虚拟交换机配置。一般来说每一个插件都有对应的代理,选择了什么样的插件,就需要选择对应的代理。

OpenStack Networking 与其他 OpenStack 组件之间的交互方式是:OpenStack Dashboard (Horizon)提供图形用户界面,以便管理员和用户能够访问创建和管理网络服务的功能。这些服务也依照 OpenStack Identity(Keystone)对所有 API 请求执行身份验证和授权。当 Nova 启动了一个虚拟机实例时,Nova 服务会与 OpenStack Networking 通信,将每个虚拟网络接口接入到一个特定的端口中。

本 章 小 结

本章介绍了开源 IaaS 云平台 OpenStack，它是一个旨在为公有云及私有云的建设与管理提供软件的开源项目。OpenStack 框架由核心和扩展的项目构成，通过标准化公用服务接口 API 实现集成，子系统和服务之间通过 API 互相调用，这些项目相互协作为用户提供特定的服务。

OpenStack 的核心子项目包括：计算管理 Nova、镜像管理 Glance、网络管理 Neutron、认证管理 Keystone、块存储管理 Cinder、对象存储管理 Swift 以及 Web 界面管理 Horizon。其中 Nova 是云计算系统的结构控制器，根据用户需求将计算能力以虚拟机的方式提供给用户，负责管理虚拟机实例的整个生命周期。Glance 提供虚拟机镜像存储和管理，如查询、存储和检索等。Neutron 实现虚拟机的网络资源管理，提供比较完善的多租户环境下的虚拟网络模型。Keystone 为 OpenStack 所有的系统提供统一的授权和身份验证服务。Cinder 实现块存储服务，根据实际需要快速为虚拟机提供块设备的创建、挂载、回收以及快照备份控制等。Swift 主要用于永久类型的静态数据的长期存储，这些数据可以检索、调整或更新。Horizon 是基于 OpenStack API 接口开发的 Web 呈现，是用户使用云平台的界面。

思 考 题

1. 目前主流的 IaaS 云计算解决方案主要有哪些？
2. OpenStack 包括哪些核心项目？这些项目分别提供什么服务？
3. 在 OpenStack 中，项目、用户、角色之间是什么关系？你对 admin 角色是如何理解的？
4. OpenStack 的虚拟机是各组件进行交互的结果，OpenStack 在创建虚拟机时 Nova、Glance、Neutron、Keystone 之间是怎样的交互关系？
5. OpenStack 有三个与存储相关的组件，它们分别适用于怎样的场景？

第3章 OpenStack 安装部署

安装 OpenStack 有两种方案：一是把管理功能和计算功能都安装在一个节点上，即 all-in-one 安装；二是把不同的控制服务安装在不同的节点上，即多节点安装。用户可以根据不同的需求和用途选择合适的部署方案。对于以学习和体验 OpenStack 为目标的用户来讲，all-in-one 方案是个不错的选择，在无须过多考虑网络、存储、性能等方面要求的情况下，可以真实体验 OpenStack 的操作和使用。如果 OpenStack 是用于专业的生产环境，对各种硬件、数据安全性、系统性能等方面都有较高的要求，那么就需要多节点安装部署 OpenStack。多节点安装是把 OpenStack 的服务分散部署在不同的节点上，具有较高的可用性，为系统的正常运作提供保障。

在安装 OpenStack 时，用户可以使用脚本快速搭建起一个 OpenStack 的开发环境，也可以采用手动方式逐步安装 OpenStack 的组件。使用脚本方式安装操作简单，目前有多种满足不同环境需求的脚本可供选择，如支持 Ubuntu、CentOS 和 Red Hat 环境的 DevStack 脚本安装或 Dev 包安装。当然用户也可以根据实际需求自行把安装过程编写成脚本，然后通过运行脚本实现快速安装。手动安装方式步骤较为复杂，但是能够帮助用户深入理解 OpenStack 各组件的工作机制，训练灵活装配 OpenStack 各个组件的能力。对于想充分了解 OpenStack 架构和原理的用户来讲，建议使用手动安装方式。

3.1 DevStack 脚本安装

DevStack 是一个 Shell 脚本，可以用来快速搭建 OpenStack 的运行环境，适合初学者尽快安装后进行简单的验证实验和操作。具体安装步骤可以参阅 DevStack 的官方网站 http://devstack.org/。

DevStack 支持多种对 OpenStack 的部署方式，包括 all-in-one 安装和多节点安装。用户可以在安装了 Linux 操作系统的虚拟机中搭建 OpenStack，也可以在真实的硬件环境中搭建，使用包括 VLAN 在内的多种网络类型来运行和管理虚拟机。本节介绍在 VMware 虚拟机中使用 DevStack 搭建单节点 OpenStack 环境的基本方法。

3.1.1 环境准备

1）安装操作系统

下载 Ubuntu 操作系统，这里使用的版本是 ubuntu12.04 server（64 位），需要下载文件 ubuntu-12.04.4-server-amd64.iso，下载地址：http://releases.ubuntu.com/12.04/。下载完成后，打开 VMware 应用程序，在 VMware 中创建虚拟机，安装 Ubuntu，安装过程这里不再详细叙述。为了使宿主机上的 KVM 正常运行，需要检查宿主机的 CPU 是否支持 VT，即开启 CPU 的 VT-X 选项。有很多 CPU 是默认不开启 VT 的，需要自己在 BIOS 中手动修改。具体方法是在启动计算机时进入 BIOS，在 CPU 配置部分将 VT 设置成 "enable" 状态。

2）设置 root 口令

执行命令 sudo passwd -u root，启用 root 账户。

执行命令 sudo passwd root，给 root 创建密码。

执行命令 su，切换到 root 用户。

如果想重新锁定 root 用户，可以使用命令 sudo passwd -l root

3）更新操作系统，执行的命令为：

```
apt-get update
apt-get upgrade
```

4）安装 vim，执行的命令为：

```
apt-get install vim
```

5）安装 ssh，执行的命令为：

```
apt-get install openssh-client
apt-get install openssh-server
```

6）安装 git 工具包，执行的命令为：

```
apt-get install git
```

3.1.2 安装

1）配置网络

编辑文件/etc/resolv.conf，配置 DNS 服务器。在文件中增加如下配置内容：

```
nameserver 210.29.96.33
```

（这里的 210.29.96.33 是校园网 DNS 服务器的 IP 地址）

为 Ubuntu 虚拟机系统配置网卡 eth0，设置静态 IP 地址。编辑/etc/network/interfaces 文件，将网络地址信息写入该文件。添加配置内容如下：

```
auto eth0
    iface eth0 inet static
    address 192.168.0.110
    netmask 255.255.255.0
gateway 192.168.0.2
dns-nameservers 210.29.96.33
```

2）创建用户

由于 DevStack 不支持直接使用 root 身份来安装，现在创建一个用户来安装 DevStack，本例中创建的用户名为 stack。执行以下命令：

```
adduser stack
```

命令执行后，系统新建用户 stack 以及和用户名称相同的组名。创建的 stack 用户是一个系统用户，之后将使用这个用户名来登录系统，所以在这里最好为该用户创建一个密码。

3）给 stack 用户赋予 sudo 权限，执行的命令为：

```
echo "stack ALL=(ALL) NOPASSWD:ALL">>/etc/sudoers
```

4) 切换到 stack 用户，执行的命令为：

```
su stack
```

5) 使用 git 下载 DevStack

执行以下命令下载 DevStack，下载后会在当前目录生成一个 devstack 目录。

```
git clone https://github.com/openstack-dev/devstack.git
```

6) 进入到 devstack 目录，执行的命令为：

```
cd devstack
```

7) 配置 local.conf 文件

配置 local.conf 文件的目的是在运行 DevStack 的安装脚本时，可以从该文件里读出这些设置，无须通过命令行设置。local.conf 文件在 samples 目录下。

文件的配置内容如下：

```
HOST_IP=192.168.0.110
FLOATING_RANGE=192.168.0.224/27
FIXED_RANGE=192.168.30.0/24
FIXD_NETWORK_SIZE=256
FLAT_INTERFACE=eth0
SERVICE_TOKEN=stack
ADMIN_PASSWORD=stack
MYSQL_PASSWORD=stack
RABBIT_PASSWORD=stack
SERVICE_PASSWORD=$ADMIN_PASSWORD
```

8) 执行 stack.sh 脚本安装 OpenStack

执行以下命令：

```
./stack.sh
```

接下来就是脚本的执行过程，安装需要 2~3 个小时，取决于网络状况。安装过程中可能会遇到某些软件无法下载的问题，脚本会给出错误信息，可以对出错的软件进行手动安装，然后重新执行脚本。在这个过程中，DevStack 需要从网上下载 OpenStack 运行所需要的系统软件，如 MYSQL、RABBIT-SERVER 等，还要下载并安装 OpenStack 各组件，包括 Nova、Glance、Keystone、Horizon 等。

当 DevStack 安装完成后，默认创建两个用户，分别是 admin 和 demo，同时创建两个租户 admin 和 demo。admin 是拥有管理员权限的用户，同时属于租户 admin 和 demo，demo 是普通用户，只属于租户 demo。

DevStack 安装后，生成一个本机配置文件 openrc，其中包含了一些环境变量的设置信息。OpenStack 命令在执行时，需要获取所需要的环境变量配置信息。如果在执行 OpenStack 命令前，先把配置信息放到运行环境中，就不需要对每个命令分别提供。以下命令的作用是把环境配置信息调入运行环境：

```
source openrc admin admin
```

或

```
source openrc demo demo
```

接下来用户就可以执行 OpenStack 的命令了。

3.2 OpenStack 自动化部署

当 OpenStack 用于生产环境的大规模场景时，为了提高部署效率，可以使用一系列自动化安装和配置工具，对所管理的对象实行自动化配置，如管理配置文件、用户、软件包、系统服务、安装软件等。使用自动化安装和配置工具，对部署过程的每一个步骤实现自动化和代码化，这样做的好处是可以分享保存，避免重复劳动，也可以大规模部署和快速恢复服务器，大大提高了云环境管理工作的灵活性和效能。

3.2.1 自动化安装和配置工具

本节介绍目前常用的几种自动化安装和配置工具，如：针对 Red Hat 和 CentOS 操作系统的自动化安装工具 Kickstart；为实现数据中心自动化管理而设计的配置管理软件 Puppet；开源可扩展的集群管理和配置工具 xCAT；自动化服务器配置管理工具 Chef 等。用户借助这几种自动化配置工具，通过执行脚本来实现自动化安装，能有效地提高 OpenStack 大规模部署效率。下面简单介绍一下这些自动化配置工具的工作原理和使用方法。

1. xCAT

xCAT（Extreme Cloud Administration Toolkit）是一款开源的集群管理和配置软件，具有强大的集群管理、部署功能。使用 xCAT 能够通过一个管理节点控制整个集群系统，在简化集群管理的同时，还能够实现集群的快速扩展。

xCAT 是基于 C/S 架构的应用程序，客户机和服务器的通信主要由管理节点上运行的 xCAT daemon（xcatd）来控制。当管理节点上的 xCAT daemon（xcatd）接收到计算节点发送的用 XML 封装的命令时，它通过 ACL（Access Control Lists）来判定发送者是否有权限执行这些命令。若发送者有权限发起这些命令，则该命令被执行，执行结果由服务器端发回给客户机端。xCAT 的工作原理如图 3-1 所示。

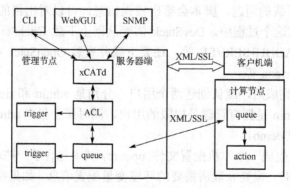

图 3-1 xCAT 的工作原理

xCAT 的具体工作流程是：

1）使用者在客户机上通过 xCAT 命令行输入任务指令，该 xCAT 任务指令被客户机封装成 XML 发送给服务器端。

2）服务器端管理节点上运行的 xCAT daemon（xCATd）接收到该任务指令后，解析出命令名、参数、发起命令的用户名、客户主机 IP 地址以及该命令将影响的节点范围等信息。

3）服务器端管理节点上的 xCAT daemon（xcatd）通过 ACL 判断该任务指令发出者是否有权限发起这项 xCAT 任务指令，如果该用户有权限发起该任务指令，则该任务就将被放进运行队列中等待执行。

4）该任务指令执行后，结果被服务器发回给客户机端，并显示在任务指令发出者的终端屏幕上，从而完成整个任务指令的执行过程。

xCAT 提供了一个统一的用户界面来进行硬件控制和操作系统的部署，使用 xCAT 部署集群需要执行如下 4 个步骤的操作：（1）配置网络；（2）利用光盘（或者网络）安装管理节点操作系统；（3）在管理节点上安装 xCAT；（4）利用管理节点上的 xCAT 安装整个集群。xCAT 软件包基本上由一系列有用的 perl 脚本构成，使用者可以根据自己的需求直接修改脚本来定制出自己需要的 xCAT 软件，修改代码后不需要重新再编译和安装。

2. Chef

Chef 是一款自动化服务器配置管理工具，用来快速部署软件及其依赖包，目前被越来越多地应用到云环境的自动化部署上。Chef 使用服务器/客户端模式管理所有需要配置的机器，用户将系统配置写成脚本并存放在服务器上，称为"食谱（recipes）"，客户端从服务器端获取脚本并执行，按照脚本中的配置信息进行自我配置。

Chef 的应用环境至少需要三类机器：一台 Chef 服务器，其上维护了一套配置脚本（Cookbook），管理所有要配置的 Chef 客户端，给它们下发配置信息；一台开发机器 Workstation，其上存放 Chef 配置库和远程命令工具 Knife，提供了与 Chef 服务器交互的接口；多台 Chef 客户端（Node），其上运行 Chef-Client 程序，Chef Node 每次运行 Chef-Client 时从 Chef 服务器上检索配置指令，并按指令配置自己。Chef 工作原理如图 3-2 所示。

Chef 的工作流程是：

1）用户在 Workstation 上定义各个 Chef 客户端应该如何配置自己，系统管理员将这些信息上传到 Chef 服务器。一旦配置信息（Cookbook）写好之后，就可以重复使用，可以对多个 Chef 客户端进行批量配置。

2）每个 Chef 客户端连到服务器，从服务器端检索配置信息，查看如何配置自己，然后按照配置要求进行自我配置。

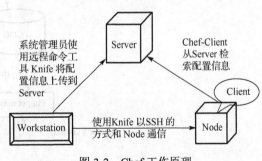

图 3-2 Chef 工作原理

Workstation 与服务器之间以及客户端与服务器之间通过 pem 文件作为认证，当新增加一个客户端时，需要从服务器上复制 validator.pem 密钥文件到新增加的客户端，然后利用这个 pem 进行注册，得到自己的 client.pem 进行以后的认证。Workstation 与客户端之间以 SSH 方式进行通信。

Chef 环境的安装步骤一般是：

1）介质准备，从 Chef 官网下载 Chef Server 和 Chef Client 的安装包以及 Chef Repository 包。
2）安装配置 Chef Server。
3）安装配置 Chef Workstation。

4）根据需要在客户端机器上安装 Chef Client，并将其注册成 Chef Node。Chef Server 和 Chef Workstation 可以配在一台机器上，也可以分开配置。

3. Puppet

Puppet 是使用 Ruby 语言开发的自动化配置管理工具，支持 Linux、Unix、Windows 等多种操作系统，可管理配置文件、用户、软件包、任务以及系统服务等。Puppet 把这些系统实体称为**资源**，Puppet 的设计目标是简化对这些资源的管理以及妥善处理资源间的依赖关系。使用 Puppet 可以帮助系统管理人员简化复杂的运维工作，对集群中的软件实现自动化管理和部署。

Puppet 是一个 C/S 架构的配置管理工具，在服务器上安装 puppet-server 软件包（被称为 Puppet master），在需要管理的目标主机上安装 puppet 客户端软件（被称为 Puppet client）。服务器端保存着所有对客户端机器的配置代码，在 Puppet 里面称为 manifest。用户编写对机器进行配置的 manifest 程序，并提交到 svn 数据库，当然，为保证数据的安全性，有必要按一定策略对数据库进行备份。客户端下载 manifest 之后，可以根据 manifest 对客户端机器进行配置，例如软件包管理、用户管理和文件管理等。

当客户端连接上 Puppet master 后，定义在 Puppet master 上的配置文件会被编译，然后在客户端上运行。每个客户端默认每半个小时和服务器进行一次通信，确认配置信息的更新情况。如果有新的配置信息或者配置信息已经改变，配置将会被重新编译并发布到各客户端执行。也可以在服务器上主动触发一个配置信息的更新，强制各客户端进行配置。如果客户端的配置信息被改变了，它可以从服务器获得原始配置进行校正。

Puppet 的工作原理如图 3-3 所示。

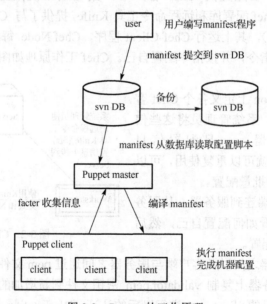

图 3-3　Puppet 的工作原理

Puppet 的工作流程如下：

1）用户编写配置脚本（manifest 程序），并提交到 svn 数据库。

2）客户端 Puppet client 调用 facter 工具，收集客户端的基本配置信息，例如主机名、内存大小、IP 地址等，并把这些信息发送到服务器端 Puppet master。

3）服务器端 Puppet master 检测客户端的主机名，从数据库读取 manifest 程序，然后找到 manifest 里面对应的节点配置，并对该部分内容进行解析。由 facter 发送过来的信息可以作为变量处理，节点涉及的代码才被解析，其他未涉及的代码不解析。解析时进行语法检查，如果语法错误就报错，如果语法没错就继续解析。解析的结果生成一个中间的"伪代码"，然后把伪代码发送给客户端。

4）客户端接收到"伪代码"并且执行，完成对机器的配置，把执行结果发送给服务器端。

5）服务器端把客户端的执行结果写入日志。

Puppet 工作过程中有两点值得注意：第一，为了保证安全，Puppe client 和 Puppe master 之间是基于 SSL（Secure Socket Layer）和证书的，只有经 master 证书认证的 client 才可以与 master 通信；第二，Puppet 会让系统保持在用户所期望的某种状态并一直维持下去，如检测某个文件并保证其一直存在，保证 SSH 服务始终开启，如果文件被删除了或者 SSH 服务被关闭了，Puppet 下次执行时（默认 30 分钟），会重新创建该文件或者启动 SSH 服务。

4. Kickstart

Kickstart 是 Red Hat Linux 系统支持的一种快速安装工具，使用这种方法，用户只需事先定义好一个 Kickstart 自动应答配置文件，文件中包含在正常安装过程中要回答的所有选项，并让安装程序知道该配置文件的位置，在安装过程中安装程序就可以自己从该文件中读取安装配置，这样就避免了烦琐的人机交互，实现无人值守的自动化安装。

生成 Kickstart 配置文件可以有多种方法：用户可以用"Kickstart 配置应用程序"创建，可以自己编写，也可以由 Red Hat Linux 安装程序在安装过程中自动创建一个 Kickstart 配置文件，该文件位于"/root/anaconda-ks.cfg"。无论使用哪种方法，目的都是创建一个应答文件，记录系统的安装配置。如果用户希望实现和某系统类似的安装，可以基于该系统的 Kickstart 配置文件来生成自己的 Kickstart 配置文件。

Kickstart 文件是一个文本文件，可以使用任何文本编辑器或字处理器来编辑。它包含一系列条目，每个条目都由一个唯一的关键字来区别。在创建 Kickstart 文件时要注意以下问题。

1）配置文件中的条目必须要有一定的顺序，顺序要求如下：
- 命令选项，指 Kickstart 选项；
- 软件包选项；
- %pre 和%post 选项，这两个选项没有顺序要求。

2）那些没有要求的条目可以忽略。

3）如果忽略任何安装时必需的条目，那么安装过程就像典型安装一样，需要等待用户输入选择项，一旦得到输入就会自动安装下去。

4）和 bash 脚本一样，以"#"开始的行会被认为是注释而忽略。

5）如果采用 Kickstart 进行升级安装，有几个条目是必须要有的，它们是：语言、安装方式、指定安装磁盘、键盘设置、关键字 upgrade 条目、启动引导选项配置。如果选择了 Kickstart 升级模式，那么除了上面的条目外，其他的条目都可以被忽略。

在 Kickstart 文件中可以出现的选项包括安装类型、安装方法、语言、键盘、网络、安全、时区、服务、引导程序安装方式、磁盘分区处理、启停选项等，下面介绍几个重要的选项。

1）安装模式（介质选择）

安装模式可以选择从光盘、本地硬盘、NFS（Network File System）服务器或远程 URL

来安装，相应的配置关键字分别是 nfs，cdrom，harddrive，url。

NFS 方式：nfs --server<server> --dir<dir>

光盘方式：cdrom

磁盘方式：harddrive --partition<partition> --dir<dir>

url 方式：url --url http://<server>/<dir>

url --url ftp://<user>:<password>@<server>/<dir>

2）网络配置

如果 Kickstart 以 NFS、HTTP、FTP 等网络方式安装，就需要为系统配置网络信息。如果从网络安装而 Kickstart 文件没有提供网络信息，安装程序会从 eth0 通过动态 IP 地址来安装，并且给安装好的系统配置所分配的动态 IP 地址。

网络配置的关键字是 network，配置方式表示为：

```
network --bootproto= < dhcp、bootp、static 中的一种 >
        --device= <要配置的网卡>
        --ip= <要安装机器的 IP 地址>
        --gateway= <网关>
        --nameserver= <主服务器的 IP 地址>
        --nodns 选择此参数表示不配置 DNS 服务器
        --netmask= <所安装系统的子网掩码>
        --hostname= <系统的主机名>
```

bootproto 参数的默认值是 dhc，如果选择 static 方法，则在 Kickstart 文件中必须指定 IP 地址、网络、网关和主服务器，这些信息在安装过程中和安装后都是固定的。

例如静态 IP 地址的配置如下：

network --bootproto=static --ip=192.168.0.1 --gateway=192.168.0.254\ --nameserver= 192.168.0.254 --netmask= 255.255.255.0

3）磁盘分区

如果配置的关键字是 part 或 partition，则用于在系统上创建分区。如果是安装，则该条目的设置是必需的，对于升级可以省略。创建磁盘分区的配置格式为：

```
part <mntpoint> --size=<设置分区的最小值，整数值，默认单位是 M>
        --grow 使分区自动增长利用可用的磁盘空间，或是增长到设置的 maxsize 值
        --maxsize=<分区自动增长（grow）时的最大容量值，整数值，单位是 M>
        --noformat 设置不格式化指定的分区
        --onpart 或--usepart=<设置使用原有的分区>
        --ondisk 或--ondrive=<设置该分区创建在一个具体的磁盘>
        --asprimary 强制指定该分区为主分区
        --fstype=<新增普通分区的类型，可以为 ext2、ext3、ext4、swap、vfat 及 hfs>
        --start=<分区的起始柱面，要跟--ondisk 参数一起使用>
        --end=<分区的结束柱面，要跟--start、--ondisk 参数一起使用>
```

其中<mntpoint>是分区的挂载点，格式是以下形式中的一种：

/<path>：例如 /，/user，/home 等；

swap：表示创建交换分区；

raid.id：表示创建的分区类型是 raid 型，必须用 id 号进行唯一区别；

pv.id：表示所创建的分区类型是 LVM 型，必须用 id 号进行唯一区别。

如果磁盘分区配置的关键字是 clearpart，则用于在系统上删除分区。例如：

clearpart --all 表示删除系统全部分区；

clearpart --linux 表示删除系统 Linux 分区。

Kickstart 的安装可以通过本地硬盘、本地光盘或者 NFS、FTP、HTTP 等网络方式来执行。执行 Kickstart 安装的基本过程是：

1）创建一个 Kickstart 文件。

2）创建一个包含 Kickstart 文件的引导介质，如光盘、硬盘、U 盘等，或使 Kickstart 文件在网络上可用。

3）准备安装树。

4）启动 Kickstart 安装。

3.2.2 IBM OpenStack 自动化部署方案

1. IBM OpenStack Solution 简介

IBM OpenStack Solution for System X 是 IBM 研发的快速搭建 OpenStack 云平台的解决方案，能够实现云平台的模块化、自动化安装和部署，并对云平台的运行状况进行实时监控。该方案提供的功能主要有：

1）OpenStack 云平台的多节点安装，包括控制节点和计算节点，可以根据用户需求配置服务。

2）自动安装实时监控工具 Ganglia 和 Nagios。Ganglia 主要用于监控 CPU、内存、磁盘、网络流量、系统负载等，支持多种视图和选择过滤显示；Nagios 主要监控 OpenStack 服务和系统级服务。

3）云配置管理工具 Chef，用户可以查询和修改配置项。

4）硬件管理，IBM Advanced Settings Utility（ASU）支持在不同操作系统平台中以命令行形式修改固件设置，可以修改 BIOS 编码和远程监控适配器固件。

5）为不同的操作和管理任务提供用户界面。

IBM OpenStack Solution 方案的架构如图 3-4 所示。

2. 安装环境要求

计算要求：支持 CPU 虚拟化技术的 X86-64 位服务器。

网络要求：方案预设了 2 个网络：管理网络、数据网络。管理网络用于 OpenStack 组件和操作系统的通信，数据网络用于虚拟服务器上的应用。要求服务器至少有两个网口，分别用于管理网络和数据网络。数据网络的 IP 地址可以基于 VLAN 或 FlatDHCP 设置。方案也支持 IMM IP 地址配置。

存储要求：支持服务器上的本地磁盘，所有磁盘通过 ISCSI 被其他服务器共享。

3. 部署

IBM OpenStack Solution 解决方案实现云平台的多节点安装，即将所有的控制服务安装到不同的服务器中运行。将服务分散部署的最大好处是，可以解决 all-in-one 安装中单节点服务一旦中断，致使整个云系统通信停止的问题。多节点安装要求至少一台硬件服务器作为控制节点主机，其上运行 OpenStack 的控制服务虚拟机，另外要求一台或多台硬件服务器作为计算节点主机，用以运行 OpenStack 所创建的虚拟机。

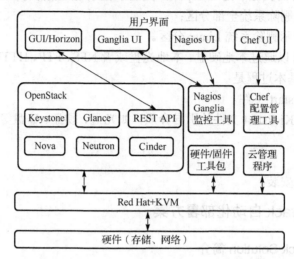

图 3-4　IBM OpenStack Solution 方案的架构

IBM OpenStack Solution 的服务部署如图 3-5 所示。

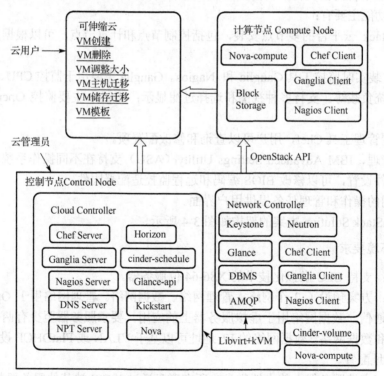

图 3-5　IBM OpenStack Solution 的服务部署示意图

控制节点：物理主机，其上主要运行 2 台虚拟机，分别为 CC（Cloud Controller，云控制器）和 NC（Network Controller，网络控制器）。OpenStack 的控制服务运行于这两个虚拟机中，并伴随控制节点系统一起启动。用虚拟机运行控制服务的优势在于：易于调整服务需要的资源，控制服务可通过快照来进行备份，在虚拟机损坏时，可以很容易地更换修补；同时在物理机更换和维护时，易于将控制服务迁移到其他物理主机。此外，控制节点上空闲的计算资源根据需要还可以运行其他虚拟机，如运行管理集群和配置软件的虚拟机，或者运行快速安装工具的虚拟机等。

计算节点：物理主机，用以运行 OpenStack 创建的虚拟机，并为虚拟机分配网络。同时计算节点的存储空间还可以为虚拟机提供非持久性存储。

CC（Cloud Controller，云控制器）：运行在控制节点上的虚拟机，其上部署了用户所需管理和交互的所有服务，包括 Nagios 服务器、Ganglia 服务器、Chef 服务器、Kickstart、DNS 服务器、NTP 服务器以及 OpenStack 的计算服务和块存储调度程序 cinder-scheduler 等。

NC（Network Controller，网络控制器）：运行在控制节点上的虚拟机，其上部署了 Mysql、RabbitMQ、Glance、Neutron 以及 Keystone 等服务。

控制节点通过执行脚本在物理服务器上自动安装，整个过程大概需要半小时，安装过程中只有少量的人工操作。安装方式支持 ISO 或者光盘安装，也可以采用 IMM2 远程挂载 ISO 安装的方式。按照脚本设置，操作系统安装完成后系统自动重启，此时需要人工干预，设置网络配置参数。这些配置操作主要是：

1）选择用于管理网络和数据网络的网卡。用于管理网络的网卡默认是 eth0，用于数据网络的网卡默认是 eth1，这些默认配置可以修改。

2）输入管理网络信息。这些信息包括：IP 地址范围（指定起止地址）、动态 IP 地址范围（指定起止地址），这 4 个 IP 地址必须在同一个网段，两个地址的范围不能冲突。此外还需配置网络掩码、路由器地址、子网地址、广播地址等参数。

3）配置 IMM 网络管理。配置参数包括：IMM 网络起始 IP 地址、IMM 网络掩码、IMM 网络路由器地址。

4）设置 NTP 服务器和 DNS 服务器的 IP 地址，设置主机域名和主机名，设置用以发送和接收系统故障信息的邮件地址，设置邮件服务器地址。

5）选择是否安装云平台监控软件 Nagios 和 Ganglia。

6）选择是否需要高可用性（HA）部署。如果选择 HA 部署，则当前配置的主机自动成为主节点，从节点通过指定 MAC 地址在其他主机中确定。

以上参数配置完成后重启系统使配置生效，用户输入的配置信息生成一个配置文件，文件路径为"/opt/lbs/conf/cloud.profile"。在控制节点上检查配置文件、节点状态、网络状态以及主机名，如果参数配置正确，则执行脚本在节点上安装 CC、NC 和 xCAT。CC 和 NC 是两个运行控制服务的虚拟机，NC 上运行支撑 OpenStack 服务的数据库、网络、认证、存储服务，CC 上运行支撑 OpenStack 服务的 Nova、Horizon、Chef、Ganglia、Nagios、DNS、NTP。OpenStack 服务的组织和配置使用 Chef 工具来实现，Chef 服务器完成的功能包括网络配置、创建 Nova 集群、开启/关闭计算节点服务、配置 Mysql 服务器和 Apache 服务器、配置应用服务程序等。

为了对计算节点实现集群化管理和部署，在控制节点配置一台虚拟机用以安装、运行集群管理和配置软件 xCAT（Extreme Cloud Administration Toolkit）。xCAT 是基于 C/S 架构的开源软件，能够通过一个管理节点控制整个集群系统，实现集群的快速安装并简化集群管理。安装 xCAT 工具的目的是以控制节点作为管理节点，对高性能的计算节点进行快速部署和配置。

CC 和 NC 虚拟机部署完成后，在控制节点上设置 DNS 和 NTP 服务器的地址为 CC 的 IP 地址。分别登录到 NC 和 CC，检查配置文件（/opt/lbs/conf/node.profile）以及网络信息、主机名、DNS 和 NTP 设置，确保配置信息正确。登录到 xCAT，检查 xCAT daemon（xcatd）是否安装成功，确保 NC、CC 和 xCAT 成功运行。

控制节点安装完成后，使用 xCAT 工具对计算节点进行管理和部署。首先将计算节点的脚本安装镜像 ISO 导入到 xCAT，配置 xCAT 上的节点属性，启动 xCAT 服务以及 DHCP/HTTP/TFTP 服务；然后登录到等待安装的计算节点，进入 BIOS 配置从网络启动。当计算节点开启后选择从网络 PXE 启动系统，xCAT 自动获取计算节点 IP 地址，对计算节点进行自动化安装部署。

4．OpenStack 云平台用户场景

管理员用户在 OpenStack 云平台可以实现以下的功能：使用 Nagios 查看云节点状态、云节点后台管理程序状态以及 OpenStack 服务状态；使用 Ganglia 查看 CPU、内存、磁盘等使用情况；使用 Chef 开启或停止计算节点服务；使用 Glance 镜像工具增加或变更预设的镜像；使用 Nova 创建或更改云用户、网络拓扑结构等。

云终端用户在 OpenStack 云平台的功能有：查看镜像或虚拟机列表；查看某一镜像或虚拟机的详细信息；创建镜像或虚拟机；虚拟机的迁移；为可运行的虚拟机创建快照；在 Dashboard 显示主机和配额使用情况。

3.2.3 Fuel 快速安装多节点 OpenStack

Fuel 是 Mirantis 公司开发的自动化部署 OpenStack 集群的工具，它把 OpenStack 所有的部署 Web 化，功能涵盖以 PXE 方式自动安装 OS、DHCP 服务、Puppet 配置管理服务等，用户只需将网络环境配置好，就可以在 Web 界面下快速部署多节点的 OpenStack 云平台。Fuel 提供安装前的硬件自动检查、网络可通性检查，以及安装后的自动测试和对 OpenStack 的健康检查，运维人员可以在 UI 界面配置网络、查看实时日志，大大提高了节点集群的部署效率。Fuel 支持包括 CentOS、Ubuntu 在内的多种 Linux 版本，也支持多种 OpenStack 版本。

Fuel 定义了五种类型的网络，分别是：

Admin（PXE）network：部署网络，用于 PXE 启动部署 OpenStack 环境，一般独立出来，如果是用于企业生产环境的云平台，该网络不建议与其他网络混用。

Private network：私有网络，主要是用于 OpenStack 节点内部通信。

Management network：管理网络，用于 OpenStack 内部各个组件之间的通信。

Storage network：存储网络，专门用于存储的网络。

Public network：公共网络，这里其实包含两个网络，Public 网络和 Floating IP 网络。主要用于虚拟机访问外部网络，或者外部网络通过 Floating IP 访问虚拟机。初次部署这两个网络必须在同一个网段，部署完成后可以手动添加额外的 Floating IP 网段。

使用 Fuel 部署 OpenStack 的过程中涉及以下几类节点：

Fuel Master：这是 Fuel 部署的主节点，用以提供 PXE 方式安装操作系统，管理和配置 OpenStack 的节点集群。

OpenStack Node：这是 OpenStack 集群的节点，包括控制节点、计算节点和存储节点，分别运行 OpenStack 的控制服务，运行和操作租户的虚拟机以及存储相关的网络流量。

第 3 章 OpenStack 安装部署

本节主要介绍在虚拟机环境下使用 Fuel 工具部署多节点 OpenStack 的基本方法，虚拟机软件使用 VMware Workstation，Fuel 安装包采用 ISO 方式，版本为 MirantisOpenStack-5.1.1，在该 Fuel ISO 包中已经一同打包了 CentOS 6.5 和 Ubuntu 12.04 的安装包。部署实例是一个最小集群，包括一个控制节点和一个计算节点。由于在部署时还需要运行一个 Fuel 节点，因此需要创建三个虚拟机（一个 Fuel 节点、一个控制节点和一个计算节点）。为了保障虚拟机运行顺畅，建议本地硬件环境的配置为 i5CPU，内存为 8 GB 以上。

1. 网络环境设置

Fuel 定义了 5 种类型的网络，本例中把私有网络、管理网络和存储网络配置在一个物理接口上，因此在 VMware Workstation 中只需定义 3 个网络，分别如下。

VMnet1：Fuel 部署网络，连接 Fuel Master 节点、控制节点和计算节点，用于 PXE 启动部署和 Fuel 内部模块间的通信。网络类型为主机模式（host-only），子网地址为 10.20.0.0/24，这是 Fuel 默认的子网地址。配置网络接口 eth0。

VMnet2：OpenStack 使用的内部网络（私有、管理、存储），连接控制节点和计算节点。网络类型为主机模式（host-only），子网地址设置为 192.168.0.0/24。配置网络接口 eth1。

VMnet3：OpenStack 的公共网络和 floating-ip 网络，用于虚拟机访问互联网，连接控制节点和计算节点。网络类型为主机模式（host-only），子网地址设置为 172.16.0.0/24。配置网络接口 eth2。

以上网络都不要启用 DHCP，否则会干扰 Fuel 自己的 DHCP 服务。

网络部署架构如图 3-6 所示。

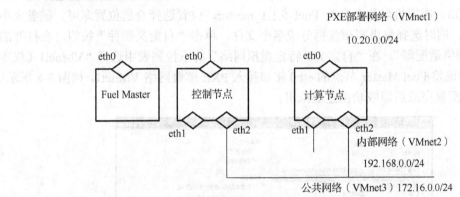

图 3-6　网络部署架构

在 VMware Workstation 中按下列步骤设置虚拟网络：在"编辑"菜单中选择"虚拟网络编辑器"，打开虚拟网络编辑窗口。在窗口中单击 VMnet1 网络，将其子网地址改为 10.20.0.0，取消"使用本地 DHCP 服务"的复选框，该网络为 Fuel 部署网络；单击"添加网络"按钮，网络名称使用默认的 VMnet2，网络类型选择"仅主机模式"，取消"使用本地 DHCP 服务"的复选框，将其子网地址改为 192.168.0.0，该网络为 OpenStack 的内部网络（私有、管理、存储）；继续单击"添加网络"按钮，网络名称使用默认的 VMnet3，网络类型选择"仅主机模式"，取消"使用本地 DHCP 服务"的复选框，将其子网地址改为 172.16.0.0，该网络为 OpenStack 的公共网络。虚拟网络设置的结果如图 3-7 所示。

图 3-7 虚拟网络设置

2. 安装 Fuel Master 节点

1）创建 Fuel Master 节点

打开 VMware Workstation，创建新的虚拟机。创建时使用典型类型的配置，安装程序光盘映像文件（iso），选择事先下载好的 MirantisOpenStack-5.1.1.iso，客户机操作系统选择 Linux，版本选择 CentOS。虚拟机名称命名为 Fuel_5.1.1_master，位置选择合适位置即可，磁盘大小至少为 30 GB，同时选择将虚拟磁盘拆分成多个文件。单击"自定义硬件"按钮，在打开的窗口中选择"网络适配器"，在"自定义：特定虚拟网络"的下拉列表中选择"VMnet1（仅主机模式）"，这样就将 Fuel Master 节点的 eth0 接口接入 PXE 部署网络 VMnet1，如图 3-8 所示。"自定义硬件"配置完成后即成功创建虚拟机。

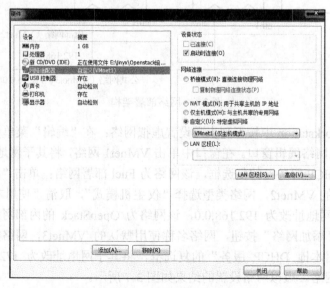

图 3-8 Fuel Master 节点的网卡配置

第 3 章 OpenStack 安装部署

2）安装 Fuel Master 节点

开启此虚拟机，从 ISO 启动后，进入如图 3-9 所示的开始安装界面。在该界面下可以按 Tab 键进入修改 Fuel 主节点的相关配置，如果不修改则使用默认值。由于之前已经在 VMnet1 网络设置了 10.20.0.0/24 的网段，所以启动安装时，使用系统默认的 IP 地址即可。整个安装过程持续 20~30 分钟，在此过程中会安装一系列的软件包。

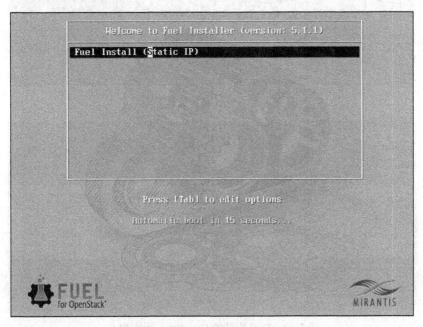

图 3-9　Fuel ISO 开始安装界面

安装完成后，将显示 Fuel 的控制台登录界面，如图 3-10 所示。在界面中提示相关的登录信息，包括控制台登录的账号和密码、Web 登录的账号和密码，以及 Fuel UI 的访问地址。

在浏览器中登录 http://10.20.0.2:8000 进入 Web 界面，如图 3-11 所示。

图 3-10　Fuel 控制台登录界面　　　　图 3-11　Fuel UI 登录界面

登录 Fuel UI 后显示如图 3-12 所示的管理界面。在该界面中可以查看 OpenStack 部署环境的各类信息，如显示被发现的节点个数、未分配的节点个数、当前的部署状态等。

在 Fuel 部署管理界面中单击"版本"菜单项，显示当前 Fuel 支持并可以安装的 OpenStack 版本，如图 3-13 所示。

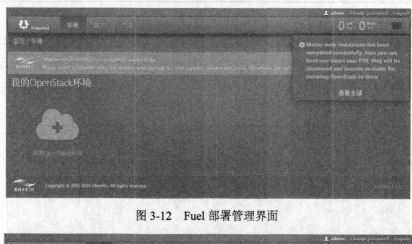

图 3-12 Fuel 部署管理界面

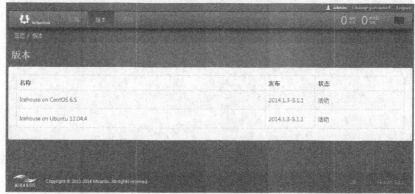

图 3-13 Fuel 支持的 OpenStack 版本列表

3. 部署 OpenStack 集群

1) 创建 OpenStack 环境

Fuel 可以管理多个 OpenStack 环境,在 Fuel 部署管理界面单击"新建 OpenStack 环境",就可以开始部署一个新的 OpenStack 集群,如图 3-14 所示。可供选择的 OpenStack 版本有 Ubuntu 和 CentOS 系统,选择 Icehouse on CentOS 6.5 (2014.1.3-5.1.1)。

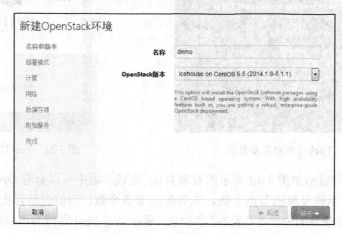

图 3-14 新建 OpenStack 环境:定义名称和版本

名称和版本定义完成后，单击"前进"按钮执行下一步操作。OpenStack 支持 HAProxy 部署，由于本例的测试环境只有一个控制节点，所以这里选择"多节点"非 HA 模式，如图 3-15 所示。

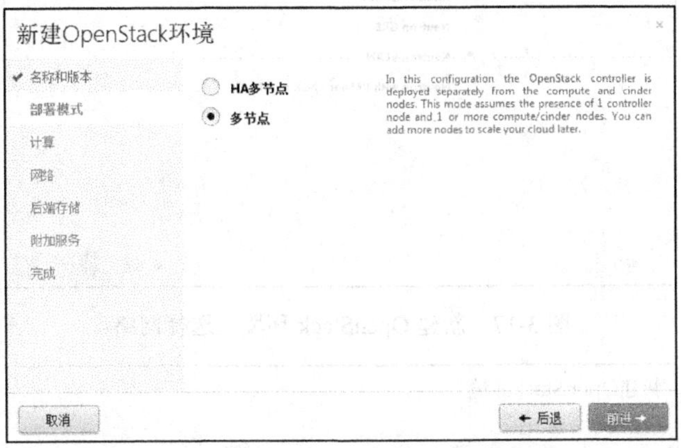

图 3-15　新建 OpenStack 环境：选择部署模式

部署模式选择完成后，单击"前进"按钮进行下一步操作。OpenStack 支持 KVM/QEMU/VMware 虚拟化。如果在硬件上运行 OpenStack 就需要选择 KVM，如果在虚拟机上运行 OpenStack 就需要选择 QEMU，本例是在虚拟机中部署 OpenStack，所以选择 QEMU，如图 3-16 所示。

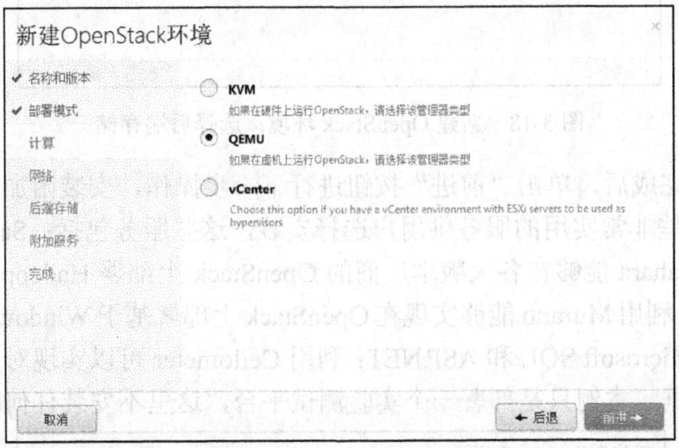

图 3-16　新建 OpenStack 环境：选择管理器类型

完成后，单击"前进"按钮进行下一步操作。OpenStack 支持不同的网络部署，这里选择 Neutron VLAN。如图 3-17 所示。

选择网络后，单击"前进"按钮进行下一步操作。OpenStack 支持本地存储和 Ceph 分布式存储。在 OpenStack 中，Cinder 块存储默认使用 LVM 卷和 iSCSI 共享存储；而镜像服务 Glance 在 HA 部署模式中默认使用 Swift 对象存储，在简单多节点模式中，默认使用控制节点的本地存储。当然 Cinder 块存储和 Glance 镜像存储都可以选择 Ceph 分布式存储，但 Ceph 后端需要 2 个或更多的 Ceph-OSD 节点和 KVM 管理器，因此建议如果在物理机环境下部署 OpenStack，可以选择分布式存储。本例是在虚拟环境下，因此选择默认方式，如图 3-18 所示。

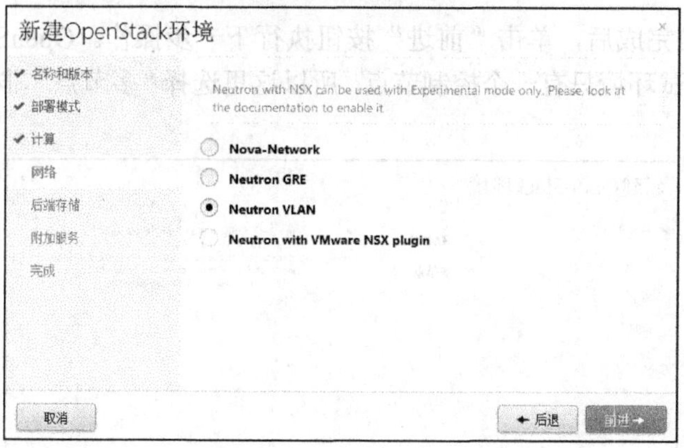

图 3-17 新建 OpenStack 环境：选择网络

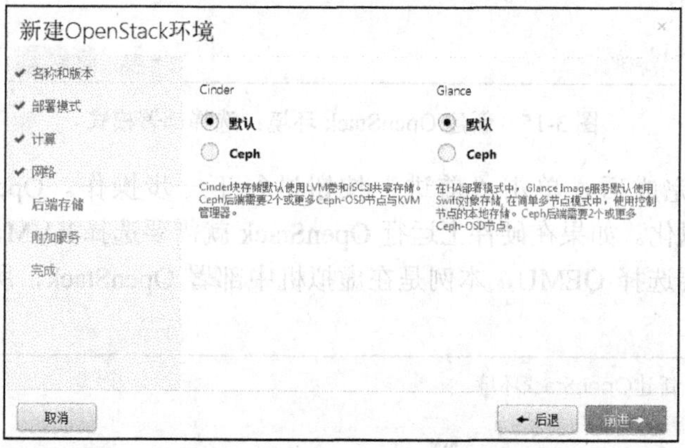

图 3-18 新建 OpenStack 环境：选择后端存储

后端存储选择完成后，单击"前进"按钮进行下一步操作，安装附加服务，如图 3-19 所示。Fuel 提供了一些非常实用的服务供用户选择安装，这些服务包括：Sahara、Murano 以及 Ceilometer。利用 Sahara 能够在各大版本厂商的 OpenStack 上部署 Hadoop 集群，实现大数据存储和分布式计算；利用 Murano 能够实现在 OpenStack 上部署基于 Windows 的数据中心服务，如活动目录、IIS、Microsoft SQL 和 ASP.NET；利用 Ceilometer 可以实现对 OpenStack 的监控，为计费系统采集数据。本例只是部署一个实验测试平台，这里不安装任何附加服务。

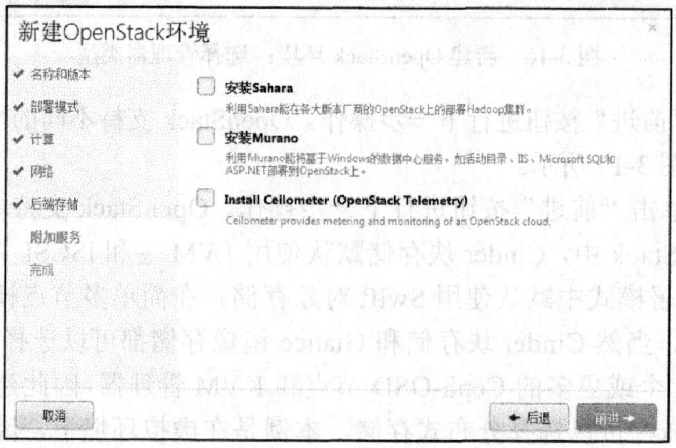

图 3-19 新建 OpenStack 环境：选择安装附加服务

单击"前进"按钮进行下一步操作,这里部署 OpenStack 环境的准备工作已就绪,如图 3-20 所示。单击"新建"按钮,完成新建 OpenStack 环境的配置。

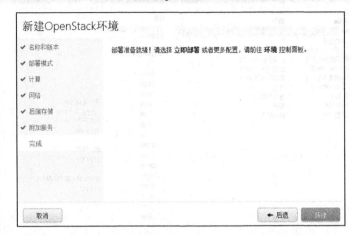

图 3-20 新建 OpenStack 环境:完成环境创建

回到 Fuel 部署管理界面,在"环境"控制面板可以看到刚刚新建的 OpenStack 环境,如图 3-21 所示,目前还没有节点。下面创建两个虚拟机作为 OpenStack 集群的节点,即控制节点和计算节点。

图 3-21 已创建的 OpenStack 环境

2)创建 OpenStack 节点

回到 VMware Workstation,创建两个虚拟机裸机。在安装向导中选择如下选项:安装来源选择"稍后安装操作系统";客户机操作系统选择 Linux,版本选择 CentOS;两个虚拟机的磁盘大小至少配置 30 GB;控制节点的内存设置为 1 GB,Vcpu 1 个;计算节点的内存 2 GB,Vcpu 2 个,这是因为 OpenStack 的虚拟机实例需要在计算节点上运行,如果配置低,创建实例会比较慢,因此在物理机性能允许的情况下可以给计算节点多分配 CPU 内核。

分别为每个虚拟机增加两块网卡,这样每个节点就有三块网卡。这两个节点的网卡配置均为:eth0 接入 PXE 部署网络 VMnet1(10.20.0.0/24),eth1 接入内部网络 VMnet2(192.168.0.0/24),eth2 接入公共网络 VMnet3(172.16.0.0/24)。

图 3-22 所示是控制节点的虚拟机配置信息，计算节点的网卡配置与控制节点类似。

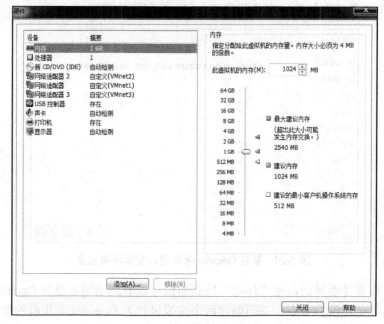

图 3-22　控制节点的虚拟机配置

3）部署 OpenStack 环境

在 VMware Workstation 中启动这两个虚拟机，打开任何一个虚拟机的控制台，显示如图 3-23 所示的启动菜单，这里选择 bootstrap 启动。

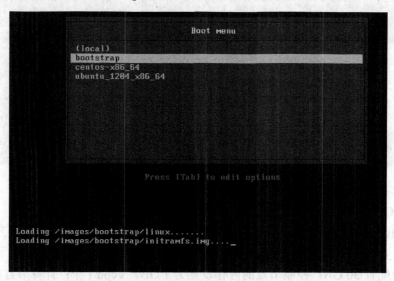

图 3-23　启动 OpenStack 节点

启动完成后可以登录到该节点，用户名和密码与 Fuel 节点的一致。用户名：root，密码：r00tme，如图 3-24 所示。

当 bootstrap 启动完毕，回到 Fuel 部署管理界面，在"环境"控制面板显示 Fuel 检测出这两个节点，如图 3-25 所示。

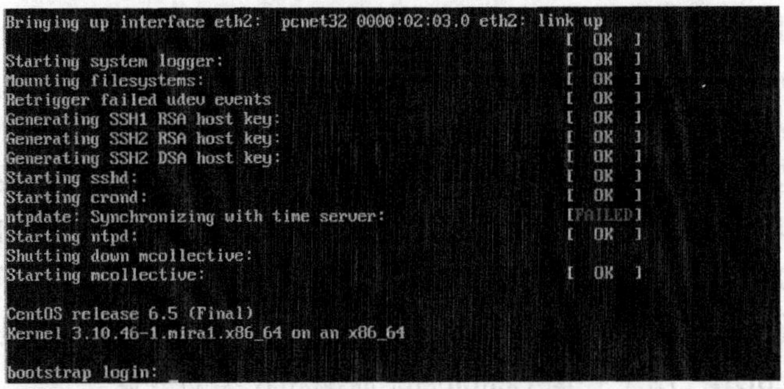

第 3 章 OpenStack 安装部署

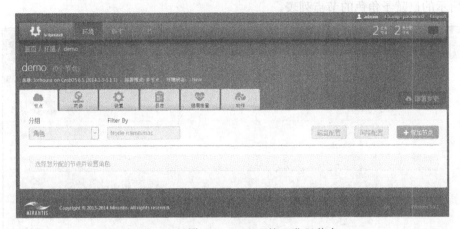

图 3-24 OpenStack 节点启动成功

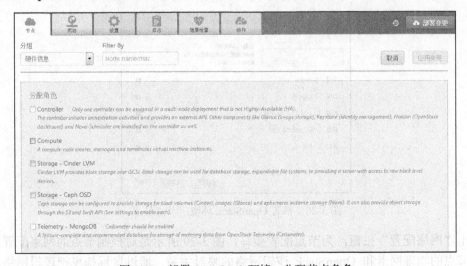

图 3-25 部署 OpenStack 环境：发现节点

根据虚拟机的配置信息可以确定每个虚拟机的角色，本例中内存 2 GB、2 个 CPU 的虚拟机是计算节点，内存 1 GB、1 个 CPU 的虚拟机是控制节点。在很多情况下创建的虚拟机规格是相同的，这时候就要根据虚拟机唯一的 MAC 地址来确定虚拟机角色。

下面配置这两个节点在 OpenStack 中的角色，在如图 3-25 所示的管理界面中单击"增加节点"按钮，显示 OpenStack 所提供的节点角色列表以及未分配角色的节点池，如图 3-26 所示。

图 3-26 部署 OpenStack 环境：分配节点角色

Fuel 定义了以下 5 类节点角色。

Controller：控制节点，运行 OpenStack 的控制服务并提供外部 API。OpenStack 的 Glance、Keystone、Horizon 组件以及 Nova-Scheduler 都安装在控制节点上。

Compute：计算节点，用以创建、管理和运行 OpenStack 的虚拟机实例。

Storage-Cinder LVM：存储节点，提供 Cinder 块存储服务，使用 LVM 卷。

Storage-Ceph OSD：存储节点，提供 Ceph 分布式存储服务，存储后端是 OSD。Ceph 能够提供卷存储、镜像存储和临时实例存储，也能够通过 S3 和 Swift API 提供对象存储。

Telemetry-MongoDB：用于存储 Ceilometer 监测和收集的数据。

按照对节点的规划，分别为这两个节点分配相应的角色（Controller 和 Compute），得到如图 3-27 所示的已赋予角色的节点列表。

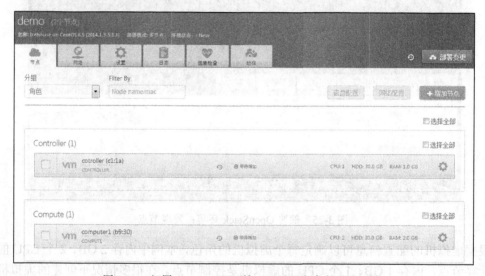

图 3-27　部署 OpenStack 环境：已赋予角色的节点列表

在图 3-27 所示界面中单击节点列表右侧的"设置"图标，显示该节点的相关信息，图 3-28 所示是控制节点的配置信息窗口。

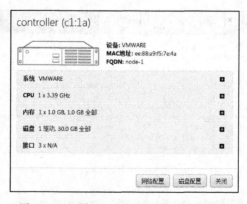

图 3-28　部署 OpenStack 环境：节点信息

单击"网络配置"按钮，为节点配置接口，图 3-29 所示是对控制节点的网络配置。在这里修改节点的物理网卡和 OpenStack 逻辑网络的映射关系，通过鼠标拖曳把逻辑网络放置在对应的物理网卡上。按照之前的网络规划，这里把 Fuel 管理网络（Admin PXE）设置到 eth0，地址为 10.20.0.0/24；把 Private、存储和管理网络设置到 eth1，它们共用一个网卡但 IP 不同，需使用 vlan tag 方式实现二层网络隔离；把公共网络设置到 eth2，使用地址 172.16.0.0/24。

图 3-29　部署 OpenStack 环境：配置接口

计算节点的网络接口配置与控制节点的接口配置相同。在两个节点的接口配置完成后，在页面中单击"网络"标签，进行网络设置。由于私有网络、管理网络和存储网络共用 eth1 但 IP 地址不同，因此对这两个网络要设置"使用 VLAN 标记"实现二层网络隔离。配置结果如图 3-30 所示。

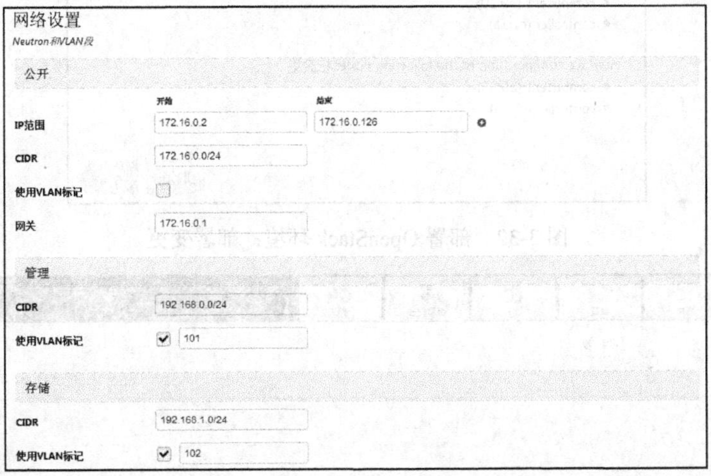

图 3-30　部署 OpenStack 环境：网络设置

网络设置完毕后，单击页面下方的"验证网络"按钮，检查网络设置是否正确。如果网络设置正确，在页面会显示"验证成功"的提示信息，如图 3-31 所示。

网络验证成功后，开始部署节点。在图 3-29 所示的配置页面右上角单击"部署变更"按钮，显示部署变更的相关信息。如图 3-32 所示。

单击"部署"按钮，开始部署 OpenStack 集群。首先系统自动重启这两个节点虚拟机，并安装 CentOS 操作系统，安装过程可以在虚拟机的控制台看到，同时在 Fuel 的部署界面也会显示安装进度。操作系统安装完成后，在 Fuel 的部署界面将显示提示信息"CENTOS 已安装"。然后开始安装 OpenStack 服务，以上所有的安装过程都是自动进行的，无须人工干预。具体部署时间根据机器性能有所不同，一般要持续 30 分钟左右。OpenStack 安装完成后如图 3-33 所示。

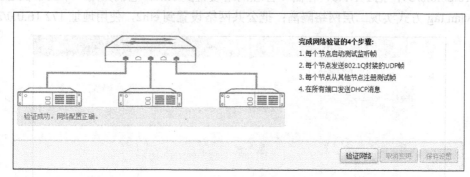

图 3-31 部署 OpenStack 环境：验证网络

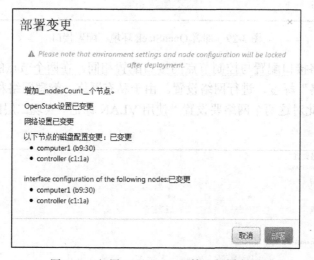

图 3-32 部署 OpenStack 环境：部署变更

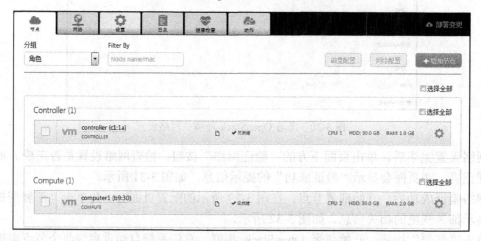

图 3-33 部署 OpenStack 环境：OpenStack 安装完成

4．验证 OpenStack 环境

OpenStack 部署完成后，在浏览器中通过登录 http://172.16.0.2 或 http://10.20.0.3 可以访问

OpenStack 的 Dashboard。这里的 172.16.0.2 是公共网的 IP 地址，登录 Dashboard 后可以通过 VNC 访问虚拟机实例，10.20.0.3 是内部网络的 IP 地址，不能通过 VNC 访问虚拟机实例。

Fuel 提供了对 OpenStack 环境进行健康检查的功能。OpenStack 部署完成后，在 Fuel 部署界面单击"健康检查"标签，可以选择需要进行健康检查的项目，单击"运行测试"即可实现安全检查，如图 3-34 所示。

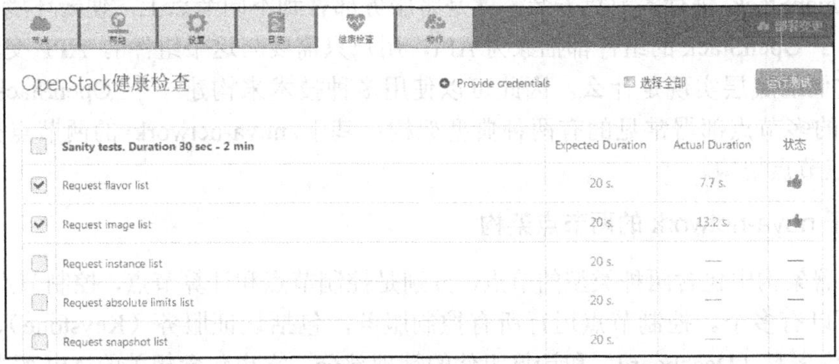

图 3-34　部署 OpenStack 环境：OpenStack 健康检查

Fuel 允许对当前的 OpenStack 环境进行编辑。在 Fuel 部署界面单击"动作"标签，在这里可以实现对 OpenStack 环境的重命名、重置和删除操作，如图 3-35 所示。所谓重置操作，就是把 OpenStack 环境中已有的节点重置到部署前的状态，从而删除已有的环境；而删除操作是把 OpenStack 环境中的所有节点清除并放回到未分配节点池中。

图 3-35　Fuel 对 OpenStack 环境的动作

在 Fuel 部署界面单击"日志"标签，可以查看 Fuel 节点以及 OpenStack 集群节点的实时日志。此外，Fuel 支持对 OpenStack 集群的动态扩展，在实际应用中可以根据需要增加 OpenStack 节点，还可以安装附加的组件。

3.3　OpenStack 手动安装配置

用户在使用自动化工具对 OpenStack 进行批量安装之前，需要深入理解其工作机制。手动安装 OpenStack 有助于用户了解其各个组件的工作原理，并在此基础上剖析源代码，根据实际需求编写自动化安装的脚本。本节介绍在虚拟机环境下手动安装多节点 OpenStack 的基本步骤，这里所介绍的实验过程也适用于在真实环境下搭建 OpenStack，只是在网络设置方面会有所不同，用户在手动安装的过程中可以逐步了解 OpenStack 的组件和架构。

3.3.1 多节点部署的典型架构

OpenStack 项目通过整合相关的一组服务,提供了基础设施即服务(IaaS)的解决方案,它是一个易于实现、易于扩展、功能丰富的云计算平台。其中的每个服务都提供了一组应用程序接口(API)来促进它们之间的整合,用户可以根据需要,选择安装这些服务中的一些或全部。对 OpenStack 进行多节点安装,就是将服务部署到不同节点上,使云环境具备较高的可用性。由于 OpenStack 的组件都抽象为 API,用户只需要与这个组件的 API 交流即可,不需要考虑它们的底层实现是什么,因此可以使用多种技术来构建一个 OpenStack 云平台。OpenStack 的多节点部署常见的有两种典型架构:基于 nova-network 的两节点架构、基于 Neutron 的三节点架构。

1. 基于 nova-network 的两节点架构

这种部署架构中包含两种类型的节点,分别是控制节点和计算节点,控制节点只有一个,计算节点可以有多个。控制节点运行所有控制服务,包括认证服务(Keystone)、镜像服务(Glance)、仪表盘(Dashboard)和计算组件的管理部分。它也包含相关的 API 服务、MySQL 数据库和消息系统。计算节点运行计算组件的虚拟机监控器(Hypervisor),用来操作租户的虚拟机。计算节点也负责规划、操作租户网络和实现安全组。两节点部署架构如图 3-36 所示。

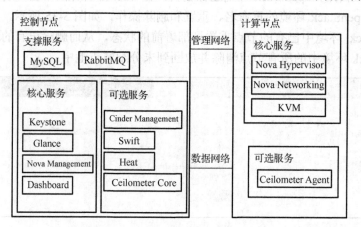

图 3-36 OpenStack 两节点部署架构图

在两节点架构下,OpenStack 的网络由 nova-network(网络控制器)管理,它会为计算节点提供网络服务,分配和管理虚拟机 IP 地址,使虚拟机与外部网络能够互相访问。nova-network 能够创建三种网络模式,分别是 Flat 模式、FlatDHCP 模式和 VLAN 模式。OpenStack 的 API 服务器通过消息队列分发 nova-network 提供的命令,这些命令之后会被 nova-network 处理,主要的操作有:分配 IP 地址、配置虚拟网络和通信。

在这三种网络模式中,Flat 模式最简单,特点是仅支持一个网络,需要在各节点手动配置好网桥,系统中的所有虚拟机实例都桥接到同一个网络。目前虚拟机的网络配置只对 Linux 操作系统的实例正常工作,网络配置保存在"/etc/network/interfaces"文件中。Flat 模式的工作机制如下:

1)建立一个子网,设置一个 IP 地址池,规定虚拟机能使用的 IP 地址范围。

2)创建虚拟机时,从 IP 地址池获取一个有效 IP 地址,分配给虚拟机,在虚拟机启动时注入虚拟机镜像。

3）手动配置好网桥，所有虚拟机和同一个网桥连接。

4）网络控制器对虚拟机实例进行 NAT（Network Address Translation，网络地址转换）转换，实现与外部的通信。

FlatDHCP 模式与 Flat 模式类似，区别在于需要启动一个 DHCP 服务器为虚拟机分配固定 IP，可以回收释放 IP，而且可以自动建立网桥。FlatDHCP 模式工作机制如下：

1）网络控制器运行 dnsmasq 服务作为一个 DHCP 服务器。当 nova-network 启动时，dnsmasq 服务也会自动启动。

2）虚拟机实例执行一个 dhcp discover 操作，发送请求。

3）网络控制器从一个指定子网中获取 IP 地址分配给虚拟机。

4）虚拟机通过网络控制器与外部网络互相访问。

VLAN 模式是 OpenStack 的默认网络管理模式，在 VLAN 模式下，每个项目都有自己的 VLAN、Linux 网桥和子网。被网络管理员所指定的子网都会在需要的时候动态地分配给一个项目，每个项目获得一些只能从 VLAN 内部访问的私有 IP 地址，即私网网段。所有属于某个项目的实例都会连接到同一个 VLAN。VLAN 模式的工作机制如下：

1）网络控制器上的 DHCP 服务器启动，从被分配到项目的子网中获取 IP 地址并传输到虚拟机实例。

2）创建一个特殊的 VPN（Virtual Private Network，虚拟专用网络）实例，实现用户获得项目实例，访问私网网段。

3）计算节点为用户生成证明书和 key，使得用户可以访问 VPN，同时计算节点自动启动 VPN。

4）实现 VPN 访问。

在 Flat 模式和 FlatDHCP 模式中，网络控制器所在的节点作为默认网关，虚拟机实例都被分配了公共的 IP 地址，都在一个桥接网络里，呈扁平式结构。这两种模式常用于测试环境。VLAN 模式相对比较复杂，为每个项目提供受保护的网段，所有虚拟机通过 VPN 和 API 连接，除了公共 NAT 外没有其他途径进入各个 VLAN，网络的流出和项目之间的访问受项目管理员的控制，很适合提供给企业内部部署使用，但是需要支持 VLAN 的交换机来连接。

2. 基于 Neutron 的三节点架构

这种部署架构中包含三种类型的节点，分别是控制节点（Control Node）、网络节点（Network Node）和计算节点（Compute Node）。

控制节点运行大部分的控制服务，包括认证服务（Keystone）、镜像服务（Glance）、计算组件和网络组件的管理部分、网络插件和仪表盘（Dashboard）。它也包含相关的 API 服务、消息代理和 MySQL 数据库。控制节点只有一个。

网络节点运行网络插件代理、第二层代理和若干个第三层代理，用来规划并操作租户（Tenant）的网络。第二层代理提供虚拟网络和隧道，第三层代理提供 NAT 和 DHCP 服务。该节点也能处理租户虚拟机或实例的内外部连接。

计算节点运行计算组件的虚拟机监控器 Hypervisor，用来操作租户虚拟机和实例。默认情况下，计算服务使用 KVM 作为管理程序。同时计算节点也运行网络插件和第二层代理，用来操作租户网络和实现安全组。计算节点可以运行多个。三节点部署架构如图 3-37 所示。

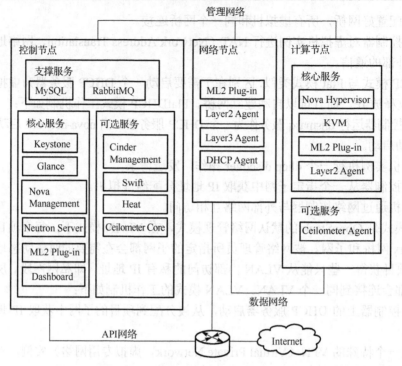

图 3-37 OpenStack 三节点部署架构图

在三节点架构下，OpenStack 的网络功能由 Neutron 提供。Neutron 的网络服务主要由以下几部分组成。

1）Neutron Server：这一部分包含守护进程 neutron-server 和各种插件 neutron-*-plugin。neutron-server 提供 API 接口，并把对 API 的调用请求传给已经配置好的插件进行后续处理。插件需要访问数据库来维护各种配置数据和对应关系，例如路由器、网络、子网、端口、浮动 IP 和安全组等。它们既可以安装在控制节点也可以安装在网络节点。

2）插件代理（Plugin Agent）：主要处理虚拟网络上的数据包，名称为 neutron-*-agent，在每个计算节点和网络节点上运行。插件代理与 Neutron Server 及其插件的交互通过消息队列来支持。当用户选择安装了某个插件时，就需要选择相应的代理。

3）DHCP 代理（DHCP Agent）：名称为 neutron-dhcp-agent，为各个租户网络提供 DHCP 服务，部署在网络节点上。

4）3 层代理（L3 Agent）：名称为 neutron-l3-agent，为客户机访问外部网络提供 3 层转发服务，部署在网络节点上。

和 nova-network 相比，Neutron 功能更加强大，能满足更多用户需求，表现在以下几个方面：Neutron 支持多种插件式网络组件，如 Open vSwitch、Cisco、Linux Bridge 和 Nicira NVP 等，同时还提供了一个新的插件 ML2（Modular Level 2），这个插件可以作为一个框架同时支持不同的 2 层网络，并具有取代和 L2 代理相关的庞大插件的趋势；Neutron 提供了比较完善的多租户环境下的虚拟网络模型以及 API，租户通过它可以创建一个自己专属的虚拟网络及其子网，可以创建路由器等；Neutron 支持 3 层代理和 DHCP 代理的多节点部署，增强了扩展性和可靠性；Neutron 提供稳定的负载均衡 API，支持节点间的 VPN 服务，支持面向租户的防火墙服务。

本节主要介绍基于 Neutron 的三节点架构 OpenStack 安装和配置的基本过程,控制节点、网络节点和计算节点均以 Ubuntu 虚拟机为基础环境,以搭建 OpenStack 实验测试平台为目标。这里对 OpenStack 进行安装测试时使用的是 I 版本,主要是对几个核心组件的安装。目前 OpenStack 的最新版本是 2015 年 10 月发布的 Liberty,对于该版本的详细文档说明和安装指南,读者可以参考 OpenStack 官方网站的文档说明(http://docs.openstack.org)。不同版本的 OpenStack 除了软件包外,其他的安装配置步骤基本相同。另外,在虚拟机中搭建 OpenStack,部分配置与真实硬件环境的配置有所区别,详情读者也可以参考 OpenStack 官方网站的文档说明。

3.3.2 多节点虚拟机配置

1. 配置虚拟机网络环境

本例是搭建一个包含三个节点的 OpenStack 实验环境:一个控制节点、一个网络节点和一个计算节点。在 VMware Workstation 中需要定义以下三个网络。

VMnet1:为外部网络(External),连接网络节点,用以实现虚拟机实例访问互联网。为简单起见,本例在搭建实验环境时不考虑虚拟机实例的外部访问。这里将网络类型设为主机模式(host-only),子网地址任意。

VMnet2:为内部网络(Internal),连接网络节点和计算节点,用以 OpenStack 内部节点之间的访问,实现虚拟机实例的应用。网络类型为主机模式(host-only),子网地址为 10.0.1.0/24。

VMnet8:为公共/管理(Public/Management)网络,连接控制节点、网络节点和计算节点这三个节点,用以实现 OpenStack 组件与操作系统之间的通信以及节点访问互联网。网络类型为 NAT 模式,子网地址为 10.0.0.0/24。网络结构规划如图 3-38 所示。

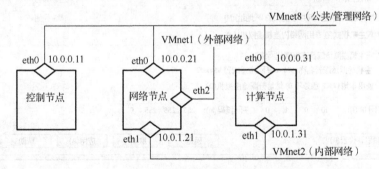

图 3-38 网络结构规划图

控制节点的网卡配置如下。

eth0 接入 VMnet8(公共/管理网络):IP:10.0.0.11 网络掩码:255.255.255.0 网关:10.0.0.2

网络节点的网卡配置如下。

eth0 接入 VMnet8(公共/管理网络):IP:10.0.0.21 网络掩码:255.255.255.0 网关:10.0.0.2

eth1 接入 VMnet2(内部网络):IP:10.0.1.21 网络掩码:255.255.255.0

eth2 接入 VMnet1(外部网络),IP 使用本地 DHCP 分配。

计算节点的网卡配置如下。

eth0 接入 VMnet8（公共/管理网络）：IP：10.0.0.31　网络掩码：255.255.255.0　网关：10.0.0.2

eth1 接入 VMnet2（内部网络）：IP：10.0.1.31　网络掩码：255.255.255.0

在 VMware 中配置虚拟机网络环境的具体过程如下：

1）设置 OpenStack 公共网络。打开 VMware Workstation 程序，单击"编辑"菜单，选择"虚拟网络编辑器"，在打开的对话框中点击 VMnet8 网络，将其子网地址改为 10.0.0.0，取消 dhcp 复选框。该网络类型是 NAT 模式，用于管理网络，同时也可以访问互联网。

2）设置 OpenStack 内部网络。在"虚拟网络编辑器"中单击"添加网络"按钮，类型选择"仅主机模式"，网络名称使用默认的 VMnet2，取消 dhcp 复选框，将其子网地址改为 10.0.1.0。该网络用于内部网络，实现在 OpenStack 内部节点之间的访问。

两个网络的配置结果如图 3-39 所示。

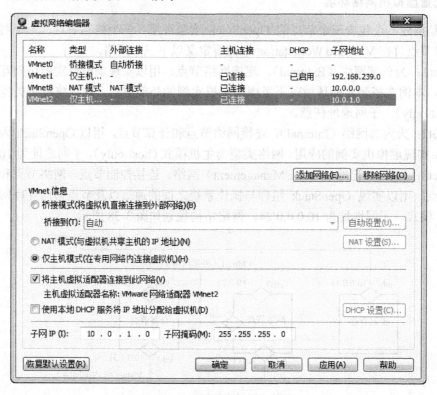

图 3-39　设置虚拟机网络环境

2. 安装虚拟机

本例在 VMware 中使用 64 位的 Ubuntu Server 版本。下载 ubuntu-12.04.4-server-amd64.iso 镜像文件（下载地址：http://releases.ubuntu.com/12.04/），打开 VMware Workstation 程序，创建虚拟机，安装 Ubuntu 操作系统，虚拟机命名为 UbuntuBase。安装时分配 20GB 硬盘、1GB 内存。安装完之后依次执行以下命令。

1）切换到 root 用户

```
sudo passwd root
su
```

2）更新 Ubuntu：apt-get update
3）安装 vim：apt-get install vim
4）安装 ssh

```
apt-get install openssh-client
apt-get install openssh-server
```

5）查看 IP 地址：ip a
6）回到宿主机操作系统，使用 putty 程序连接到 UbuntuBase
7）修改源，将国外网站更改为国内镜像网站，目前推荐使用网易的源。在修改之前先备份源列表：

```
cp /etc/apt/sources.list /etc/apt/sources.list_backup
```

使用 vim 命令编辑/etc/apt/sources.list 文件：

```
vim /etc/apt/sources.list
```

用下面的源替换原来的源：

```
    deb http://mirrors.163.com/ubuntu/ precise main universe restricted multiverse
    deb-src http://mirrors.163.com/ubuntu/ precise main universe restricted multiverse
    deb http://mirrors.163.com/ubuntu/ precise-security universe main multiverse restricted
    deb-src http://mirrors.163.com/ubuntu/ precise-security universe main multiverse restricted
    deb http://mirrors.163.com/ubuntu/ precise-updates universe main multiverse restricted
    deb http://mirrors.163.com/ubuntu/ precise-proposed universe main multiverse restricted
    deb-src http://mirrors.163.com/ubuntu/ precise-proposed universe main multiverse restricted
    deb http://mirrors.163.com/ubuntu/ precise-backports universe main multiverse restricted
    deb-src http://mirrors.163.com/ubuntu/ precise-backports universe main multiverse restricted
    deb-src http://mirrors.163.com/ubuntu/ precise-updates universe main multiverse restricted
```

8）更新系统

```
apt-get update -y
apt-get upgrade -y
apt-get dist-upgrade -y
```

9）配置 DNS 服务器，编辑文件/etc/resolv.conf，写入以下配置内容

```
nameserver 210.29.96.33
```

（这里的 210.29.96.33 是校园网 DNS 服务器的 IP 地址）

3. 克隆虚拟机

用 UbuntuBase 克隆出 control、network、compute 三个节点。具体步骤如下：

1）设置虚拟机的虚拟化引擎。打开 UbuntuBase 作为基本系统，然后鼠标右击选择 UbuntuBase，在打开的快捷菜单中单击"设置"项，出现"虚拟机设置"窗口，在"硬件"标签卡中单击"处理器"，在右侧的"虚拟化引擎"中勾选复选框"虚拟化 Intel VT-x/EPT 或 AMD-V/RVI（V）"，如图 3-40 所示。

图 3-40　设置虚拟机的虚拟化引擎

2）鼠标右击选择 UbuntuBase，依次单击"管理"→"克隆"，分别克隆出 control、network、compute 三个系统。

3）按照之前的网络规划，为 network 节点添加对应 VMnet2（内部网络）和 VMnet1（外部网络）的两块网卡。具体步骤是：鼠标右击选择 network，单击"设置"，在"虚拟机设置"窗口中单击左下方的"添加"按钮（见图 3-40），打开添加硬件向导窗口，如图 3-41 所示。在硬件类型列表中选择"网络适配器"，单击"下一步"按钮。

4）在"自定义：特定虚拟网络"的下拉列表中选择"VMnet2（仅主机模式）"。这里的"VMnet2"就是在配置 UbuntuBase 虚拟机时所添加的内部网络。单击"完成"按钮，这样就把 network 节点的 eht1 网卡接入 VMnet2（内部网络）了，如图 3-42 所示。

5）按照相同步骤再为 network 节点添加一块网卡，并接入 VMnet1 网络，这里的"VMnet1"是配置 UbuntuBase 虚拟机时所添加的外部网络。这样就把 network 节点的 eht2 网卡接入 VMnet1（外部网络）了。

6）选择 compute 节点，按照步骤 3）、4）为 compute 节点添加一块网卡 eth1，并接入 VMnet2（内部网络）。

   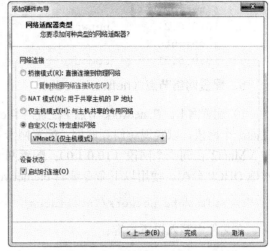

图 3-41　为节点添加网卡　　　　　　图 3-42　将网卡接入网络

4. 配置控制节点（control node）

1）配置网卡。在 control 节点中编辑/etc/network/interfaces 文件，配置第一块网卡 eth0 为公共网络接口，其 IP 地址与 VMnet8 在同一个网段（10.0.0.0），以实现访问互联网。使用下面的命令打开文件：

```
vim /etc/network/interfaces
```

按以下内容配置第一块网卡 eth0。这里在虚拟机中将网关设置为 10.0.0.2，如果在真实环境中，网关应该设置为 10.0.0.1。这里的地址 210.29.96.33 是校园网 DNS 服务器的 IP 地址。

```
auto eth0
iface eth0 inet static
address 10.0.0.11
netmask 255.255.255.0
gateway 10.0.0.2
dns-nameservers 210.29.96.33
```

配置完成后保存退出，使用下面的命令重新启动网卡：

```
/etc/init.d/networking restart
```

2）配置地址解析。编辑/etc/hostname 文件，编辑文件使用下面的命令：

```
vim /etc/hostname
```

将 hostname 文件中原来的内容"ubuntu"改为"control"。
编辑/etc/hosts 文件，使用命令：

```
vim /etc/hosts
```

在 hosts 文件中注释掉以 127.0.1.1 开头的那一行，加入以下内容：

```
# control
10.0.0.11        control
```

```
# network
10.0.0.21          network
# compute
10.0.0.31          compute
```

5. 配置网络节点（network node）

1）配置网卡。在 network 节点中配置网卡 eth0 作为公共网络控制接口，其 IP 地址与 VMnet8 在同一个网段，以实现访问互联网；配置网卡 eth1 作为内部节点之间的访问接口，其 IP 地址与 VMnet2 在同一个网段（10.0.1.0）；配置网卡 eth2 作为一个外部网络访问的接口，IP 使用本地 DHCP 分配。使用以下命令编辑/etc/network/interfaces 文件：

```
vim /etc/network/interfaces
```

在文件中写入以下内容：

```
auto eth0
iface eth0 inet static
address 10.0.0.21
netmask 255.255.255.0
gateway 10.0.0.2
dns-nameservers 210.29.96.33

auto eth1
iface eth1 inet static
address 10.0.1.21
netmask 255.255.255.0

auto eth2
iface eth2 inet manual
up ip link set dev $IFACE up
down ip link set dev $IFACE down
```

配置完成后保存退出，使用下面的命令重启网卡：

```
/etc/init.d/networking restart
```

2）配置地址解析。编辑/etc/hostname 文件，将文件中原来的内容改为 network。编辑文件使用的命令为：

```
vim /etc/hostname
```

修改/etc/hosts 文件的内容，注释掉以 127.0.1.1 开头的那一行，加入以下内容：

```
# control
10.0.0.11          control
# network
10.0.0.21          network
# compute
10.0.0.31          compute
```

6. 配置计算节点（compute node）

1）配置网卡。设置 eth0 为公共网络控制接口，IP 地址与 VMnet8 同一个网段（10.0.0.0），以便实现访问互联网；设置 eth1 为内部节点访问接口，IP 地址与 VMnet2 同一个网段（10.0.1.0）。使用下面的命令编辑/etc/network/interfaces 文件：

```
vim /etc/network/interfaces
```

在文件中按下面的要求配置网卡：

```
auto eth0
iface eth0 inet static
address 10.0.0.31
netmask 255.255.255.0
gateway 10.0.0.2
dns-nameservers 210.29.96.33

auto eth1
iface eth1 inet static
address 10.0.1.31
netmask 255.255.255.0
```

配置完成后保存退出，使用以下命令重启网卡：

```
/etc/init.d/networking restart
```

2）配置地址解析。编辑/etc/hostname 文件，将文件中原来的内容改为 compute。编辑文件使用的命令为：

```
vim /etc/hostname
```

修改/etc/hosts 文件的内容，注释掉以 127.0.1.1 开头的那一行，加入以下内容：

```
# control
  10.0.0.11        control
# network
  10.0.0.21        network
# compute
  10.0.0.31        compute
```

7. 验证网络配置

1）在 control 节点上使用"ping"命令连接以下几个站点，如果都能连通，说明 control 节点网络配置正确。

```
ping -c 4 openstack.org
ping -c 4 network
ping -c 4 compute
```

2）在 network 节点上使用"ping"命令连接以下几个站点，如果都能连通，说明 network 节点网络配置正确。

```
ping -c 4 openstack.org
```

```
        ping -c 4 control
        ping -c 4 10.0.1.31
```

3）在 compute 节点上使用 "ping" 命令连接以下几个站点，如果都能连通，说明 compute 节点网络配置正确。

```
        ping -c 4 openstack.org
        ping -c 4 control
        ping -c 4 10.0.1.21
```

3.3.3 基础环境准备和设置

1. 安装 Network Time Protocol（NTP）

为了同步多个机器的时间，需要安装 NTP，这里将 control 节点的时间作为其他节点的参考时间。分别在 control 节点、network 节点和 compute 节点上安装 ntp 服务，使用的命令为：

```
        apt-get install ntp
```

在 network 节点和 compute 节点上编辑/etc/ntp.conf 文件，设置 control 节点作为时间同步源（注意：只需设置这两个节点，control 节点不需要设置）。在/etc/ntp.conf 文件中写入下面的内容：

```
        sed -i 's/server 0.ubuntu.pool.ntp.org/#server 0.ubuntu.pool.ntp.org/g' /etc/ntp.conf
        sed -i 's/server 1.ubuntu.pool.ntp.org/#server 1.ubuntu.pool.ntp.org/g' /etc/ntp.conf
        sed -i 's/server 2.ubuntu.pool.ntp.org/#server 2.ubuntu.pool.ntp.org/g' /etc/ntp.conf
        sed -i 's/server 3.ubuntu.pool.ntp.org/#server 3.ubuntu.pool.ntp.org/g' /etc/ntp.conf
        sed -i 's/server ntp.ubuntu.com/server 10.0.0.11/g' /etc/ntp.conf
```

设置完成后保存退出，使用下面的命令重启 ntp 服务：

```
        service ntp restart
```

2. mysql 服务器安装与配置

mysql 数据库是目前 OpenStack 环境部署中使用最为广泛的数据库，负责保存系统中的各类数据，是 OpenStack 的基础公共服务。在控制节点中需要安装和配置相应的数据库来存储和获取各种信息，具体安装步骤如下。

1）安装 mysql 软件包。在 control 节点上使用下面的命令安装 mysql 服务：

```
        apt-get install python-mysqldb mysql-server
```

安装过程中会提示设置密码，考虑到 OpenStack 有大量密码需要记忆，在实验环境下，采用统一的密码会比较方便，这里我们将 mysql 的密码设置为 root。

2）配置 mysql。用 "vim" 命令编辑/etc/mysql/my.cnf 文件，在文件中设置 bind_address 为 control 节点的地址，设置内容为：

```
        bind-address = 10.0.0.11
```

在[mysqld]区域中增加以下内容：

```
        default-storage-engine = innodb
        collation-server = utf8_general_ci
```

```
init-connect = 'SET NAMES utf8'
character-set-server = utf8
```

设置完成后保存退出,使用以下命令重启 mysql 服务:service mysql restart

运行以下两条命令删除 mysql 的匿名用户:

```
mysql_install_db
mysql_secure_installation
```

3) 在 network 和 compute 两个节点上安装 mysql-python 的库,使用的命令是:

```
apt-get install python-mysqldb
```

3. 安装 OpenStack 软件包

分别在三个节点上安装 OpenStack 软件包,本实验环境中下载的是 Icehouse 的软件包,使用以下命令下载安装软件包:

```
apt-get install python-software-properties
add-apt-repository cloud-archive:icehouse
```

安装完成后更新系统:

```
apt-get update
apt-get dist-upgrade
```

安装 backported linux kernel 提高系统的稳定性:

```
apt-get install linux-image-generic-lts-saucy linux-headers-generic-lts-saucy
```

重启系统:

```
reboot
```

4. RabbitMQ 消息服务器安装与配置

OpenStack 默认使用 RabbitMQ 作为消息代理服务,为系统提供消息队列服务,负责各组件间的消息交换。RabbitMQ 是 OpenStack 的基础公共服务,需要在 control 节点上安装和配置,具体步骤如下:

1) 安装 RabbitMQ 相关软件包。

```
apt-get install rabbitmq-server
```

2) 设置默认账户的密码。

```
rabbitmqctl change_password guest RABBIT_PASS
```

3.3.4 认证服务的安装和配置

认证服务(Keystone)主要为 OpenStack 项目的其他子系统提供用户管理服务和服务目录,包括服务项和相关 API 的位置。

1. Keystone 基本概念

在 Keystone 的配置中涉及几个基本概念,下面简单介绍一下。

1）service、endpoint

service 是指一个 OpenStack 的服务，比如计算服务（nova）、对象存储服务（swift）、镜像服务（glance）、认证服务（keystone）、网络服务（neutron）和块存储服务（cinder）等。endpoint 是指提供服务的 server 端，一个可以通过网络访问的地址，通常是 URL 的形式。每个服务可以提供一个或多个服务端点（endpoint），用户可以通过它访问 OpenStack 的资源并且可以执行相应的操作。

2）user、tenant、role

user 表示用户，代表一个个体，OpenStack 以用户的形式来授权服务给他们。tenant 是指租户，可理解为使用 OpenStack 相关服务的一个组织，等同于一个 Project（项目）。role（角色）对应于一个租户中的使用权限的集合。一个租户可以有多个用户，一个用户可以同时属于多个不同的租户，当然在不同的租户中可以充当不同的角色，也即拥有不同的权限。OpenStack 中常用的角色有三种：admin、project manager、member。admin 具有管理员权限，project manager 管理租户内部，member 使用租户内部的相关功能。

3）credentials、authentication、token

credentials（证书）是证明用户身份的数据。通常是用户名和密码或者用户名和 API 键值。authentication（认证）是对用户身份鉴别的一个过程。token（令牌）是指一个任意比特的文本。每个令牌有一个可用资源范围的限制，可以在任何时候被撤销，并且有时效性。Keystone 在对用户认证完毕后，为用户颁发一个 token（令牌），这样用户在随后的请求中，只需要亮出自己的令牌即可，而不需要发送自己的证书。

2. 安装 Keystone 认证服务

1）在 control 节点上安装认证服务。安装命令如下：

```
apt-get install keystone
```

2）使用"vim"命令编辑配置文件/etc/keystone/keystone.conf 来指定数据库。编辑文件的命令为：

```
vim /etc/keystone/keystone.conf
```

在 keystone.conf 文件的[database]区域增加下列语句：

```
[database]
# The SQLAlchemy connection string used to connect to the database
connection = mysql://keystone:KEYSTONE_DBPASS@control/keystone
```

这里我们统一使用用户名为 keystone，密码为 KEYSTONE_DBPASS。

3）删除使用 SQLite 创建的数据库文件。

```
rm /var/lib/keystone/keystone.db
```

4）使用下面的命令创建 keystone 数据库。

```
mysql -u root -p
输入密码 root
```

依次输入下列命令：

```
mysql> CREATE DATABASE keystone;
mysql> GRANT ALL PRIVILEGES ON keystone.* TO 'keystone'@'localhost' \
  IDENTIFIED BY 'KEYSTONE_DBPASS';
mysql> GRANT ALL PRIVILEGES ON keystone.* TO 'keystone'@'%' \
  IDENTIFIED BY 'KEYSTONE_DBPASS';
mysql> exit
```

5）同步数据库。

```
su -s /bin/sh -c "keystone-manage db_sync" keystone
```

6）使用 openssl 生成一个随机令牌作为 Keystone 认证服务和其他 OpenStack 服务之间的共享密码，并且保存在数据库中。执行下面的命令，生成一个随机数。

```
openssl rand -hex 10
```

编辑/etc/keystone/keystone.conf 文件，在 keystone.conf 文件的[default]区域，把 ADMIN_TOKEN 用上面命令的结果即随机数来替换。

```
admin_token = ADMIN_TOKEN（这里把 ADMIN_TOKEN 替换成 openssl 生成的随机数）
```

7）改变日志的目录。用"vim"命令编辑/etc/keystone/keystone.conf 文件。在 keystone.conf 文件的[default]区域增加下列内容：

```
log_dir = /var/log/keystone
```

8）重启 keystone 服务。

```
service keystone restart
```

9）运行下面的命令每隔一小时清除一次过期的令牌，并且记录输出到/var/log/keystone。

```
(crontab -l 2>&1 | grep -q token_flush) || echo '@hourly /usr/bin/keystone-manage token_flush >/var/log/keystone/keystone-tokenflush.log 2>&1' >> /var/spool/cron/crontabs/root
```

3. 定义用户、项目和角色

OpenStack 以用户的形式来授权服务，Keystone 的本质就是提供验证服务，所以它的实现或者提供的机制也是基于用户来设计的。用户是属于一个或多个 tenant（租户），在每一个租户中充当一个 role（角色）。因此在配置 Keystone 过程中需要创建用户、租户和角色，并将它们关联起来。创建步骤如下：

1）使用 export 命令设置环境变量，将 ADMIN_TOKEN 用上面 openssl 生成的随机数代替。

```
export OS_SERVICE_TOKEN=ADMIN_TOKEN（这里把 ADMIN_TOKEN 替换成随机数）
export OS_SERVICE_ENDPOINT=http://control:35357/v2.0
```

2）创建一个拥有超级管理员权限的用户。
（1）创建一个名为 admin 的用户（可根据需要修改密码和邮箱地址）。

```
keystone user-create --name=admin --pass=admin_pass --email=admin@example.com
```

命令执行后显示所创建用户的属性列表：

```
+-----------+----------------------------------+
| Property  |              Value               |
+-----------+----------------------------------+
|   email   |         admin@example.com        |
|  enabled  |               True               |
|    id     | cf261f98e04d47c3910a7d73d40b3b7e |
|   name    |              admin               |
| username  |              admin               |
+-----------+----------------------------------+
```

(2) 创建一个名为 admin 的角色。

```
keystone role-create --name=admin
```

命令执行后显示创建角色的属性列表：

```
+----------+----------------------------------+
| Property |              Value               |
+----------+----------------------------------+
|    id    | 88adec523444481791b62cb86984a617 |
|   name   |              admin               |
+----------+----------------------------------+
```

(3) 创建一个名为 admin 的租户（tenant）。

```
keystone tenant-create --name=admin --description="Admin Tenant"
```

命令执行后显示创建租户的属性列表：

```
+-------------+----------------------------------+
|   Property  |              Value               |
+-------------+----------------------------------+
| description |           Admin Tenant           |
|   enabled   |               True               |
|      id     | a698ee8b20654f209d94aa83d6796fbf |
|     name    |              admin               |
+-------------+----------------------------------+
```

(4) 绑定上面创建的 admin 用户、admin 角色和 admin 租户。

```
keystone user-role-add --user=admin --tenant=admin --role=admin
```

(5) 绑定 admin 用户、_member_ 角色和 admin 租户。默认情况下，OpenStack 已经创建了一个特殊的_member_角色，OpenStack 的 dashboard 服务会自动授予拥有该角色权利的用户相应的访问权限。我们除了让 admin 用户拥有_admin_角色之外，还要让 admin 用户拥有_member_权限。使用下面的命令赋予 admin 用户_member_权限。

```
keystone user-role-add --user=admin --role=_member_ --tenant=admin
```

3) 创建一个普通用户，将这个账号作为日常使用，对 OpenStack 进行非管理权限的操作。

(1) 创建一个名为 user 的用户。

```
keystone user-create --name=user --pass=user_pass --email=user@example.com
```

命令执行后显示创建用户的属性列表：

```
+----------+----------------------------------+
| Property |              Value               |
+----------+----------------------------------+
|  email   |         user@example.com         |
| enabled  |               True               |
|    id    | 286004183ec341fda05308c0aa85df08 |
|   name   |               user               |
| username |               user               |
+----------+----------------------------------+
```

(2) 创建一个名为 user 的租户。

```
keystone tenant-create --name=user --description="User Tenant"
```

命令执行后显示创建租户的属性列表:

```
+-------------+----------------------------------+
|  Property   |              Value               |
+-------------+----------------------------------+
| description |           User Tenant            |
|   enabled   |              True                |
|     id      | 298018acd6f14b629342ad4814cd2707 |
|    name     |              user                |
+-------------+----------------------------------+
```

(3) 连接 user 用户、_member_ 角色和 user 租户。

```
keystone user-role-add --user=user --role=_member_ --tenant=user
```

4) 创建一个 service 租户。

为了提供服务目录,配置 Keystone 的时候需要创建一个特殊的租户 service,它的用户主要用于配置控制节点的各种服务。我们在后续的安装配置中为每个服务创建对应的用户(nova, swift, glance...),并且都归属于 service 租户,然后为每个服务设置相应的端点(endpoint)。执行下面的命令创建一个 service 租户:

```
keystone tenant-create --name=service --description="Service Tenant"
```

命令执行后显示创建租户的属性列表:

```
+-------------+----------------------------------+
|  Property   |              Value               |
+-------------+----------------------------------+
| description |          Service Tenant          |
|   enabled   |              True                |
|     id      | f19680c5ebe3428bb962e36eabd7ffaa |
|    name     |             service              |
+-------------+----------------------------------+
```

4. 定义服务和 API 端点

为了能够追踪安装的 OpenStack 服务,查找它们的安装位置,我们必须在 OpenStack 安装的过程中注册每一个安装的服务。注册服务需要用到如下两个命令。

keystone service-create:用来描述该服务
keystone endpoint-create:绑定 API 端点和服务
首先必须创建认证服务(keystone)自身。创建 keystone 服务按下面的步骤进行:
1) 创建认证服务。

```
keystone service-create --name=keystone --type=identity --description="OpenStack Identity"
```

命令执行后显示创建服务的属性列表:

```
+-------------+----------------------------------+
|  Property   |              Value               |
+-------------+----------------------------------+
| description |        OpenStack Identity        |
|   enabled   |              True                |
|     id      | db531d26d94a4dc5a6ca352a92301662 |
|    name     |            keystone              |
|    type     |            identity              |
+-------------+----------------------------------+
```

2）为认证服务指定 API 端点，即指定 public API、internal API 和 admin API 的 URL。认证服务为 public API 和 internal API 提供相同的端口，为 admin API 提供一个不同的端口。

```
keystone endpoint-create \
  --service-id=$(keystone service-list | awk '/ identity / {print $2}') \
  --publicurl=http://control:5000/v2.0 \
  --internalurl=http://control:5000/v2.0 \
  --adminurl=http://control:35357/v2.0
```

在后续的安装过程中，我们为 OpenStack 每安装一个服务（包括 glance，neutron 等）都需要按照这个方法来设置服务和 API 端点。

3.3.5 镜像服务的安装和配置

镜像服务用来管理和查询虚拟机所使用的镜像，支持在本地主机和 OpenStack 服务器之间传递系统镜像。所谓**镜像**是给虚拟计算机安装一个操作系统后保存的文件，镜像服务的功能是对镜像进行注册、存储和检索，可以支持多种存储类型和镜像格式，如 VirtualBox 虚拟机所支持的 vdi 镜像格式，VMware 虚拟机支持的 vmdk 格式，以及 KVM、XEN 支持的 qcow2 镜像格式等。镜像服务包括以下组件。

1）glance-api：接受镜像 API 的调用完成镜像的查找、检索和存储。

2）glance-registry：存储、处理并且检索有关镜像的元数据（metadata）。

3）Database（数据库）：存储镜像的元数据。用户安装时可以根据自己的喜好来选择数据库，大部分部署使用 MySQL 和 SQlite。

4）Storage repository for image files（镜像文件存储库）：镜像服务支持各种存储库，包括正常的文件系统、对象存储、RADOS 块存储、HTTP 和亚马逊的 S3，某些类型的存储库仅支持只读使用。

1. 安装镜像服务

镜像服务（Glance）为虚拟硬盘镜像提供注册服务，用户可以添加新的镜像，或者为一个已有服务的镜像做快照，快照可以用来备份或者作为运行新实例的模板。已注册的镜像可以存储在目标存储位置或其他位置，例如可以存储镜像到简单文件系统或外部网页服务器。安装镜像服务的基本步骤如下。

1）在 control 节点上安装镜像服务。

```
apt-get install glance python-glanceclient
```

2）存储有关镜像的信息到数据库中。

镜像服务提供 glance-api 和 glance-registry 两个服务，每个服务都有自己的配置文件。本实验中我们使用 Mysql 数据库，在这两个文件中设置数据库的地址。

编辑/etc/glance/glance-api.conf 和/etc/glance/glance-registry.conf 文件，使用命令为：

```
vim /etc/glance/glance-api.conf
vim /etc/glance/glance-registry.conf
```

在这两个文件的[database]区域增加下列内容：

```
[database]
connection = mysql://glance:GLANCE_DBPASS@control/glance
```

3）配置镜像服务使用消息代理。

编辑/etc/glance/glance-api.conf 文件,增加下面的内容到[default]区域中:

```
[DEFAULT]
...
rpc_backend = rabbit
rabbit_host = control
rabbit_password = RABBIT_PASS
```

4）创建一个 glance 数据库,并授权用户拥有数据库的所有权限。

使用下面命令连接到数据库:

```
mysql -u root -p 或 mysql -uroot -proot
```

输入密码 root

依次输入下列命令:

```
mysql> CREATE DATABASE glance;
mysql> GRANT ALL PRIVILEGES ON glance.* TO 'glance'@'localhost' \
IDENTIFIED BY 'GLANCE_DBPASS';
mysql> GRANT ALL PRIVILEGES ON glance.* TO 'glance'@'%' \
IDENTIFIED BY 'GLANCE_DBPASS';
mysql>exit
```

5）为镜像服务创建表。

```
su -s /bin/sh -c "glance-manage db_sync" glance
```

使用下面命令连接 mysql 数据库:

```
mysql -uroot -proot
```

依次输入下列命令查看有多少张表:

```
mysql>use glance;
mysql>show tables;
```

命令执行后列出数据库的表信息,执行结果为:

```
mysql> use glance;
Database changed
mysql> show tables;
+-------------------+
| Tables_in_glance  |
+-------------------+
| image_locations   |
| image_members     |
| image_properties  |
| image_tags        |
| images            |
| migrate_version   |
| task_info         |
| tasks             |
+-------------------+
8 rows in set (0.00 sec)
```

使用下面的命令查看某一张表（如 image_members）的结构：

```
mysql>desc image_members;
```

命令执行后显示表中各字段名称、类型等信息：

```
mysql> desc image_members;
+------------+--------------+------+-----+---------+----------------+
| Field      | Type         | Null | Key | Default | Extra          |
+------------+--------------+------+-----+---------+----------------+
| id         | int(11)      | NO   | PRI | NULL    | auto_increment |
| image_id   | varchar(36)  | NO   | MUL | NULL    |                |
| member     | varchar(255) | NO   |     | NULL    |                |
| can_share  | tinyint(1)   | NO   |     | NULL    |                |
| created_at | datetime     | NO   |     | NULL    |                |
| updated_at | datetime     | YES  |     | NULL    |                |
| deleted_at | datetime     | YES  |     | NULL    |                |
| deleted    | tinyint(1)   | NO   | MUL | NULL    |                |
| status     | varchar(20)  | YES  |     | NULL    |                |
+------------+--------------+------+-----+---------+----------------+
9 rows in set (0.03 sec)
```

6）为镜像服务创建一个名为 glance 的用户。

```
keystone user-create --name=glance --pass=glance_pass --email=glance@example.com
```

命令执行后显示创建用户的属性列表：

```
+----------+----------------------------------+
| Property | Value                            |
+----------+----------------------------------+
| email    | glance@example.com               |
| enabled  | True                             |
| id       | 775f9135814f4e9ab6acf3188f5fc719 |
| name     | glance                           |
| username | glance                           |
+----------+----------------------------------+
```

连接 glance 用户、service 租户（Tenant），并授予 admin 角色。

```
keystone user-role-add --user=glance --tenant=service --role=admin
```

7）配置镜像服务使用 Keystone 进行验证。

编辑/etc/glance/glance-api.conf 和/etc/glance/glance-registry.conf 两个文件。在[keystone_authtoken]区域内增加下面的键值：

```
[keystone_authtoken]
auth_uri = http://control:5000
auth_host = control
auth_port = 35357
auth_protocol = http
admin_tenant_name = service
admin_user = glance
admin_password = glance_pass
```

在[paste_deploy]区域中修改下面的键值：

```
[paste_deploy]
...
flavor = keystone
```

8)把镜像服务注册到 Keystone，以便其他 OpenStack 服务可以找到它。使用下列命令注册服务：

```
keystone service-create --name=glance --type=image \ --description="OpenStack Image Service"
```

命令执行后显示创建服务的属性列表：

```
+-------------+----------------------------------+
|  Property   |              Value               |
+-------------+----------------------------------+
| description |      OpenStack Image Service     |
|   enabled   |               True               |
|     id      | 65b68a51e17a4cf4a177b79725d30de9 |
|    name     |              glance              |
|    type     |              image               |
+-------------+----------------------------------+
```

使用下列命令创建服务端点（endpoint）：

```
keystone endpoint-create \
  --service-id=$(keystone service-list | awk '/ image / {print $2}') \
  --publicurl=http://control:9292 \
  --internalurl=http://control:9292 \
  --adminurl=http://control:9292
```

9）重启 glance 服务。

```
service glance-registry restart
service glance-api restart
```

2. 验证镜像服务

为了验证镜像服务是否安装成功，可以下载一个已知可用的虚拟机镜像来测试一下。CirrOS 是一个经常被用来测试 OpenStack 部署的小镜像，这种方法采用的是一个 64 位的 CirrOS QCOW2 镜像。

1）使用 wget 或者 curl 方法下载这个镜像。

```
mkdir /tmp/images
cd /tmp/images/
wget http://cdn.download.cirros-cloud.net/0.3.2/cirros-0.3.2-x86_64-disk.img
```

2）上传这个镜像到镜像服务。使用以下命令：

```
glance image-create --name "cirros-0.3.2-x86_64" --disk-format qcow2 \
  --container-format bare --is-public True --progress < cirros-0.3.2-x86_64-disk.img
```

该命令格式中参数 name 后面的字符串表示镜像上传后的名称，这里把镜像命名为"cirros-0.3.2-x86_64"。参数 disk-format 后面指定的是镜像文件的格式，有效的镜像格式有 qcow2，raw，vhd，vmdk，vdi，iso，aki，ari 和 ami，这里使用的格式是 qcow2。参数 container-format 后面指定容器的格式，有效的格式包括：bare，ovf，aki，ari 和 ami。这里指定为 bare 格式，代表该包含虚拟机元数据的镜像文件不是文件格式。尽管这个参数当前是需要的，但任何其他 OpenStack 服务都没有真正在使用它，对系统行为也没有任何效果，所以将容器格式设置为 bare 总是安全的。参数 is-public 指定镜像的访问权限：true 表示所有的用户可以看到并使用镜像，false 表示只有管理员可以看到并使用镜像。"<" 后面是待上传的镜像文件的名称。

3）确认镜像被上传并且显示它的属性，使用下面的命令：

```
glance image-list
```

命令执行后显示镜像文件的信息，包括 ID、镜像名称、镜像格式、容器格式、文件大小以及当前状态，执行结果为：

```
+--------------------------------------+-------------------+-------------+------------------+----------+--------+
| ID                                   | Name              | Disk Format | Container Format | Size     | Status |
+--------------------------------------+-------------------+-------------+------------------+----------+--------+
| f129f498-b6d3-4ac3-9688-94c2fc7782bd | cirros-0.3.2-x86_64 | qcow2     | bare             | 13167616 | active |
+--------------------------------------+-------------------+-------------+------------------+----------+--------+
```

4）由于此时下载到本地的镜像文件已经被上传到 Glance，并且能够通过镜像服务获得，因此可以使用下面的命令把该文件从本地删除：

```
rm -r /tmp/images
```

另外，上传的镜像文件如果不需要存储在本地，可以使用--copy-from 参数直接从指定网址把镜像文件上传到镜像服务。比如用下面的格式：

```
glance image-create --name="cirros-0.3.2-x86_64" --disk-format=qcow2 \
  --container-format=bare --is-public=true \
  --copy-from http://cdn.download.cirros-cloud.net/0.3.2/cirros-0.3.2-x86_64-disk.img
```

3.3.6 计算服务的安装和配置

计算服务（Compute Service）是云计算系统的结构控制器，作为 IaaS 系统的核心部分，用来管理和控制整个云计算系统，负责对虚拟机进行调度和管理，也可以调用系统中的其他服务。

计算服务通过与认证服务（Keystone）交互实现验证，通过与镜像服务（Glance）交互请求镜像，并根据需要下载镜像启动实例，通过与 Dashboard 交互来提供用户和管理界面。

计算服务由以下功能区组成。

1）API

（1）nova-api service：接受并响应终端用户对 compute API 的请求调用。支持 OpenStack 的 Compute API、Amazon EC2 API 和一个特殊的 Admin API 来让特权用户执行管理操作。此外，也启动大部分编排性动作，比如运行一个实例并执行一些安全策略。

（2）nova-api-metadata service：接受来自实例的元数据请求。nova-api-metadata 服务通常用于安装 nova-network 的多主机模式时。

2）Compute core（计算核心）

（1）nova-compute process 进程：一个守护进程，通过虚拟机管理程序来创建和终止虚拟机实例。例如，XenServer/XCP 的 XenAPI，KVM 或 QEMU 的 libvirt，VMware 的 VMwareAPI 等等。该进程所做的工作十分复杂，但是基础工作很简单：接收来自队列的请求并执行一系列的系统命令，比如运行一个 KVM 实例，同时在数据库中更新它们的状态。

（2）nova-scheduler process：主要用于调度工作，从队列中获取虚拟机实例请求，并决定在哪个 Compute Service 主机上运行它。

（3）nova-conductor module 模块：在 nova-compute 和数据库的交互中进行调解，目的是避免出现 nova-compute 直接访问数据库而导致信息不一致的问题。

3）Console interface（控制台界面）

（1）nova-consoleauth daemon（守护进程）：为控制代理服务提供用户验证令牌，授权用户访问和使用控制台。在集群配置中可以为多种代理类型指定一个 nova-consoleauth 服务。

（2）nova-novncproxy daemon：为用户访问运行实例提供一个 VNC 连接代理，支持基于浏览器的 novnc 客户端。

（3）nova-xvpnvncproxy daemon：为访问运行实例提供一个 VNC 连接的代理服务，支持专门为 OpenStack 设计的 Java 客户端。

（4）nova-cert daemon：用于 Nova 证书管理服务，为 EC2 服务提供身份验证。

4）命令行客户端或其他接口

（1）nova client：允许用户作为租户管理员或终端用户来提交命令。

（2）nova-manage client：允许管理员提供命令。

5）其他组件

（1）Message queue（消息队列）：用来在 OpenStack 各组件之间传递信息。通常是 RabbitMQ 实现，但也可以是任何 AMPQ 信息队列，如 Apache Qpid 或 Zero MQ。

（2）SQL database：存储云基础设施创建时和运行时状态。包含可以使用的实例类型、正在使用的实例、可用的网络和项目。目前广泛使用的数据库有 Sqlite3，Mysql 和 PostgreSQL 数据库。

1. 安装计算服务的控制端

1）在 control 节点上安装必要的服务软件包，所需要的服务包括 nova-api、nova-cert、nova-conductor、nova-consoleauth、nova-novncproxy 和 nova-scheduler 等。所使用的命令为：

```
apt-get install nova-api nova-cert nova-conductor nova-consoleauth nova-novncproxy nova-scheduler python-novaclient
```

2）将计算服务信息存储到数据库中。编辑/etc/nova/nova.conf 文件，在文件中配置数据库的地址。编辑文件的命令为：

```
vim /etc/nova/nova.conf
```

本实验中使用的是 mysql 数据库，在文件中的[database]区域增加语句 connection，如果没有[database]区域，就增加该区域并配置。配置内容为：

```
[database]
connection = mysql://nova:NOVA_DBPASS@control/nova
```

3）配置计算服务使用 RabbitMQ 消息代理。编辑/etc/nova/nova.conf 文件，在文件的[DEFAULT]区域增加以下语句：

```
[DEFAULT]
...
rpc_backend = rabbit
rabbit_host = control
rabbit_password = RABBIT_PASS
```

4）设置 my_ip、vncserver_listen 和 vncserver_proxyclient_address 选项为控制节点的 IP 地址。编辑/etc/nova/nova.conf 文件，在文件中的[DEFAULT]区域增加以下内容：

```
[DEFAULT]
...
my_ip = 10.0.0.11
vncserver_listen = 10.0.0.11
vncserver_proxyclient_address = 10.0.0.11
```

5）删除 nova.sqlite。

```
rm /var/lib/nova/nova.sqlite
```

6）创建 nova 数据库和用户。

```
mysql -u root -p
输入密码 root
```

依次输入下列命令：

```
mysql> CREATE DATABASE nova;
mysql> GRANT ALL PRIVILEGES ON nova.* TO 'nova'@'localhost' \
IDENTIFIED BY 'NOVA_DBPASS';
mysql> GRANT ALL PRIVILEGES ON nova.* TO 'nova'@'%' \
IDENTIFIED BY ' NOVA_DBPASS ';
mysql>exit
```

7）创建计算服务的表

```
su -s /bin/sh -c "nova-manage db sync" nova
```

8）创建一个 nova 用户，使计算服务可以验证到认证服务。

```
keystone user-create --name=nova --pass=nova_pass --email=nova@example.com
```

命令执行后显示所创建用户的属性列表

```
+----------+----------------------------------+
| Property |              Value               |
+----------+----------------------------------+
|  email   |         nova@example.com         |
| enabled  |               True               |
|   id     | 8f1caf6bf63e44838cc2813e958e9c94 |
|   name   |               nova               |
| username |               nova               |
+----------+----------------------------------+
```

关联 nova 用户到 service 租户，并授予 admin 角色：

```
keystone user-role-add --user=nova --tenant=service --role=admin
```

9）配置计算服务，使计算服务与 keystone 进行验证。编辑/etc/nova/nova.conf 文件，在文件的[DEFAULT]区域增加下列语句：

```
auth_strategy = keystone
```

增加[keystone_authtoken]区域，在[keystone_authtoken]区域写入以下语句：

```
[keystone_authtoken]
auth_uri = http://control:5000
auth_host = control
auth_port = 35357
auth_protocol = http
admin_tenant_name = service
admin_user = nova
admin_password =nova_pass
```

10) 注册计算服务到 keystone，以便其他 OpenStack 服务能找到它，并指定服务端点。使用下面的命令注册服务：

```
keystone service-create --name=nova --type=compute --description="OpenStack Compute"
```

命令执行后显示所创建服务的属性列表：

```
+-------------+----------------------------------+
|   Property  |              Value               |
+-------------+----------------------------------+
| description |         OpenStack Compute        |
|   enabled   |               True               |
|      id     | 67e2c6b1506741a78664adbc6a551e88 |
|     name    |               nova               |
|     type    |             compute              |
+-------------+----------------------------------+
```

使用以下命令创建服务端点：

```
keystone endpoint-create \
--service-id=$(keystone service-list | awk '/ compute / {print $2}') \
--publicurl=http://control:8774/v2/%\(tenant_id\)s \
--internalurl=http://control:8774/v2/%\(tenant_id\)s \
--adminurl=http://control:8774/v2/%\(tenant_id\)s
```

11) 重启计算服务。

```
service nova-api restart
service nova-cert restart
service nova-consoleauth restart
service nova-scheduler restart
service nova-conductor restart
service nova-novncproxy restart
```

12) 为了验证配置是否成功，可以测试一下 nova 命令是否可用。例如使用 nova 命令列出可用的镜像：

```
nova image-list
```

命令的执行结果为：

```
root@control:~# nova image-list
+--------------------------------------+----------------------+--------+--------+
| ID                                   | Name                 | Status | Server |
+--------------------------------------+----------------------+--------+--------+
| f129f498-b6d3-4ac3-9688-94c2fc7782bd | cirros-0.3.2-x86_64  | ACTIVE |        |
+--------------------------------------+----------------------+--------+--------+
```

2. 配置计算节点

在 control 节点上配置计算服务后,还需要配置另一个系统作为一个计算节点（compute node）。compute 节点接收来自 control 节点的请求并运行虚拟机实例。当然可以在一个节点上运行所有的服务,但本实验使用的是多节点模式,这种模式更容易通过增加计算节点的数量来实现 OpenStack 水平扩展。

计算服务需要 Hypervisor（可理解为虚拟机管理程序或者虚拟机系统监视器）来运行虚拟机实例。OpenStack 可以使用多种 Hypervisor,本实验使用的是 KVM。

以下的操作都是在 compute 节点上进行的。

1）安装计算服务需要的软件包。

```
apt-get install nova-compute-kvm python-guestfs
```

这需要花费几分钟时间,在安装过程中如果找不到源,可以执行 apt-get update 命令来更新系统。在安装过程中会有提示询问是否创建一个 supermin appliance,此时选择"Yes"表示创建。

2）出于安全考虑,Linux 的内核不能被普通用户读取,所以限制了 hypervisor 服务的运行。为此执行以下命令修改文件夹的权限属性:

```
dpkg-statoverride --update --add root root 0644 /boot/vmlinuz-$(uname -r)
```

创建"/etc/kernel/postinst.d/statoverride"文件,文件中包含以下内容:

```
#!/bin/sh
version="$1"
# passing the kernel version is required
[ -z "${version}" ] && exit 0
dpkg-statoverride --update --add root root 0644 /boot/vmlinuz-${version}
```

执行下面的命令给该文件加上可执行属性:

```
chmod +x /etc/kernel/postinst.d/statoverride
```

3）编辑"/etc/nova/nova.conf"文件,在文件中配置如下内容:

```
[DEFAULT]
...
auth_strategy = keystone
...
[database]
# The SQLAlchemy connection string used to connect to the database
connection = mysql://nova:NOVA_DBPASS@control/nova
[keystone_authtoken]
auth_uri = http://control:5000
auth_host = control
auth_port = 35357
auth_protocol = http
admin_tenant_name = service
admin_user = nova
admin_password =nova_pass
```

4）配置计算服务使用 RabbitMQ 消息代理。编辑"/etc/nova/nova.conf"文件,在文件中配置如下内容:

第3章 OpenStack 安装部署

```
[DEFAULT]
...
rpc_backend = rabbit
rabbit_host = control
rabbit_password = RABBIT_PASS
```

5）配置计算服务能够提供远程控制访问虚拟机实例。编辑"/etc/nova/nova.conf"文件，在文件中设置如下内容：

```
[DEFAULT]
...
my_ip = 10.0.0.31
vnc_enabled = True
vncserver_listen = 0.0.0.0
vncserver_proxyclient_address = 10.0.0.31
novncproxy_base_url = http://control:6080/vnc_auto.html
```

6）指定运行镜像服务的主机。修改"/etc/nova/nova.conf"文件，在文件中设置下面的内容：

```
[DEFAULT]
...
glance_host = control
```

7）检测系统处理器和 hypervisor 是否支持对虚拟机的硬件加速。运行以下命令：

```
egrep -c '(vmx|svm)' /proc/cpuinfo
```

如果这条命令返回 1 或者是比 1 大的值，则说明系统是支持硬件加速的，不需要额外的配置；如果返回值是 0，说明系统不支持硬件加速，需要配置使用 QEMU 代替 KVM。配置方法是修改"/etc/nova/nova-compute.conf"文件，在其中修改以下内容：

```
[libvirt]
...
virt_type = qemu
```

8）删除 SQLite 数据库文件。

```
rm /var/lib/nova/nova.sqlite
```

9）重启计算服务。

```
service nova-compute restart
```

3.3.7 网络服务的安装和配置

网络服务（Neutron Service）是 OpenStack 的核心项目之一，主要提供云计算环境下的虚拟网络功能。Neutron 服务能够灵活划分物理网络，提供比较完善的多租户环境下的虚拟网络模型以及 API，提供给每个租户独立的网络环境。它将网络、子网、端口和路由器抽象化，之后启动的虚拟主机就可以连接到这个虚拟网络上。在 OpenStack 的多节点部署中，网络服务的配置较为复杂，需要在 control 节点、network 节点和 compute 节点上分别配置。

1. 在 control 节点上配置网络服务

1) 创建 neutron 数据库,并授予合适的权限。

使用下面命令连接到数据库:

```
mysql -u root -p
输入密码 root
```

依次输入下列命令:

```
mysql> CREATE DATABASE neutron;
mysql> GRANT ALL PRIVILEGES ON neutron.* TO 'neutron'@'localhost' \
IDENTIFIED BY 'NEUTRON_DBPASS';
mysql> GRANT ALL PRIVILEGES ON neutron.* TO 'neutron'@'%' \
IDENTIFIED BY ' NEUTRON_DBPASS';
```

2) 创建 neutron 用户、服务和端点,以便与认证服务进行交互。

(1) 创建一个名为 neutron 的用户。

```
keystone user-create --name neutron --pass neutron_pass --email neutron@example.com
```

命令执行后显示所创建用户的信息:

```
+----------+----------------------------------+
| Property |              Value               |
+----------+----------------------------------+
|  email   |       neutron@example.com        |
| enabled  |               True               |
|    id    | e75741ab79db4218bb148fb486e4450c |
|   name   |             neutron              |
| username |             neutron              |
+----------+----------------------------------+
```

(2) 连接 neutron 用户、service 租户和 admin 角色。

```
keystone user-role-add --user neutron --tenant service --role admin
```

(3) 创建 neutron 服务。

```
keystone service-create --name neutron --type network --description "OpenStack Networking"
```

命令执行后显示所创建服务的属性列表:

```
+-------------+----------------------------------+
|  Property   |              Value               |
+-------------+----------------------------------+
| description |       OpenStack Networking       |
|   enabled   |               True               |
|     id      | ff8554558a6e421a96ef977fb6d7a5a5 |
|    name     |             neutron              |
|    type     |             network              |
+-------------+----------------------------------+
```

(4) 创建服务端点。

```
keystone endpoint-create \
--service-id $(keystone service-list | awk '/ network / {print $2}') \
--publicurl http://control:9696 \
--adminurl http://control:9696 \
--internalurl http://control:9696
```

命令执行后显示所创建服务端点的属性列表:

```
+-------------+----------------------------------+
|  Property   |             Value                |
+-------------+----------------------------------+
|  adminurl   |       http://control:9696        |
|     id      | eca8d80dbe3e42399bb30e5beba22dfe |
| internalurl |       http://control:9696        |
|  publicurl  |       http://control:9696        |
|   region    |            regionOne             |
| service_id  | ff8554558a6e421a96ef977fb6d7a5a5 |
+-------------+----------------------------------+
```

3) 安装网络组件 neutron-plugin-ml2。

```
apt-get install neutron-server neutron-plugin-ml2
```

4) 配置网络服务的组件。

(1) 配置网络服务使用数据库。编辑 "/etc/neutron/neutron.conf" 文件,在文件中设置 mysql 数据库的地址。设置内容如下所示:

```
[database]
...
connection = mysql://neutron:NEUTRON_DBPASS@control/neutron
```

(2) 配置网络服务使用 keystone 进行验证。编辑 "/etc/neutron/neutron.conf" 文件,在文件中的[DEFAULT]区域设置如下内容:

```
[DEFAULT]
...
auth_strategy = keystone
```

增加以下键值到[keystone_authtoken]区域中:

```
[keystone_authtoken]
...
auth_uri = http://control:5000
auth_host = control
auth_protocol = http
auth_port = 35357
admin_tenant_name = service
admin_user = neutron
admin_password = neutron_pass
```

(3) 配置网络服务使用消息代理。编辑 "/etc/neutron/neutron.conf" 文件,在[DEFAULT]区域中增加下面的键值:

```
[DEFAULT]
...
rpc_backend = neutron.openstack.common.rpc.impl_kombu
rabbit_host = control
rabbit_password = RABBIT_PASS
```

(4) 配置网络服务使得当网络的拓扑结构发生变化时通知计算服务。编辑 "/etc/neutron/neutron.conf" 文件,在[DEFAULT]区域中增加下面的键值:

```
[DEFAULT]
```

```
        ...
        notify_nova_on_port_status_changes = True
        notify_nova_on_port_data_changes = True
        nova_url = http://control:8774/v2
        nova_admin_username = nova
        nova_admin_tenant_id = SERVICE_TENANT_ID
        nova_admin_password = nova_pass
        nova_admin_auth_url = http://control:35357/v2.0
```

注意：在修改以上内容时，SERVICE_TENANT_ID 要替换成 service 租户的具体 id 号。SERVICE_TENANT_ID 可以通过下面的命令来获得：

```
        keystone tenant-get service
```

命令执行后显示 service 租户的属性列表：

```
root@control:~# keystone tenant-get service
+-------------+----------------------------------+
|   Property  |              Value               |
+-------------+----------------------------------+
| description |          Service Tenant          |
|   enabled   |               True               |
|      id     | f19680c5ebe3428bb962e36eabd7ffaa |
|     name    |             service              |
+-------------+----------------------------------+
```

因此，在文件中使用的 **SERVICE_TENANT_ID** 是 f19680c5ebe3428bb962e36eabd7ffaa。

（5）配置网络服务以使用 Modular Layer 2（ML2）和相关的服务。编辑"/etc/neutron/neutron.conf"文件，在[DEFAULT]区域中增加下面的内容：

```
        [DEFAULT]
        ...
        core_plugin = ml2
        service_plugins = router
        allow_overlapping_ips = True
        verbose = True
```

注释掉[service_providers]区域中的所有内容。

5）配置 Modular Layer 2（ML2）插件。ML2 插件是一个能同时支持 2 层不同网络技术的框架，它目前可以与已有的 openvswitch 插件、linuxbridge 插件和 hyperv L2 代理同时工作，并且支持不同的网络拓扑，如 flat、vlan、gre 和 xvlan。使用 ML2 插件需要在相应的配置文件中设置参数。编辑"/etc/neutron/plugins/ml2/ml2_conf.ini"文件，配置网络拓扑和插件类型。在文件的[ml2]区域中增加下面的内容：

```
        [ml2]
        ...
        type_drivers = gre
        tenant_network_types = gre
        mechanism_drivers = openvswitch
```

在[ml2_type_gre]区域中增加下面的内容：

```
        [ml2_type_gre]
        ...
        tunnel_id_ranges = 1:1000
```

增加[securitygroup]区域及其内容:

```
[securitygroup]
...
firewall_driver = neutron.agent.linux.iptables_firewall.OVSHybridIptablesFirewallDriver
enable_security_group = True
```

6) 配置计算服务 (nova) 使用 neutron。编辑 "/etc/nova/nova.conf" 文件，在[DEFAULT]区域中增加下面的内容:

```
[DEFAULT]
...
network_api_class = nova.network.neutronv2.api.API
neutron_url = http://control:9696
neutron_auth_strategy = keystone
neutron_admin_tenant_name = service
neutron_admin_username = neutron
neutron_admin_password = neutron_pass
neutron_admin_auth_url = http://control:35357/v2.0
linuxnet_interface_driver = nova.network.linux_net.LinuxOVSInterfaceDriver
firewall_driver = nova.virt.firewall.NoopFirewallDriver
security_group_api = neutron
```

7) 完成安装，重启计算服务 (nova)。

```
service nova-api restart
service nova-scheduler restart
service nova-conductor restart
```

8) 重启网络服务 (neutron)。

```
service neutron-server restart
```

2. 在 network 节点上安装网络组件

在网络节点上主要运行网络插件代理、第二层代理和若干个第三层代理，规划并操作租户的网络。网络节点的安装步骤如下。

1) 启用内核的某些特定网络功能: 启用包转发并禁用包目标过滤系统。编辑 "/etc/sysctl.conf" 文件，在文件中写入以下内容:

```
net.ipv4.ip_forward=1
net.ipv4.conf.all.rp_filter=0
net.ipv4.conf.default.rp_filter=0
```

使用下列命令使改变生效:

```
sysctl -p /etc/sysctl.conf
```

2) 安装网络组件，使用以下命令下载安装所需要的组件，该命令的执行需要几分钟时间。

```
apt-get install neutron-plugin-ml2 neutron-plugin-openvswitch-agent \
openvswitch-datapath-dkms neutron-l3-agent neutron-dhcp-agent
```

3) 配置网络服务常用的组件。

(1) 配置网络服务，使网络服务能与 keystone 进行交互验证。编辑 "/etc/neutron/neutron.conf"

文件,增加下面的内容到[DEFAULT]区域中:

```
[DEFAULT]
...
auth_strategy = keystone
```

增加或修改下面的内容到[keystone_authtoken]区域中:

```
[keystone_authtoken]
...
auth_uri = http://control:5000
auth_host = control
auth_protocol = http
auth_port = 35357
admin_tenant_name = service
admin_user = neutron
admin_password = neutron_pass
```

(2)配置网络服务使用消息代理。编辑"/etc/neutron/neutron.conf"文件,增加下面的内容到[DEFAULT]区域中:

```
[DEFAULT]
...
rpc_backend = neutron.openstack.common.rpc.impl_kombu
rabbit_host = control
rabbit_password = RABBIT_PASS
```

(3)配置网络服务使用 Modular Layer 2(ML2)插件及其相关服务。编辑"/etc/neutron/neutron.conf"文件,增加下面的内容到[DEFAULT]区域中:

```
[DEFAULT]
...
core_plugin = ml2
service_plugins = router
allow_overlapping_ips = True
注释掉[service_providers]区域中的内容
```

4)配置 Layer-3(L3)代理。L3 agent 为虚拟网络提供路由服务和 NAT 功能。编辑"/etc/neutron/l3_agent.ini"文件,增加下面的内容到[DEFAULT]区域中:

```
[DEFAULT]
...
interface_driver = neutron.agent.linux.interface.OVSInterfaceDriver
use_namespaces = True
verbose = True
```

5)配置 DHCP 代理,提供 DHCP 功能。编辑"/etc/neutron/dhcp_agent.ini"文件,增加下面的配置:

```
verbose = True
```

并在[DEFAULT]区域中增加以下内容:

```
[DEFAULT]
...
```

```
interface_driver = neutron.agent.linux.interface.OVSInterfaceDriver
dhcp_driver = neutron.agent.linux.dhcp.Dnsmasq
use_namespaces = True
```

6）配置 metadata 代理。当虚拟机启动时要发出请求，以获得虚拟机 ID、IP 地址、安全组等描述信息，这些信息称为**虚拟机的元数据**。metadata（元数据）代理负责将虚拟机的请求发送到元数据服务，并将获得的数据返回给虚拟机，从而使虚拟机获得所需要的信息。配置 metadata 代理需要在相应的配置文件中设置参数。

（1）编辑"/etc/neutron/metadata_agent.ini"文件，增加下面的配置：

```
verbose = True
```

并在[DEFAULT]区域中增加以下内容：

```
[DEFAULT]
...
auth_url = http://control:5000/v2.0
auth_region = regionOne
admin_tenant_name = service
admin_user = neutron
admin_password = neutron_pass
nova_metadata_ip = control
metadata_proxy_shared_secret = metadata_secret
```

（2）在 control 节点上编辑"/etc/nova/nova.conf"文件，增加下面的内容到[DEFAULT]区域中：

```
[DEFAULT]
...
service_neutron_metadata_proxy = true
neutron_metadata_proxy_shared_secret = metadata_secret
```

（3）在 control 节点上重启 nova-api 服务：

```
service nova-api restart
```

7）配置 Modular Layer 2（ML2）插件。编辑"/etc/neutron/plugins/ml2/ml2_conf.ini"文件，在[ml2]区域增加下面的内容：

```
[ml2]
...
type_drivers = gre
tenant_network_types = gre
mechanism_drivers = openvswitch
```

在[ml2_type_gre]区域增加下面的内容：

```
[ml2_type_gre]
...
tunnel_id_ranges = 1:1000
```

增加[ovs]区域，并在[ovs]区域增加下面的内容：

```
[ovs]
...
local_ip = 10.0.1.21
```

```
tunnel_type = gre
enable_tunneling = True
```

在[securitygroup]区域增加下面的内容:

```
[securitygroup]
...
firewall_driver = neutron.agent.linux.iptables_firewall.OVSHybridIptables-
FirewallDriver
enable_security_group = True
```

8) 配置 Open vSwitch (OVS) 服务。

(1) 重启 OVS 服务

```
service openvswitch-switch restart
```

(2) 增加内部网桥

```
ovs-vsctl add-br br-int
```

(3) 增加外部网桥

```
ovs-vsctl add-br br-ex
```

(4) 添加一个端口到外部网桥来连接到外部网络

```
ovs-vsctl add-port br-ex eth2
```

9) 完成安装,重启网络服务。

```
service neutron-plugin-openvswitch-agent restart
service neutron-l3-agent restart
service neutron-dhcp-agent restart
service neutron-metadata-agent restart
```

3. 在 compute 节点上配置网络服务

在 compute 节点上的配置操作与 network 节点的配置过程类似,需要安装网络组件,配置网络服务、ML2 插件和 OVS 服务等,使之能够使用认证服务进行交互验证,使用消息代理、ML2 插件及其相关服务。具体的配置过程如下。

1) 启用内核特定的网络功能,禁止使用对封包目的地址进行过滤的过滤系统。编辑"/etc/sysctl.conf"文件,在文件中包含下面的内容:

```
net.ipv4.conf.all.rp_filter=0
net.ipv4.conf.default.rp_filter=0
```

使用命令使改变生效:

```
sysctl -p /etc/sysctl.conf
```

2) 安装网络组件。

```
apt-get install neutron-common neutron-plugin-ml2 \
neutron-plugin-openvswitch-agent openvswitch-datapath-dkms
```

3) 配置网络服务常用的组件。

(1) 配置网络服务,使之能与 keystone 进行交互验证。编辑"/etc/neutron/neutron.conf"

文件，增加下面的内容到[DEFAULT]区域中：

```
[DEFAULT]
auth_strategy = keystone
```

增加下面的内容到[keystone_authtoken]区域中：

```
[keystone_authtoken]
auth_uri = http://control:5000
auth_host = control
auth_protocol = http
auth_port = 35357
admin_tenant_name = service
admin_user = neutron
admin_password = neutron_pass
```

（2）配置网络服务使用消息代理。编辑"/etc/neutron/neutron.conf"文件，增加下面的内容到[DEFAULT]区域中：

```
[DEFAULT]
rpc_backend = neutron.openstack.common.rpc.impl_kombu
rabbit_host = control
rabbit_password = RABBIT_PASS
```

（3）配置网络服务使用 Modular Layer 2（ML2）插件及其相关服务。编辑文件"/etc/neutron/neutron.conf"，增加下面的内容到[DEFAULT]区域中：

```
[DEFAULT]
core_plugin = ml2
service_plugins = router
allow_overlapping_ips = True
verbose = True
注释掉[service_providers]区域中的所有内容
```

4）配置 Modular Layer 2（ML2）插件。编辑"/etc/neutron/plugins/ml2/ml2_conf.ini"文件，增加下面的内容到[ml2]区域：

```
[ml2]
type_drivers = gre
tenant_network_types = gre
mechanism_drivers = openvswitch
```

增加下面的内容到[ml2_type_gre]区域：

```
[ml2_type_gre]
tunnel_id_ranges = 1:1000
```

增加下面的内容到[ovs]区域：

```
[ovs]
local_ip = 10.0.1.31
tunnel_type = gre
enable_tunneling = True
```

增加[securitygroup]区域及其内容：

```
    [securitygroup]
    firewall_driver = neutron.agent.linux.iptables_firewall.OVSHybridIptables-
FirewallDriver
    enable_security_group = True
```

5) 配置 Open vSwitch（OVS）服务
(1) 重启 OVS 服务

```
service openvswitch-switch restart
```

(2) 增加内部网桥

```
ovs-vsctl add-br br-int
```

6) 配置计算服务（nova）使用网络服务（neutron）。编辑 "/etc/nova/nova.conf" 文件，增加下面的内容到[DEFAULT]区域中：

```
[DEFAULT]
network_api_class = nova.network.neutronv2.api.API
neutron_url = http://control:9696
neutron_auth_strategy = keystone
neutron_admin_tenant_name = service
neutron_admin_username = neutron
neutron_admin_password = neutron_pass
neutron_admin_auth_url = http://control:35357/v2.0
linuxnet_interface_driver = nova.network.linux_net.LinuxOVSInterfaceDriver
firewall_driver = nova.virt.firewall.NoopFirewallDriver
security_group_api = neutron
```

7) 完成安装，重启 Compute Service 和 Open vSwitch（OVS）agent。

```
service nova-compute restart
service neutron-plugin-openvswitch-agent restart
```

3.3.8 安装 Horizon

Dashboard 是 OpenStack 提供的一个 Web 管理界面，通过图形界面操作，使云管理工作变得简单方便。本实验把 Dashboard 安装在 control 节点上，具体安装步骤如下。

1) 下载安装 Dashboard 软件包。

```
apt-get install apache2 memcached libapache2-mod-wsgi openstack-dashboard
```

2) 配置文件。修改 "/etc/openstack-dashboard/local_settings.py" 文件中的 CACHES ['default']['LOCATION'] 的默认值，让它与 "/etc/sysconfig/memcached" 文件中的值相匹配。

编辑 /etc/openstack-dashboard/local_settings.py 文件并找到这一行：

```
CACHES = {
'default': {
'BACKEND' : 'django.core.cache.backends.memcached.MemcachedCache',
'LOCATION' : '127.0.0.1:11211'
    }
}
```

在修改内容时要注意地址和端口必须与 "/etc/sysconfig/memcached" 文件中的相匹配。如果修改了 memcached 的配置,就要重启 Apache 服务来使配置生效。也可以不使用 memcached 选项作为 session 存储的机制,通过修改 SESSION_ENGINE 选项来更改 session 后端。如果需要修改时区,可以通过修改或编辑 "/etc/openstack-dashboard/local_settings.py" 文件,在其中修改参数:TIME_ZONE = "UTC"。

3)修改 ALLOWED_HOSTS 的值,包含 Dashboard 被访问的地址名称。

编辑 "/etc/openstack-dashboard/local_settings.py" 文件,在文件中包含下面的内容:

```
ALLOWED_HOSTS = ['localhost', 'my-desktop']
```

4)编辑 "/etc/openstack-dashboard/local_settings.py" 文件,在文件中修改 OPENSTACK_HOST 的值为认证服务所在主机的地址。

```
OPENSTACK_HOST = "control"
```

5)重启 Apache 服务以及 Memcached 服务。

```
service apache2 restart
service memcached restart
```

6)访问 Dashboard。

现在可以通过 http://control/horizon 或 http://10.0.0.11/horizon 来访问 Dashboard。

3.3.9 安装块存储服务

块存储服务为虚拟机提供持久化存储,可以与计算服务进行交互并为计算实例提供卷服务,能够实现对卷、卷的快照和卷的类型的管理。块存储服务包含以下组件。

cinder-api:负责接收和处理外界的 API 请求,并将请求放入 RabbitMQ 队列,交由 cinder-volume 执行。

cinder-volume:运行在存储节点上,管理存储空间。它响应请求,读写块存储数据库的维护状态,通过消息队列机制与其他进程(如 cinder-scheduler)交互,或直接与上层块存储提供的硬件或软件进行交互。通过驱动结构,可以与其他存储进行交互。

cinder-scheduler 守护进程:类似于 nova-scheduler,为存储卷的实例选取最优的块存储供应节点。

messaging queue:在块存储服务进程之间交换信息。

1. 配置块存储服务控制端

OpenStack 可以配置使用多种存储系统,这里我们使用 LVM。在控制节点进行以下配置:下载安装块存储服务软件包,创建数据库,创建 cinder 用户并赋予角色,创建 cinder 服务,创建块存储服务的 API 端点。安装步骤如下。

1)为块存储服务安装对应的软件包。

```
apt-get install cinder-api cinder-scheduler
```

2)配置块存储服务使用数据库。

编辑 "/etc/cinder/cinder.conf" 文件,配置以下信息:

```
[database]
...
connection = mysql://cinder:CINDER_DBPASS@control/cinder
```

3) 创建 cinder 数据库。

```
mysql -u root -p
CREATE DATABASE cinder;
GRANT ALL PRIVILEGES ON cinder.* TO 'cinder'@'localhost' \
IDENTIFIED BY 'CINDER_DBPASS';
GRANT ALL PRIVILEGES ON cinder.* TO 'cinder'@'%' \
IDENTIFIED BY ' CINDER_DBPASS ';
```

4) 为块存储服务创建数据库表。

```
su -s /bin/sh -c "cinder-manage db sync" cinder
```

5) 创建 cinder 用户，用以与 Identity Service 进行验证。将 cinder 用户关联到租户 service，并赋予 admin 角色。

```
keystone user-create --name=cinder --pass=cinder_pass --email=cinder@example.com
keystone user-role-add --user=cinder --tenant=service --role=admin
```

6) 编辑"/etc/cinder/cinder.conf"文件，在[keystone_authtoken]区域增加下面的内容作为与 keystone 验证的证书。

```
[keystone_authtoken]
auth_uri = http://control:5000
auth_host = control
auth_port = 35357
auth_protocol = http
admin_tenant_name = service
admin_user = cinder
admin_password = cinder_pass
```

7) 配置块存储服务使用 RabbitMQ 消息代理。

编辑"/etc/cinder/cinder.conf"文件，在[DEFAULT]区域中增加以下内容：

```
[DEFAULT]
...
rpc_backend = cinder.openstack.common.rpc.impl_kombu
rabbit_host = control
rabbit_port = 5672
rabbit_userid = guest
rabbit_password = RABBIT_PASS
```

8) 在 Identity Service 中注册块存储服务，以便其他的 OpenStack 服务可以找到它。使用以下命令注册服务并指定端点。

```
keystone service-create --name=cinder --type=volume --description="OpenStack Block Storage"
keystone endpoint-create \
  --service-id=$(keystone service-list | awk '/ volume / {print $2}') \
  --publicurl=http://control:8776/v1/%\(tenant_id\)s \
  --internalurl=http://control:8776/v1/%\(tenant_id\)s \
  --adminurl=http://control:8776/v1/%\(tenant_id\)s
```

9) 注册块存储服务 API 的 v2 版本。

```
keystone service-create --name=cinderv2 --type=volumev2 \
    --description="OpenStack Block Storage v2"
keystone endpoint-create \
    --service-id=$(keystone service-list | awk '/ volumev2 / {print $2}') \
    --publicurl=http://control:8776/v2/%\(tenant_id\)s \
    --internalurl=http://control:8776/v2/%\(tenant_id\)s \
    --adminurl=http://control:8776/v2/%\(tenant_id\)s
```

10）重启块存储服务。

```
service cinder-scheduler restart
service cinder-api restart
```

2．配置块存储服务节点

控制节点上的块存储服务配置完成之后，还需要对块存储服务节点进行配置。参考 3.3.2 多节点虚拟机配置一节的内容，克隆出一个 Ubuntu 虚拟机并进行配置，该节点包含提供卷服务的硬盘，作为一个块存储服务节点使用。

对该节点进行以下配置：配置第一块网卡 eth0 为管理和公共网络接口，其 IP 地址与 VMnet8 在同一个网段（10.0.0.0），设置为 10.0.0.41，网络掩码为 255.255.255.0，网关为 10.0.0.2。在/etc/hostname 文件中设置主机名为 block1，在"/etc/hosts"文件中设置 IP 地址和主机名的映射（10.0.0.41 block1），并确保每个节点上的"/etc/hosts"里都设置好了 IP 地址和主机名对照表。配置该节点使用 NTP 从控制节点同步时间。

下面在该节点上进行块存储服务配置，这里依然使用的是 LVM 方式。

1）安装 LVM 软件包。

```
apt-get install lvm2
```

2）创建 LVM 物理卷和逻辑卷。这里假设/dev/sdb 是专用存储服务的一块硬盘。

创建物理卷：

```
pvcreate /dev/sdb
```

创建卷组：

```
vgcreate cinder-volumes /dev/sdb
```

3）在"/etc/lvm/lvm.conf"配置文件的[devices]区域添加一个过滤条目，阻止 LVM 扫描虚拟机使用的设备。每个过滤组中的条目都是以"a"（代表接受）或"r"（代表拒绝）开头。块存储主机需要的物理卷以"a"开始，过滤组必须以"r/.*/"拒绝没有列出的设备。

示例中，/dev/sda1 是驻留节点的操作系统所在的卷，/dev/sdb 是提供 cinder-volumes 服务的卷。

```
devices {
...
filter = [ "a/sda1/", "a/sdb/", "r/.*/"]
...
}
```

4）配置完操作系统后，安装块存储对应的软件包。

```
apt-get install cinder-volume
```

5）编辑 "/etc/cinder/cinder.conf" 配置文件，增加下面的的内容到[keystone_authtoken]区域：

```
[keystone_authtoken]
auth_uri = http://control:5000
auth_host = control
auth_port = 35357
auth_protocol = http
admin_tenant_name = service
admin_user = cinder
admin_password = cinder_pass
```

6）配置块存储使用 RabbitMQ 作为信息代理。

在 "/etc/cinder/cinder.conf" 文件的[DEFAULT]区域内，设置以下内容：

```
[DEFAULT]
...
rpc_backend = cinder.openstack.common.rpc.impl_kombu
rabbit_host = control
rabbit_port = 5672
rabbit_userid = guest
rabbit_password = RABBIT_PASS
```

7）配置块存储服务使用 MySQL 数据库。

编辑 "/etc/cinder/cinder.conf" 文件，在[database]区域中增加下面的内容：

```
[database]
...
connection = mysql://cinder: CINDER_DBPASS @control/cinder
```

8）配置块存储服务以使用 Image Service。

编辑 "/etc/cinder/cinder.conf" 配置文件，设置下面的值：

```
[DEFAULT]
...
glance_host = control
```

9）重启块存储服务。

```
service cinder-volume restart
service tgt restart
```

3. 验证块存储服务

1）导入 demo-openrc.sh 文件。

```
source demo-openrc.sh
```

2）使用 cinder create 命令来创建一个新卷，命令执行后显示所创建卷的信息列表。

```
cinder create --display-name myVolume 1
```

```
+--------------------+--------------------------------------+
|      Property      |                Value                 |
+--------------------+--------------------------------------+
|     attachments    |                  []                  |
|  availability_zone |                 nova                 |
|      bootable      |                false                 |
|     created_at     |      2014-04-17T10:28:19.615050       |
| display_description|                 None                 |
|    display_name    |               myVolume               |
|      encrypted     |                False                 |
|         id         | 5e691b7b-12e3-40b6-b714-7f17550db5d1 |
|      metadata      |                  {}                  |
|        size        |                  1                   |
|     snapshot_id    |                 None                 |
|     source_volid   |                 None                 |
|       status       |               creating               |
|     volume_type    |                 None                 |
+--------------------+--------------------------------------+
```

3）使用"cinder list"命令列出卷列表，查看该卷是否被成功创建。如果卷的状态（Status）信息不是 available，说明创建失败。需要检查控制节点/var/log/cinder/目录下的日志文件来获取更多的信息。

本 章 小 结

对 OpenStack 的安装部署有多种方法，本章介绍了脚本安装、通过自动化部署工具快速安装以及源码安装方法。使用脚本方式安装操作简单，适用于初学者尽快安装 OpenStack 后进行验证实验和操作的场景。源码安装是采用手动方式逐步安装 OpenStack 的组件，步骤较为复杂，但是能够帮助用户深入理解 OpenStack 各组件的工作机制，充分了解 OpenStack 架构和原理。当 OpenStack 用于大规模场景时，通过使用一系列自动化安装和配置工具来部署 OpenStack，可以有效提高部署效率。使用 Fuel 自动化部署 OpenStack 环境的关键在于前期的网络环境配置，一旦网络规划好，就可以在 Web 界面下快速部署多节点的 OpenStack 云平台，安装过程中无须过多的人工干预。如果在虚拟机环境下搭建 OpenStack，那么建议在创建虚拟机环境时尽量安装最小化的 Linux 系统，以保证在安装 OpenStack 时能正确地下载并安装所有的依赖包。OpenStack 版本更新很快，建议读者实时关注官方网站，参阅安装文档，获取最新的安装指南。

思 考 题

1．参阅 OpenStack 的官方网站，试通过 DevStack 脚本方式在 VMware 虚拟机环境下搭建一个多节点的 OpenStack 环境。

2．目前常用的自动化安装和配置工具有哪些？简述它们的工作原理和使用方法。

3．Fuel 是 Mirantis 公司开发的自动化部署 OpenStack 集群的工具，它定义了哪几种网络类型？

4．试使用自动化部署工具 Fuel 搭建一个多节点的 OpenStack 环境。

5．常见的 OpenStack 多节点部署架构有哪些？这些架构的异同点是什么？

6．参阅 OpenStack 的官方网站，试通过源码安装方法在 VMware 虚拟机环境下搭建一个多节点的 OpenStack 环境。

第 4 章 OpenStack 云平台应用与实践

本章实验项目的测试平台是基于 IBM OpenStack Solution for System X 的云计算实验平台，该平台的云构架采用 1 个控制节点+9 个计算节点的方式，管理网络采用内网 192.168.10.0/24 网段，数据网段灵活应用内网（192.168.20.0/24 网段）或者校园网，存储采用服务器本地硬盘。控制节点 ControlNode 的 IP 地址为 192.168.10.5，CloudController（CC）的 IP 地址为 192.168.10.2，NetworkController（NC）的 IP 地址为 192.168.10.3，9 个计算节点 Compute01~Compute09 的 IP 地址为 192.168.10.6~192.168.10.14。本章的实验项目也可以在 VMware 虚拟机搭建的 OpenStack 平台上操作，在虚拟机上搭建 OpenStack 的具体步骤详见本书第 3 章内容。

4.1 项目和用户管理

"项目"是指一组用户，在 OpenStack 的用户界面和一些文档中，有时也称为"租户"。之所以出现两个术语是因为最初的 OpenStack 计算服务（Nova）有自己的身份验证系统，并使用术语"项目"，当认证系统独立成为 OpenStack 身份识别服务（Keystone）后，就使用术语"租户"指代一个用户组，因此，目前有些 OpenStack 工具是使用"项目"，有些是使用"租户"，这两种术语是通用的。

OpenStack 系统中一个用户必须至少属于一个项目，也可以属于多个项目，因此在使用时至少要添加一个项目，然后再添加用户。访问 OpenStack 的用户有普通用户和管理员用户两种类型，他们对云平台具有不同的操作权限。普通用户可以创建自己的虚拟机、云硬盘、镜像和快照，查看虚拟机资源的使用情况和其他的共享资源；管理员除了具有以上操作的权限外，还可以对用户、项目以及系统信息进行管理。本节的实验内容是通过仪表盘（Dashboard）和命令行两种方式对项目及用户进行管理和设置，了解 OpenStack 云平台项目和用户的管理功能，掌握对项目和用户的创建、修改及删除，添加用户到项目以及禁用或激活用户等操作，以及不同权限的视图操作。

4.1.1 仪表盘设置

当普通用户或管理员用户登录 OpenStack 后，在控制页面右上角将显示当前系统的登录身份，例如管理员登录后显示身份为 admin，如图 4-1 所示。

在页面中右上角单击"设置"按钮，可以为当前用户修改仪表盘设置。用户可以按照自己的风格和喜好设置参数，可设置的参数包括语言、时区和每页显示的条目数，填写参数后单击"保存"按钮完成设置。设置页面如图 4-2 所示。

如果用户以管理员身份登录 OpenStack，在控制页面左侧的导航栏中会出现"管理员"标签，**注意**：这个标签只有以管理员身份登录后才会出现。在"管理员"标签的"认证面板"中选择"项目"或"用户"项，可以分别对项目或用户进行管理，包括创建、删除项目和用户，添加用户到项目，禁用或激活用户等。

第 4 章　OpenStack 云平台应用与实践

图 4-1　系统概况

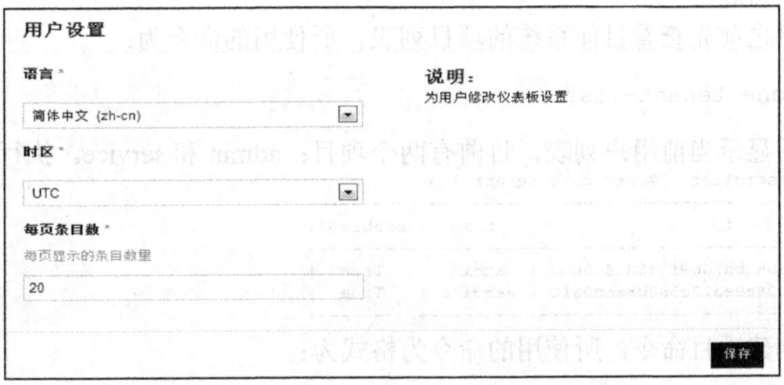

图 4-2　仪表盘设置

4.1.2　项目管理

1．创建项目

管理员用户登录后，在页面左侧导航栏中选择"管理员"标签，在该标签的"认证面板"中选择"项目"，将出现 OpenStack 的项目列表。OpenStack 中默认有两个项目，service 和 admin，如图 4-3 所示。当创建新的项目时，单击页面右上角的"创建项目"按钮，将弹出创建项目对话框，创建项目页面如图 4-4 所示。在对话框中填写项目名称（必填），描述信息可以选填。在对话框底部有一个复选框来设置这个项目的状态，默认是激活状态，如果不勾选该复选框，表示取消激活。本例中我们创建一个名称为 students 的项目，状态为激活。

图 4-3　项目列表

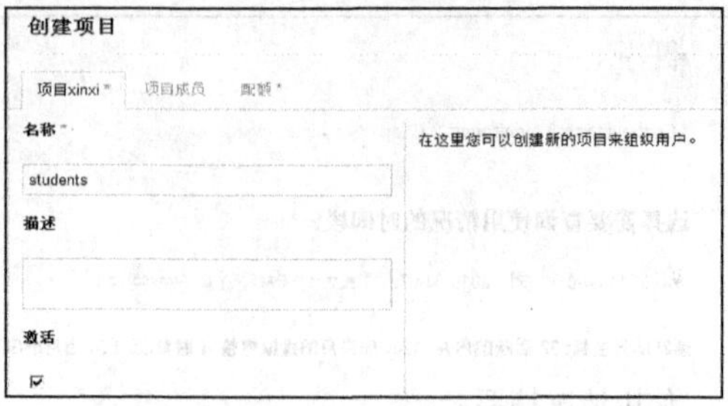

图 4-4 创建项目

创建项目的操作也可以用 OpenStack 命令来实现。在使用 OpenStack 命令之前首先执行"source envnc"命令，envnc 里存放了当前管理员的用户名、密码、所属项目等信息，这条命令的作用是把当前管理员的上述信息加载到环境中，否则，执行每个命令都需要在参数里加上当前用户名等信息。

在创建项目之前先查看目前系统的项目列表，所使用的命令为：

```
keystone tenant-list
```

命令执行后显示当前用户列表，目前有两个项目：admin 和 service。执行结果如下所示：

```
[root@CloudController ~]# keystone tenant-list
+----------------------------------+---------+---------+
|                id                |  name   | enabled |
+----------------------------------+---------+---------+
| cbf65b61959b41ba93b9f045d1445b30 |  admin  |  True   |
| 1b68c70e61004e9ea22c552b8aed0af8 | service |  True   |
+----------------------------------+---------+---------+
```

现在执行创建项目命令，所使用的命令为格式为：

```
keystone tenant-create --name=<TENANT_NAME>
```

命令中的参数<TENANT_NAME>表示所创建的项目的名称，命令中可以用 --description <TENANT-DESCRIPTION> 参数添加一些描述，也可以用 --enable false 参数创建一个禁用状态的租户，不指定状态时默认是激活状态。

例如，以下命令的作用是创建一个新租户（项目），名称为"students"：

```
keystone tenant-create --name=students
```

创建成功后显示该租户的信息列表，如下所示：

```
[root@CloudController ~]# keystone tenant-create --name=students
+-------------+----------------------------------+
|   Property  |              Value               |
+-------------+----------------------------------+
| description |                                  |
|   enabled   |              True                |
|      id     | f169d1bba9454a19834c63137654b9b9 |
|     name    |            students              |
+-------------+----------------------------------+
```

创建新项目 students 后，再次使用"keystone tenant-list"命令查看目前 OpenStack 中的项目列表，可以看到项目列表中包括刚刚创建的新项目 students，如下所示：

```
[root@CloudController ~]# keystone tenant-list
+----------------------------------+----------+---------+
|                id                |   name   | enabled |
+----------------------------------+----------+---------+
| cbf65b61959b41ba93b9f045d1445b30 |  admin   |  True   |
| 1b68c70e61004e9ea22c552b8aed0af8 | service  |  True   |
| f169d1bba9454a19834c63137654b9b9 | students |  True   |
+----------------------------------+----------+---------+
```

2. 查看和编辑项目配额

从图 4-4 可以看到，在创建项目时可以添加项目成员和调整项目的配额，当然这些操作也可以在以后编辑项目时再做修改。设置配额即设置项目资源的上限，选择"配额"标签后将显示该项目的默认配额。图 4-5 中显示的是"students"项目的部分配额项及其配额值，页面中有些配额的默认值是−1，表示无限额，用户可以在这里修改配额数。如果不更改配额限制，系统会使用这些默认配额。

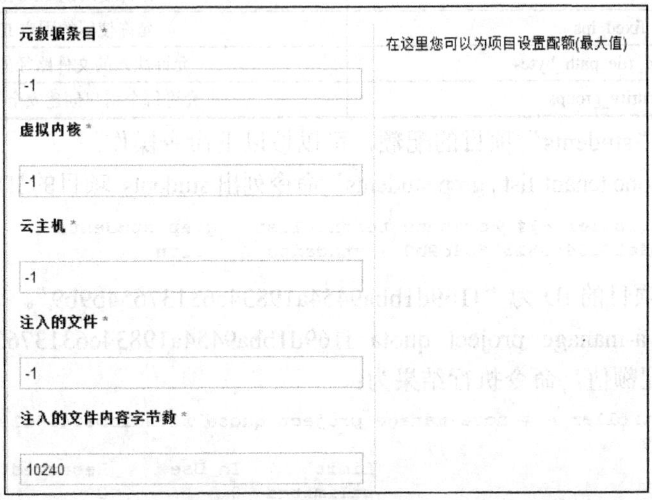

图 4-5 设置项目配额

如果使用 OpenStack 命令来查看和修改项目配额，可以按以下步骤进行。
1）列出该项目的配额，所使用的命令为：

```
nova-manage project quota <TENANT>
```

命令中参数<TENANT>表示所查看项目的名称或 ID，这两个信息都可以通过"keystone tenant-list"命令，从项目列表中获取。

也可以根据指定项目的名称确定项目 ID，所使用的命令为：

```
keystone tenant-list| grep <TENANT_NAME>
```

命令中参数<TENANT_NAME>表示指定项目的名称。

2）为指定项目修改配额值，命令格式为：

```
nova-manage project quota <TENANT > --key <KEY> --value <VALUE>
```

命令中参数<TENANT>表示所修改项目的名称或 ID，参数<KEY>表示要修改的配额选项名称，<VALUE>表示设定的配额值。项目的配额选项描述如表 4-1 所示。

表 4-1 项目的配额选项名称及描述

选项名称	描述
metadata_items	允许每个实例的元数据项数量
injected_file_content_bytes	允许注入的文件内容的字节数
ram	允许使用的内存大小

续表

选项名称	描述
floating_ips	允许使用的浮动 IP 数
security_group_rules	允许每个安全组中规则的数量
instances	允许用户创建实例的数量
key_pairs	允许每个用户的密钥对数量
injected_files	允许注入文件的数量
cores	允许使用的 CPU 核数
fixed_ips	允许使用的固定 IP 数
injected_file_path_bytes	允许注入的文件路径的字节数
security_groups	允许每个用户创建安全组的数量

例如：要修改"students"项目的配额，可以按以下命令操作。

1）使用"keystone tenant-list | grep students"命令列出 students 项目的 ID，命令执行结果为：

```
[root@CloudController ~]# keystone tenant-list | grep students
| f169d1bba9454a19834c63137654b9b9 | students | True |
```

从结果可知该项目的 ID 为"f169d1bba9454a19834c63137654b9b9"。

2）使用"nova-manage project quota f169d1bba9454a19834c63137654b9b9"命令列出"students"项目的配额值，命令执行结果为：

```
[root@CloudController ~]# nova-manage project quota f169d1bba9454a198
34c63137654b9b9
Quota                         Limit       In Use    Reserved
metadata_items                unlimited   0         0
injected_file_content_bytes   10240       0         0
ram                           unlimited   0         0
floating_ips                  unlimited   0         0
security_group_rules          unlimited   0         0
instances                     unlimited   0         0
key_pairs                     unlimited   0         0
injected_files                unlimited   0         0
cores                         unlimited   0         0
fixed_ips                     unlimited   0         0
injected_file_path_bytes      unlimited   0         0
security_groups               unlimited   0         0
```

由配额列表可以看到，"students"项目的配额信息包括配额项名称、配额值、已使用额和保留额等，除"injected_file_content_bytes"选项的配额是 10240 外，其他选项的配额都是"unlimited"，表示无限制。由于"students"项目是新建项目，所以目前所有配额值都没有使用，所有配额项的已使用额（In Use）显示为 0。

3）修改项目的配额值。比如要把配额项"floating_ips"的配额值设定为 10，可以在"nova-manage project quota <TENANT-ID>"命令中使用参数--key floating_ips 和参数--value 10。命令执行后显示修改后的配额项列表，执行结果为：

```
[root@CloudController ~]# nova-manage project quota f169d1bba9454a198
34c63137654b9b9 --key floating_ips --value 10
Quota                         Limit       In Use    Reserved
metadata_items                unlimited   0         0
injected_file_content_bytes   10240       0         0
ram                           unlimited   0         0
floating_ips                  10          0         0
security_group_rules          unlimited   0         0
instances                     unlimited   0         0
key_pairs                     unlimited   0         0
injected_files                unlimited   0         0
```

```
cores                                    unlimited   0        0
fixed_ips                                unlimited   0        0
injected_file_path_bytes                 unlimited   0        0
security_groups                          unlimited   0        0
```

除了使用仪表盘和 OpenStack 命令这两种方式外，用户也可以通过编辑配置文件来修改配额值。默认的项目配额是在云控制器 CloudController（CC）的"/etc/nova/nova.conf" 文件里设置的。本实验中默认项目配额的配置内容如下：

```
quota_metadata_items = -1
quota_injected_file_content_bytes =10240
quota_ram = -1
quota_floating_ips = -1
quota_security_group_rules = -1
quota_instances = -1
quota_key_pairs = -1
quota_injected_files = -1
quota_cores = -1
quota_fixed_ips = -1
quota_injected_file_path_bytes = -1
quota_security_groups = -1
```

如果配额值是-1，则表示没有配额限制。由于配额是由 nova-scheduler 服务执行的，所以一旦改变默认配额选项，必须重新启动该服务。

3．删除项目

管理员用户登录 OpenStack 后，在页面左侧导航栏中选择"管理员"标签，在该标签的"认证面板"中选择"项目"，则列出当前系统中所有的项目，如图 4-3 所示。此时在项目列表中选中需要删除的项目，单击页面右上角"删除项目"按钮删除该项目。

用户也可以使用 OpenStack 命令删除项目，命令格式为：

```
keystone tenant-delete <TENANT >
```

这里< TENANT >表示被删除项目的名称或 ID。例如要删除"students"这个项目，可以使用下面的命令：

```
keystone tenant-delete students
```

4.1.3 用户管理

1．创建用户

管理员用户登录 OpenStack 后，在页面左侧导航栏中选择"管理员"标签，在该标签的"认证面板"中选择"用户"，显示当前所有用户列表。图 4-6 显示的是部分用户列表。

单击页面右上角的"创建用户"按钮，弹出创建用户的对话框，如图 4-7 所示。要创建一个新的用户需要填写以下信息：用户名、邮箱、密码、所属主要项目、角色。所属主要项目是该用户所关联的主项目，必须在创建用户之前存在，角色可以选择"member"和"admin"。"admin"是超级管理员用户，在所有项目中要谨慎使用，因为一旦在这里把角色设置成"admin"，那么该用户将具有管理员权限，可以管理整个 OpenStack 云系统。

图 4-6 用户列表

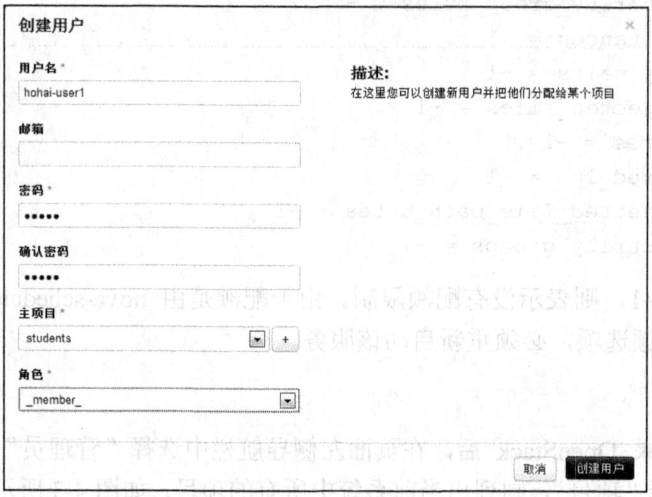

图 4-7 创建用户

创建用户的操作也可以使用 OpenStack 命令来实现,为了比较命令执行前后用户列表的变化,在创建用户之前先查看目前系统的用户列表,所使用的命令为:

```
keystone user-list
```

命令执行后显示当前用户列表,执行结果为:

```
[root@CloudController ~]# keystone user-list
+----------------------------------+------------+---------+---------------------+
|                id                |    name    | enabled |        email        |
+----------------------------------+------------+---------+---------------------+
| 274e5a4c76f4408ebde35998be9f51fc |   admin    |  True   |                     |
| 411384bf51c442cf8b09834f288629b2 | ceilometer |  True   |                     |
| 05172b7542224a61a4dc51269fd8761e |    ec2     |  True   |                     |
| b8713a6af6894ffb8db3b337ccdda923 |   glance   |  True   |                     |
| 09f0409d81594d4c84236b22966b321d |    heat    |  True   |                     |
| c4d632d6fcb043968cf71ab36ab048df |  neutron   |  True   |                     |
| bcfbb71ba5434a388aa9202851395604 |    nova    |  True   |                     |
| 27db1acfe1824024849fb7ca8b2fdfaf |  savanna   |  True   |                     |
| a977299e03ca49f2b90121b3a5d8df12 |   swift    |  True   |                     |
| 160e19b9f98c4949bd28274049ecb532 |   ubuntu   |  True   | ubuntu@hohai.edu.cn |
+----------------------------------+------------+---------+---------------------+
```

现在执行创建用户命令,所使用的命令格式为:

```
keystone user-create --name=<USER_NAME> --pass=<PASSWORD>
```

命令中参数 <USER_NAME>表示所创建的用户名称，<PASSWORD>表示用户密码。命令中还可以使用参数--email=<EMAIL>设置用户邮箱，使用--tenant_id=<TENANT_ID>指定用户所属的主项目。

例如，以下命令用于创建一个新用户，用户名为hohai-user1，密码为mypassword，email地址为user1@examlpe.com。

```
keystone user-create --name=hohai-user1 --pass=mypassword --email=user1@example.com
```

命令执行后显示所创建的用户信息，结果为：

```
[root@CloudController ~]# keystone user-create --name=hohai-user1 --pass=mypassword
 --email=user1@example.com
+----------+----------------------------------+
| Property |             Value                |
+----------+----------------------------------+
|  email   |       user1@example.com          |
| enabled  |             True                 |
|   id     | 3fb475b9c81946e0a2f6b2a1619d94d2 |
|  name    |          hohai-user1             |
+----------+----------------------------------+
```

再次使用 "keystone user-list" 命令显示当前用户列表，在列表中可以看到新创建的用户hohai-user1。命令执行结果为：

```
[root@CloudController ~]# keystone user-list
+----------------------------------+------------+---------+---------------------+
|                id                |    name    | enabled |        email        |
+----------------------------------+------------+---------+---------------------+
| 274e5a4c76f4408ebde35998be9f51fc |   admin    |  True   |                     |
| 411384bf51c442cf8b09834f288629b2 | ceilometer |  True   |                     |
| 05172b7542224a61a4dc51269fd8761e |    ec2     |  True   |                     |
| b8713a6af6894ffb8db3b337ccdda923 |   glance   |  True   |                     |
| 09f0409d81594d4c84236b22966b321d |    heat    |  True   |                     |
| 3fb475b9c81946e0a2f6b2a1619d94d2 | hohai-user1|  True   |  user1@example.com  |
| c4d632d6fcb043968cf71ab36ab048df |  neutron   |  True   |                     |
| bcfbb71ba5434a388aa9202851395604 |    nova    |  True   |                     |
| 27db1acfe1824024849fb7ca8b2fdfaf |  savanna   |  True   |                     |
| a977299e03ca49f2b90121b3a5d8df12 |   swift    |  True   |                     |
| 160e19b9f98c4949bd28274049ecb532 |   ubuntu   |  True   | ubuntu@hohai.edu.cn |
+----------------------------------+------------+---------+---------------------+
```

2. 关联用户到项目

用户可以同时属于多个项目，在仪表盘的"项目"页面可以关联现有的用户到另一个项目中，或者把用户从所属的项目中移出。具体步骤是：管理员用户登录OpenStack后，在页面左侧导航栏中选择"管理员"标签，选择"项目"，显示当前所有项目列表。在"项目"列表页面中找到需要操作的项目，单击该项目对应的"修改用户"按钮，弹出"编辑项目"的对话框。在对话框中选择"项目成员"标签项，将会列出OpenStack的所有用户，如图4-8所示。

由图4-8可见，云平台中的项目成员分两部分显示：在左边标题为"全部用户"的表格中，显示的是不属于该项目的其他用户；在右边标题为"项目成员"的表格中，显示的是该项目的所有用户。如果用户很多，显示的列表可能会很长，这时在两个表格顶部的过滤器（Filter）中可以输入用户名来搜索满足条件的用户。

如果要添加一个用户到该项目，只要在"全部用户"列表中单击该用户名称右侧的"+"，就把该用户添加到项目中了；如果要把指定用户从项目中删除（即取消用户和项目之间的关联），只要在"项目成员"列表中单击用户名称右侧的"-"即可。

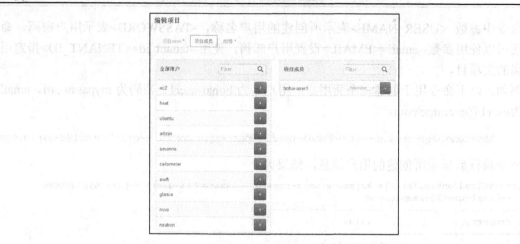

图 4-8　编辑项目

需要注意的是：在"项目成员"列表中，用户名右侧的下拉列表的值一般情况下应该被设置为"member"角色，表示是普通用户，对于管理员用户，这个值要设置为"admin"。这一点非常重要，因为"admin"是全局用户，而不是属于某个项目，授予用户 admin 角色时就等于赋予该用户在任何项目里管理整个云系统的权利。**因此在这里用户角色的设置要慎用"admin"，除非确定要给该用户赋予超级管理员权限。**

通过命令行方式也可以实现把用户关联到项目的操作，可以采用以下的 OpenStack 命令格式：

```
keystone user-role-add --user=<USER_NAME> --tenant=<TENANT_NAME> --role=<ROLE_TYPE>
```

命令中<USER_NAME>表示用户名，<TENANT_NAME>表示项目名，<ROLE_TYPE>表示角色类型，可以是"admin"或"member"。

例如，把用户"hohai-user1"关联到"students"项目，并赋予"admin"角色，可以使用如下命令：

```
keystone user-role-add --user=hohai-user1 --tenant=students --role=admin
```

在 OpenStack 云系统中，一个用户可以属于一个或多个项目。假设目前系统中存在另一个项目"stu2"，现在要把"hohai-user1"用户关联到"stu2"项目，并赋予"member"角色，可以使用下面的命令：

```
keystone user-role-add --user=hohai-user1 --tenant=stu2 --role=_member_
```

这样"hohai-user1"用户就属于两个项目"students"和"stu2"，并在这两个项目中承担不同的角色，也就是说具有不同的权限。

可以通过使用下面的命令来取消用户、角色、项目之间的关联：

```
keystone user-role-remove --user-id<USER_ID> --role-id<ROLE_ID> --tenant-id <TENANT_ID>
```

命令中的参数<USER_ID>表示用户的 ID，<ROLE_ID>表示角色的 ID，<TENANT_ID>表示项目的 ID。使用该命令前，用户可以分别查看用户、项目、角色列表来获取相应的 ID。

查看用户列表：

```
keystone user-list
```

查看项目列表：

```
keystone tenant-list
```

查看角色列表：

```
keystone role-list
```

3. 删除用户

在仪表盘的“用户”页面中不仅可以创建用户，还可以实现删除用户的操作。具体步骤是：管理员用户登录 OpenStack 后，在页面左侧导航栏中选择“管理员”标签，选择“用户”，显示当前所有的用户列表，如图 4-6 所示。在用户列表中选中需要删除的用户，单击页面右上角“删除用户”按钮，就可以删除该用户了。

删除用户操作也可以使用 OpenStack 命令，命令格式是：

```
keystone user-delete <USER >
```

命令中<USER >表示被删除用户的名称或 ID。例如：要删除用户“hohai-user1”，可以使用下面的命令：

```
keystone user-delete hohai-user1
```

4.2 虚拟机管理

OpenStack 提供了丰富的虚拟机管理功能，用户可以通过仪表盘或命令行方式对虚拟机进行基本操作，这些基本操作包括创建虚拟机、删除虚拟机、迁移虚拟机、创建虚拟机快照和虚拟机扩容等。

4.2.1 设置云主机类型（Flavor）

1. 查看 Flavor 列表

云主机类型（Flavor）是为虚拟机分配资源的模板，OpenStack 默认有 5 个云主机类型，分别是 tiny、small、medium、large 和 xlarge，这 5 种类型所设置的资源数量有所不同。管理员用户登录 OpenStack 后，在左侧导航栏选择“管理员”标签，选择“云主机类型”，页面中会显示当前云主机类型列表，如图 4-9 所示。

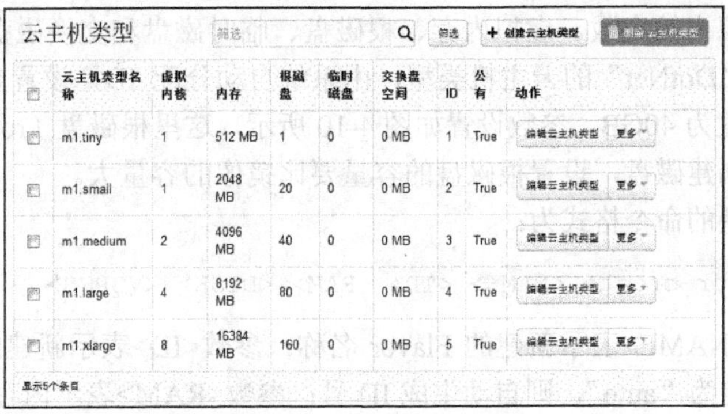
云主机类型
筛选
筛选
+ 创建云主机类型
云主机类型名称
虚拟内核
内存
根磁盘
临时磁盘
交换盘空间
ID
公有
动作
m1.tiny
1
512 MB
1
0
0 MB
1
True
编辑云主机类型
更多
m1.small
1
2048 MB
20
0
0 MB
2
True
编辑云主机类型
更多
m1.medium
2
4096 MB
40
0
0 MB
3
True
编辑云主机类型
更多
m1.large
4
8192 MB
80
0
0 MB
4
True
编辑云主机类型
更多
m1.xlarge
8
16384 MB
160
0
0 MB
5
True
编辑云主机类型
更多
显示5个条目

图 4-9　云主机类型列表

云主机类型列表也可以通过 OpenStack 命令来查看，所使用的命令为：

```
nova flavor-list
```

命令执行结果为：

```
[root@CloudController ~]# nova flavor-list
+----+-----------+-----------+------+-----------+------+-------+-------------+-----------+
| ID | Name      | Memory_MB | Disk | Ephemeral | Swap | VCPUs | RXTX_Factor | Is_Public |
+----+-----------+-----------+------+-----------+------+-------+-------------+-----------+
| 1  | m1.tiny   | 512       | 1    | 0         |      | 1     | 1.0         | True      |
| 2  | m1.small  | 2048      | 20   | 0         |      | 1     | 1.0         | True      |
| 3  | m1.medium | 4096      | 40   | 0         |      | 2     | 1.0         | True      |
| 4  | m1.large  | 8192      | 80   | 0         |      | 4     | 1.0         | True      |
| 5  | m1.xlarge | 16384     | 160  | 0         |      | 8     | 1.0         | True      |
+----+-----------+-----------+------+-----------+------+-------+-------------+-----------+
```

如果用户要查看某一个云主机类型的详细信息，可以使用命令：

```
nova flavor-show <FLAVOR>
```

命令中参数<FLAVOR>表示云主机类型的名称或 ID。

如下面的命令用以查看 medium 类型的详细信息，medium 类型的 ID 是 3。

```
nova flavor-show 3
```

命令执行结果为：

```
[root@CloudController ~]# nova flavor-show 3
+----------------------------+-----------+
| Property                   | Value     |
+----------------------------+-----------+
| name                       | m1.medium |
| ram                        | 4096      |
| OS-FLV-DISABLED:disabled   | False     |
| vcpus                      | 2         |
| extra_specs                | {}        |
| swap                       |           |
| os-flavor-access:is_public | True      |
| rxtx_factor                | 1.0       |
| OS-FLV-EXT-DATA:ephemeral  | 0         |
| disk                       | 40        |
| id                         | 3         |
+----------------------------+-----------+
```

2. 创建 Flavor

用户可以根据需要创建新的云主机类型，在图 4-9 页面单击右上角的"创建云主机类型"按钮，打开"创建云主机类型"窗口，在这里可以定义新的虚拟机规格。创建云主机类型需要填写的信息有虚拟内核个数、虚拟内存、根磁盘、临时磁盘和交换磁盘空间等。本实验中我们创建一个名为"DotNet"的云主机类型，由系统自动分配 ID，设置虚拟内核个数为 4，内存为 4GB，根磁盘为 40GB，参数设置如图 4-10 所示。这里根磁盘（root disk）只是一个镜像的容器，并不是创建磁盘，设置根磁盘的容量要比镜像的容量大。

创建云主机类型的命令格式为：

```
nova flavor-create <NAME> <ID> <RAM> <DISK> <VCPUS>
```

命令中的参数<NAME>表示新建的 Flavor 名称；参数<ID>表示新建的 Flavor 的唯一 ID 号，如果该参数指定为"auto"，则自动生成 ID 号；参数<RAM>表示内存容量，单位是 MB；参数<DISK>表示磁盘容量，单位是 GB；参数<VCPUS>表示虚拟内核数。命令中还可以通过选项--ephemeral <EPHEMERAL>来指定临时空间的容量，单位是 GB；通过选项--swap <SWAP>来指定交换空间的容量，单位是 MB。这两项若不指定，则默认是 0。

例如，在命令行方式下创建"DotNet"的云主机类型，可以使用以下命令来实现：

```
nova flavor-create DotNet auto 4096 40 4
```

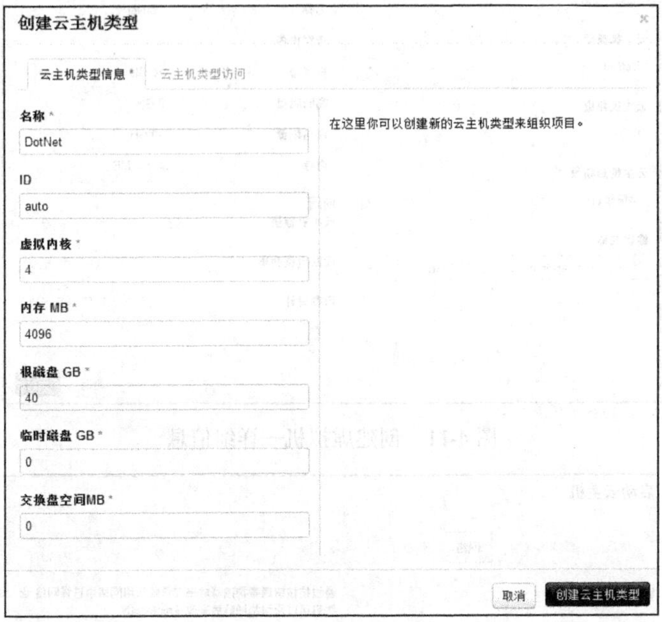

图 4-10 创建 Flavor

3. 删除 Flavor

在图 4-9 所示云主机类型列表中选定需要删除的云主机类型，单击右上角的"删除云主机类型"按钮，即可删除该类型。删除 Flavor 的命令格式为：

```
nova flavor-delete <FLAVOR >
```

命令中的参数<FLAVOR >表示被删除的云主机类型的名称或 ID。

4.2.2 虚拟机实例操作

1. 创建虚拟机

所谓虚拟机实例是具备了指定规格的内存、硬盘、CPU 等资源的虚拟机。用户登录 OpenStack 后，在左侧导航栏的"项目"标签选择"云主机"，将显示当前用户创建的所有虚拟机。在该页面右上角单击"启动云主机"按钮，打开创建虚拟机页面，在这里可以创建新的虚拟机。在创建虚拟机时要填写详细信息，包括云主机名称、云主机类型、云主机数量、云主机启动源等信息。云主机启动源可以是镜像、快照、云硬盘，本例中云主机启动源选择从镜像启动，如图 4-11 所示。

单击"网络"标签，选择可用网络，本例中选择已经创建好的网络 FlatNetwork，如图 4-12 所示。单击"运行"按钮启动虚拟机。

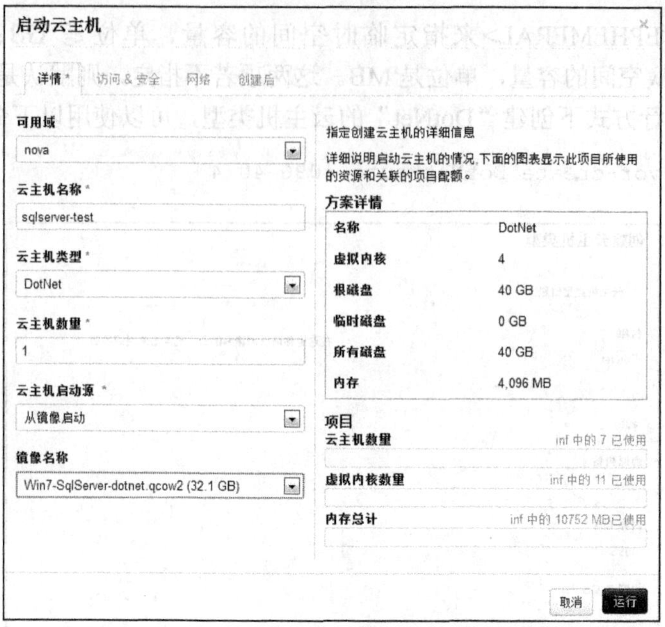

图 4-11 创建虚拟机—详细信息

图 4-12 创建虚拟机—选择网络

用户可以使用 OpenStack 命令从镜像启动虚拟机,命令格式为:

```
nova boot --image <IMAGE> --flavor <FLAVOR> <VM_NAME>
```

该命令中参数<VM_NAME>表示所创建的虚拟机名称,参数<IMAGE>表示镜像的名称或 ID,<FLAVOR>表示云主机类型的名称或 ID。创建虚拟机的具体步骤如下。

1)确定创建虚拟机所需镜像的名称或 ID,即参数<IMAGE>。运行 nova image-list 命令,查看系统中所有镜像的列表,列表中显示了所有镜像的 ID、名称以及状态等信息。命令执行结果为:

```
[root@CloudController ~]# nova image-list
+--------------------------------------+-----------------------------+--------+--------+
| ID                                   | Name                        | Status | Server |
+--------------------------------------+-----------------------------+--------+--------+
| fcf273f1-5c91-4f00-bfaa-5b97af616591 | Savanna                     | ACTIVE |        |
| 3ecf2578-5713-428f-a101-f91e9cc9acf0 | Win7-SqlServer-dotnet.qcow2 | ACTIVE |        |
| 5d3458d2-4ad8-432d-aac2-0d3dfa220ef9 | cirros                      | ACTIVE |        |
| b2c73565-0c23-446d-948b-0d4a7ea9c927 | ubuntu                      | ACTIVE |        |
| e4c410c1-a4cd-45f9-90a0-6d9e03f94f82 | windows7                    | ACTIVE |        |
+--------------------------------------+-----------------------------+--------+--------+
```

或者使用命令"glance index"也可以获得镜像的详细信息。

2)运行 nova flavor-list 命令,得到云主机类型列表,确定创建虚拟机所需云主机类型的 ID,即参数<FLAVOR>。

3)运行 nova boot 命令,启动一台虚拟机。本例使用 cirros 镜像,镜像 ID 为 5d3458d2-4ad8-432d-aac2-0d3dfa220ef9。云主机类型使用 m1.tiny,其 ID 为 1,虚拟机名称命名为 cirros-vm。具体命令如下:

```
nova boot --image 5d3458d2-4ad8-432d-aac2-0d3dfa220ef9 --flavor 1 cirros-vm
```

命令执行后将显示所创建的虚拟机信息列表,列表中 vm_state 表示虚拟机的状态,目前状态显示为 building,当虚拟机创建成功后,状态会变为 ACTIVE。

```
[root@CloudController ~]# nova boot --image 5d3458d2-4ad8-432d-aac2-0d3dfa220ef9
--flavor 1 cirros-vm
+--------------------------------------+--------------------------------------+
| Property                             | Value                                |
+--------------------------------------+--------------------------------------+
| OS-EXT-STS:task_state                | scheduling                           |
| image                                | cirros                               |
| OS-EXT-STS:vm_state                  | building                             |
| OS-EXT-SRV-ATTR:instance_name        | instance-0000043f                    |
| OS-SRV-USG:launched_at               | None                                 |
| flavor                               | m1.tiny                              |
| id                                   | 64f73cd4-2a01-4fe6-abd3-90aceb4a8dcf |
| security_groups                      | [{u'name': u'default'}]              |
| user_id                              | 274e5a4c76f4408ebde35998be9f51fc     |
| OS-DCF:diskConfig                    | MANUAL                               |
| accessIPv4                           |                                      |
| accessIPv6                           |                                      |
| progress                             | 0                                    |
| OS-EXT-STS:power_state               | 0                                    |
| OS-EXT-AZ:availability_zone          | nova                                 |
| config_drive                         |                                      |
| status                               | BUILD                                |
| updated                              | 2014-12-23T09:07:06Z                 |
| hostId                               |                                      |
| OS-EXT-SRV-ATTR:host                 | None                                 |
| OS-SRV-USG:terminated_at             | None                                 |
| key_name                             | None                                 |
| OS-EXT-SRV-ATTR:hypervisor_hostname  | None                                 |
| name                                 | cirros-vm                            |
| adminPass                            | 32brjC87AQGw                         |
| tenant_id                            | cbf65b61959b41ba93b9f045d1445b30     |
| IBM-PVM:health_status                | {}                                   |
| created                              | 2014-12-23T09:07:05Z                 |
| os-extended-volumes:volumes_attached | []                                   |
| metadata                             | {}                                   |
+--------------------------------------+--------------------------------------+
```

4)运行 nova list 命令查看虚拟机列表,可以看到新创建的虚拟机 cirros-vm,此时状态显示为 ACTIVE,表示虚拟机部署完成,可以使用。

```
[root@CloudController ~]# nova list
+--------------------------------------+-----------+--------+------------+-------------+--------------------------+
| ID                                   | Name      | Status | Task State | Power State | Networks                 |
+--------------------------------------+-----------+--------+------------+-------------+--------------------------+
| 64f73cd4-2a01-4fe6-abd3-90aceb4a8dcf | cirros-vm | ACTIVE | None       | Running     | FlatNetwork=192.168.10.61|
+--------------------------------------+-----------+--------+------------+-------------+--------------------------+
```

用户可以使用命令 nova show<SERVER>查看指定虚拟机的详细信息,参数<SERVER>表示虚拟机的名称或 ID。如查看虚拟机 cirros-vm 的信息,使用下面的命令:

```
nova show cirros-vm
```

2. 删除虚拟机

用户登录 OpenStack 后，在左侧导航栏的"项目"标签中选择"云主机"，将显示该用户所创建的所有虚拟机列表。在该页面中选择要删除的虚拟机，单击页面右上角的"终止云主机"按钮，将删除选定的虚拟机，如图 4-13 所示。

图 4-13 删除虚拟机

删除虚拟机所使用的 OpenStack 命令格式为：

```
nova delete < SERVER >
```

命令中的参数< SERVER >表示被删除虚拟机的名称或 ID。如删除名为 cirros-vm 的虚拟机，执行下列命令：

```
nova delete cirros-vm
```

该命令执行后再运行"nova list"命令查看是否删除成功。

3. 创建虚拟机快照

虚拟机快照可以看成虚拟机系统的一个备份，其中包括虚拟机数据在复制开始时间点的映像。快照的主要作用是能够进行数据备份和恢复，用户可以按照需要将数据恢复到某个可用的时间点状态。例如，在对虚拟机系统执行某些操作之前先创建一个快照，如果在后续的使用中对系统造成了破坏，那么可以基于该快照重新启动虚拟机，将其恢复到修改前的状态。在 OpenStack 中快照也是一种镜像，利用快照可以制作部署虚拟机的模板。例如用户部署了一台虚拟机并在虚拟机上安装了一些应用，在安装调试成功后，可以选择在虚拟机的当前状态下创建一个快照，以后如果需要部署这些应用，则可以直接通过该快照实现快速部署。

用户在 OpenStack 管理界面左侧导航栏选择"项目"标签，选择"云主机"，显示该用户的虚拟机列表，如图 4-13 所示。在需要创建快照的虚拟机表项中，单击右侧的"创建快照"按钮，弹出"创建快照"对话框，如图 4-14 所示。在页面中填写快照名称，单击"创建快照"按钮，即可为该虚拟机创建快照。

图 4-14 创建虚拟机快照

对虚拟机创建快照的 OpenStack 命令为：

```
nova image-create <SERVER> <SNAPSHOT_NAME>
```

命令中参数<SERVER>表示创建快照所需的虚拟机名称或 ID，<SNAPSHOT_NAME>表示所创建的快照名称。

对虚拟机实例创建快照，得到的快照也是一种镜像，用户可以在 OpenStack 仪表盘的"镜像&快照"管理页面查看镜像列表，或者使用"nova image-list"命令进行查看。

例如对虚拟机 cirros-vm 创建快照，创建的快照名称为 cirros-vm-snap。可以依次执行下列操作：

1) 创建快照，使用命令：

```
nova image-create cirros-vm cirros-vm-snap
```

2) 列出所有的镜像，使用命令：

```
nova image-list
```

命令执行后可以在镜像列表中看到新创建的快照 cirros-vm-snap，和镜像相比，虚拟机快照附加了对应的虚拟机属性（如虚拟机的 ID）。命令执行结果为：

```
[root@CloudController ~]# nova image-list
+--------------------------------------+-----------------------------+--------+--------------------------------------+
| ID                                   | Name                        | Status | Server                               |
+--------------------------------------+-----------------------------+--------+--------------------------------------+
| fcf273f1-5c91-4f00-bfaa-5b97af616591 | Savanna                     | ACTIVE |                                      |
| 3ecf2578-5713-428f-a101-f91e9cc9acf0 | Win7-SqlServer-dotnet.qcow2 | ACTIVE |                                      |
| 5d3458d2-4ad8-432d-aac2-0d3dfa220ef9 | cirros                      | ACTIVE |                                      |
| 85207ca4-a80f-4b2d-abb5-63c83b939421 | cirros-vm-snap              | ACTIVE | 64f73cd4-2a01-4fe6-abd3-90aceb4a8dcf |
| b2c73565-0c23-446d-948b-0d4a7ea9c927 | ubuntu                      | ACTIVE |                                      |
| e4c410c1-a4cd-45f9-90a0-6d9e03f94f82 | windows7                    | ACTIVE |                                      |
+--------------------------------------+-----------------------------+--------+--------------------------------------+
```

删除快照的操作和删除镜像的操作一致，只需在 OpenStack 仪表盘的"镜像&快照"列表中选定被删除的快照，单击页面中的"删除镜像"按钮即可删除快照。

删除快照的命令为：

```
glance image-delete <IMAGE>
```

命令中的参数<IMAGE>表示被删除快照的名称或 ID。如要删除所创建的快照 cirros-vm-snap，可以执行下列命令：

```
glance image-delete 85207ca4-a80f-4b2d-abb5-63c83b939421
```

4. 调整虚拟机规格

在 OpenStack 中调整虚拟机的规格大小，就是改变虚拟机的 CPU 核数、内存和硬盘大小，但只能向上升级，不能向下降级，所采用的方法是重新选择系统中所定义的其他云主机类型（Flavor）。用户可以按照实际需求，先定义一个云主机类型，然后按此类型调整虚拟机规格。

在仪表盘左侧导航栏的"项目"标签中选择"云主机"，显示虚拟机列表。首先将需扩容的虚拟机停止（关闭云主机），然后在该虚拟机列表项右侧单击"更多"按钮，出现下拉列表，在下拉列表中选择"调整云主机大小"项，打开"调整云主机大小"对话框，如图 4-15 所示。

对话框中显示了当前云主机类型，如果要调整虚拟机大小，则需要在"新的云主机类型"对应的下拉列表中，选择新的云主机类型作为当前虚拟机的规格。当选择一个新的云主机类型时，在"方案详情"列表中会显示该云主机类型所对应的参数设置，用户可以参考具体的参数设置选择需要的云主机类型。选择了新的云主机类型后，单击"调整大小"，返回虚拟机列表页面。在该页面中，用户需要确认或者恢复对虚拟机尺寸的修改，如图 4-16 所示。如果确认修改，则单击"确认修改尺寸"按钮，如果要恢复修改的尺寸，则单击"更多"下拉列表，选择"恢复修改尺寸"项。

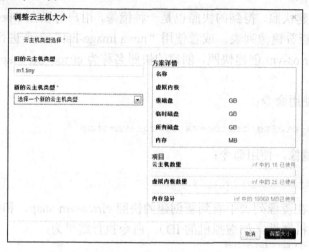

图 4-15 调整虚拟机规格

图 4-16 确认/恢复虚拟机规格

调整虚拟机大小的 OpenStack 的命令是：

```
nova resize <SERVER> <FLAVOR>
```

命令中的参数<SERVER>表示虚拟机的名称或 ID，<FLAVOR>表示新的云主机类型的名称或 ID。对于 resize 还有两个相关命令，都是在执行了"nova resize"命令后虚拟机状态为 RESIZE 时的操作：

1）确认改变虚拟机大小，删除之前旧的虚拟机：

```
nova resize-confirm <SERVER>
```

2）虚拟机回退到之前的状态，包括虚拟机所在的主机和虚拟机的规格：

```
nova resize-revert <SERVER>
```

以上命令需要在虚拟机停止（vm_state 状态为 stopped）的情况下使用。

例如，系统中已有一个虚拟机 cirros-test，我们查看它的详细信息（使用命令"nova show cirros-test"），可知其对应的 Flavor 是 tiny（512MB 内存，1 个虚拟内核，1GB 硬盘）。现在要把它的规格扩大到 small（2048MB 内存，1 个虚拟内核，20GB 硬盘），云主机类型 small 的 ID 是 2，可以使用下面的命令：

```
nova resize cirros-test 2
```

命令执行后，我们再查看该虚拟机的详细信息，可知虚拟机的 task_state 状态变为"resize_migrated"，云主机类型由 tiny 转为 small。

在改变虚拟机的规格后，需要执行以下命令来确认：

```
nova resize-confirm cirros-test
```

执行了确认命令后，改变虚拟机尺寸的工作才完成，之前旧的虚拟机被删除。

如果用户想恢复修改的尺寸，可以执行下面的回退操作恢复到以前的虚拟机大小：

```
nova resize-revert cirros-test
```

5. 迁移虚拟机

迁移虚拟机是把虚拟机从一个计算节点迁移到另一个计算节点，迁移可以在虚拟机关闭的状态下进行，称为"冷迁移"，也可以在虚拟机不停机的情况下进行，称为"热迁移"。云环境下的虚拟机迁移有利于物理计算节点的维护和动态调整负载，当物理机负载过高时，将虚拟机迁移到负载较低的物理机上，实现均衡负载，从而充分利用物理机的性能，提高利用率，降低硬件维护成本。

迁移虚拟机是管理员用户功能，登录 OpenStack 后，在左侧导航栏的"管理员标签"选择"云主机"，显示所有的虚拟机列表。在需要迁移的虚拟机列表项右侧单击"更多"下拉列表，选择"移植云主机"项。

在命令行方式下迁移虚拟机的具体步骤如下：

1）查看计算服务运行情况，确定可用的计算节点。使用的命令是：

```
nova-manage service list
```

该命令显示计算服务的信息列表，当状态显示为":-)"符号时表示节点运行正常，是可以执行迁移操作的物理节点，当状态显示为"XXX"符号时表示出现故障，需要修复。

如果命令执行结果如下，则表明计算服务运行正常，计算节点 Compute01-Compute09 可用：

```
[root@CloudController ~]# nova-manage service list
Binary           Host                                Zone       Status    State   Updated_At
nova-console     CloudController.openstack.hohai.cn  internal   enabled   :-)     2014-12-23 10:08:24
nova-consoleauth CloudController.openstack.hohai.cn  internal   enabled   :-)     2014-12-23 10:08:23
nova-cert        CloudController.openstack.hohai.cn  internal   enabled   :-)     2014-12-23 10:08:24
nova-conductor   CloudController.openstack.hohai.cn  internal   enabled   :-)     2014-12-23 10:08:28
nova-scheduler   CloudController.openstack.hohai.cn  internal   enabled   :-)     2014-12-23 10:08:19
nova-compute     Compute01                           nova       enabled   :-)     2014-12-23 10:08:23
nova-compute     Compute02                           nova       enabled   :-)     2014-12-23 10:08:21
nova-compute     Compute03                           nova       enabled   :-)     2014-12-23 10:08:19
nova-compute     Compute04                           nova       enabled   :-)     2014-12-23 10:08:22
nova-compute     Compute05                           nova       enabled   :-)     2014-12-23 10:08:21
nova-compute     Compute06                           nova       enabled   :-)     2014-12-23 10:08:21
nova-compute     Compute07                           nova       enabled   :-)     2014-12-23 10:08:21
nova-compute     Compute08                           nova       enabled   :-)     2014-12-23 10:08:19
nova-compute     Compute09                           nova       enabled   :-)     2014-12-23 10:08:23
nova-conductor   ControlNode.openstack.hohai.cn      internal   enabled   :-)     2014-12-23 10:08:27
```

2）查看需要迁移的虚拟机目前运行在哪一个物理计算节点上，所使用的命令为：

```
nova show <VM_NAME>
```

这里< VM_NAME >表示需要迁移的虚拟机名称。如以 cirros-vm 虚拟机为例，查看其详细信息的命令为：

```
nova show cirros-vm
```

命令执行后显示该虚拟机的属性列表，从列表可知虚拟机 cirros-vm 目前运行的物理节点。

3）把虚拟机迁移到新的物理节点，如果是"热迁移"，则使用的命令为：

```
nova live-migration <SERVER> <HOST_NAME> [--poll]
```

如果是"冷迁移",则使用的命令是:

```
nova migrate < SERVER > [--poll]
```

这里<SERVER> 表示需要迁移的虚拟机名称或 ID,<HOST_NAME >表示目标主机的名称,可选项--poll 表示命令执行过程中显示进度。

"热迁移"是在虚拟机 active 状态下的操作,需要配置计算节点的/etc/hosts 文件,使相互之间能够用主机名访问。"冷迁移"操作会先将虚拟机停掉,目标主机由 OpenStack 的调度服务 scheduler 来选择。

如:把虚拟机 cirros-vm 迁移到 compute02 节点上运行,使用的具体命令为:

```
nova live-migration cirros-vm compute02
```

4.3 存储管理

OpenStack 提供了三个与存储相关的服务:对象存储(Object Storage)、虚拟机镜像存储(Image Storage)和块存储(Block Storage),其对应的 OpenStack 组件分别是 Swift、Glance 和 Cinder。

对象存储用于持久性静态数据的长期存储,这些数据可以检索、调整并进行更新。对象存储支持多种应用,如复制和存档数据、图像或视频服务,存储次级静态数据,为 Web 应用创建基于云的弹性存储。

镜像存储提供虚拟机镜像的管理功能,如存储、查询和检索等。镜像存储本身不存储大量的数据,需要挂载后台存储来存放实际的镜像数据,能支持镜像存储到不同类型的存储池,如简单的文件存储或者对象存储。

块存储提供了持久化块设备存储的接口,为虚拟机提供设备创建、挂载、回收以及快照备份控制等。用户把块存储卷附加到虚拟机上,这些卷可以从虚拟机实例上被解除,或者重新附加,但是数据能保持完整不变,实现了虚拟机数据的持久化存储。

4.3.1 镜像操作

OpenStack 的镜像可以理解为"虚拟机模板",用户按实际需要制作一个虚拟机的模板(镜像)并导入 Glance 服务,再根据这个镜像来启动若干个虚拟机实例,同时指定云主机类型(Flavor),按 Flavor 中定义的规格为虚拟机分配虚拟机内核、内存、硬盘等资源。OpenStack 中镜像的主要用途是创建虚拟机,对镜像本身的操作要求不多,主要是查看、创建、删除等常用操作。

1. 查看镜像列表

用户登录 OpenStack 后,在左侧导航栏的"项目"标签中选择"镜像&快照",会在页面中显示云平台中所有镜像和快照的列表,如图 4-17 所示。

使用下列 OpenStack 命令均可以查看镜像列表:

```
glance image-list
glance index
nova image-list
```

glance 命令运行后将显示镜像的详细信息列表，内容包括镜像的 ID、镜像名称、镜像格式、镜像大小以及状态，状态为 active 表示可以使用。使用 nova 命令除了可以查看镜像的 ID、名称和状态外，对于由虚拟机创建的快照这一类镜像，还能够查看所对应的虚拟机信息。

此外，用户要查看指定镜像的属性信息，可以使用下面的命令：

```
glance image-show <IMAGE>
```

命令中参数<IMAGE>表示镜像名称或 ID。

2．创建镜像

创建镜像是把指定镜像上传到镜像服务（Glance）。用户在图 4-17 所示的"镜像列表"页面中，单击右上角"创建镜像"按钮，弹出创建镜像的对话框，如图 4-18 所示。

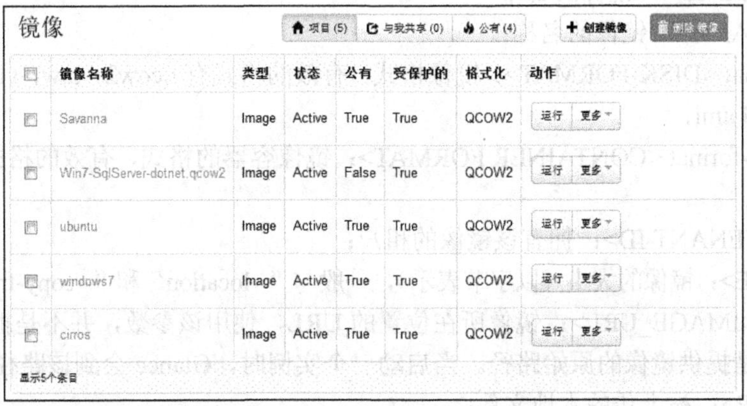

图 4-17　查看镜像或快照列表

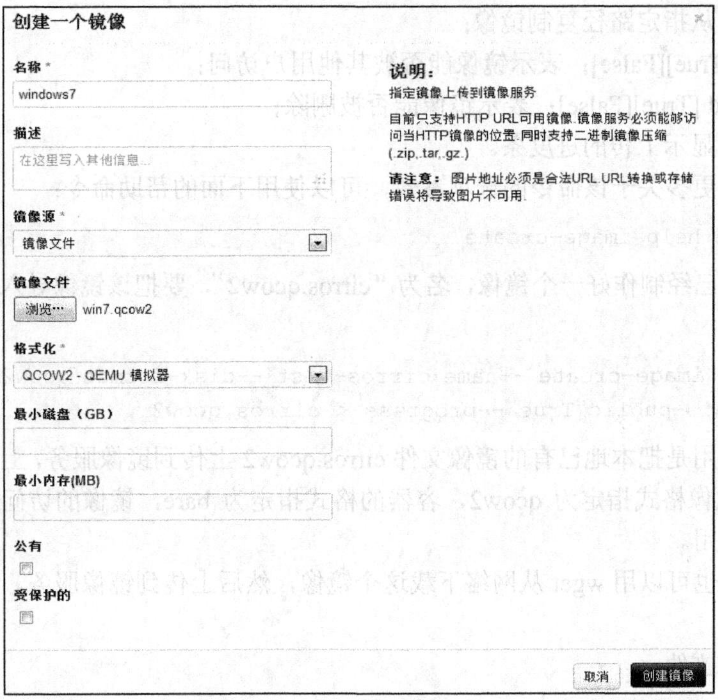

图 4-18　创建镜像

创建一个镜像必须填写镜像名称、镜像源、镜像格式等信息。镜像源有两种方式：一种是用户自己制作镜像文件，另一种是使用外部 url 加载镜像。所支持的镜像文件格式有 AKI（亚马逊内核镜像）、AMI（Amazon Machine Image）、ARI（Amazon Ramdisk Image）、ISO（光盘镜像）、QCOW2（QEMU 模拟器）、RAW、VDI 等格式。本例是将用户自己制作的 Windows7 镜像文件上传，镜像格式为 qcow2，所填信息如图 4-18 所示。如果用户上传的镜像文件允许被其他用户使用，则需要勾选"公有"复选框。若勾选"受保护的"复选框，则该镜像不允许被其他用户删除。

用户也可以通过"glance image-create"命令将预先制作好的镜像上传到 Glance 中，或者从指定网站下载镜像上传到 Glance 中。

glance image-create 命令中常用的参数如下：

--id <IMAGE_ID>：镜像的 ID；

--name <NAME>：镜像的名称；

--disk-format <DISK-FORMAT>：镜像格式，有效的格式有 qcow2，raw，vhd，vmdk，vdi，iso，aki，ari 和 ami；

--container-format <CONTAINER FORMAT>：镜像容器的格式，有效的格式有 bare，ovf，aki，ari 和 ami；

--owner <TENANT-ID>：拥有该镜像的租户；

--size <SIZE>：镜像的大小（以字节表示），一般与"--location"和"--copy-from"一起使用；

--location <IMAGE_URL>：镜像所在位置的 URL，使用该参数，并不是把整个镜像复制到 Glance，而是提供镜像的原始路径。当启动一个实例时，Glance 会到该路径加载镜像；

--file <FILE>：被上传的本地文件；

--copy-from < IMAGE_URL>：镜像所在位置的 URL，用法和"--location"参数相似，但 Glance 服务器要从指定路径复制镜像；

--is-public [True][False]：表示镜像能否被其他用户访问；

--is-protected [True][False]：表示镜像能否被删除；

--progress：显示上传的进度条。

如果要查看更多关于该命令的选项参数，可以使用下面的帮助命令：

```
glance help image-create
```

例如，用户已经制作好一个镜像，名为"cirros.qcow2"，要把该镜像导入镜像服务，可以使用下列命令：

```
glance image-create --name cirros-test --disk-format qcow2 --container-format bare --is-public True --progress < cirros.qcow2
```

该命令的作用是把本地已有的镜像文件 cirros.qcow2 上传到镜像服务，上传后镜像命名为"cirros_test"，镜像格式指定为 qcow2，容器的格式指定为 bare，镜像的访问权限为所有的用户可以看到并使用。

当然，用户也可以用 wget 从网络下载这个镜像，然后上传到镜像服务。依次使用以下两条命令。

1) 下载镜像文件

```
wget http://cdn.download.cirros-cloud.net/0.3.2/cirros-0.3.2-x86_64-disk.img
```

2）导入镜像

```
    glance image-create --name "cirros-test" --disk-format qcow2  --container-
format bare --is-public True --progress < cirros-0.3.2-x86_64-disk.img
```

命令中"<"后面是需上传到 Glance 的镜像文件的名字。

3．删除镜像

删除镜像是把指定镜像从镜像服务（Glance）删除。用户登录 OpenStack 后，在左侧导航栏的"项目"标签中选择"镜像&快照"，将显示图 4-17 所示的"镜像列表"页面。在该页面选定需要删除的镜像，在页面右上角单击"删除镜像"按钮，则将该镜像从镜像服务中删除。删除镜像不影响基于此镜像的虚拟机实例或快照。

用户也可以使用 OpenStack 命令来删除镜像：

```
    glance image-delete <IMAGE>
```

这里的参数<IMAGE>表示被删除镜像的名称或 ID。

4.3.2　卷操作

OpenStack 中的实例是不能持久化的，需要挂载卷，在卷中实现持久化。卷是持久的块存储设备，类似于一个外部硬盘，可以附加到实例，或者从实例分离，但同时只能连接到一个实例。卷操作主要是对卷实际需要的存储块单元实现管理功能，如创建、删除卷，在虚拟机中挂载、卸载卷，对卷的类型、卷的快照进行处理等。

1．创建卷

用户登录 OpenStack 后，在左侧导航栏的"项目"标签中选择"云硬盘"，打开当前云硬盘列表页面。在页面的右上角单击"创建云硬盘"按钮，打开"创建云硬盘"页面，如图 4-19 所示。

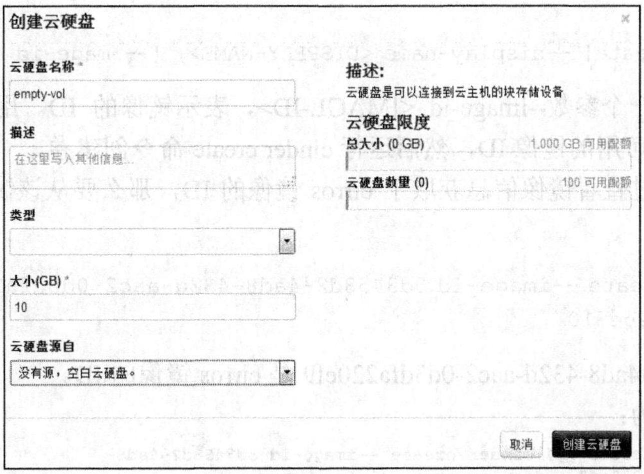

图 4-19　创建云硬盘

创建云硬盘需要填写云硬盘名称和云硬盘大小，用户可以创建空白盘，也可以从镜像创建，从镜像创建时需要选择一个镜像作为源。下面介绍创建云硬盘的命令行方式。

1）创建空卷

创建空卷最简单的命令格式是：

```
cinder create[ --display-name <DISPLAY-NAME>] <SIZE>
```

命令中-- display-name < DISPLAY-NAME>表示卷的名称，<SIZE>是卷的大小，默认单位为 GB。此外在命令中还可以使用其他参数，例如

--volume_type <VOLUME_TYPE>：表示卷类型。

--display-description <DISPLAY-DESCRIPTION>：表示卷的描述信息。

参数的使用方法可以查看帮助信息，使用命令 "cinder help create" 获得帮助。

例如，以下命令创建了一个卷，名称为 empty-vol，卷的大小指定为 10GB。

```
cinder create --display-name empty-vol 10
```

命令执行后显示所创建卷的信息列表：

```
[root@CloudController ~]# cinder create --display-name empty-vol 10
+---------------------+--------------------------------------+
|       Property      |                Value                 |
+---------------------+--------------------------------------+
|     attachments     |                  []                  |
|  availability_zone  |                 nova                 |
|       bootable      |                false                 |
|      created_at     |      2014-12-24T10:09:42.063501      |
| display_description |                 None                 |
|     display_name    |              empty-vol               |
|          id         | 6ed17879-9469-46a9-b3b3-8781c1e146cf |
|       metadata      |                  {}                  |
|         size        |                  10                  |
|     snapshot_id     |                 None                 |
|     source_volid    |                 None                 |
|        status       |               creating               |
|     volume_type     |                 None                 |
+---------------------+--------------------------------------+
```

2）从镜像创建卷

除了创建空卷，OpenStack 还支持从镜像创建卷，创建卷时需要知道镜像的 ID。命令格式为：

```
cinder create[ --display-name <DISPLAY-NAME>] [--image-id <IMAGE-ID>] <SIZE>
```

命令中要指定一个参数--image-id <IMAGE-ID>，表示镜像的 ID。用户需要使用 glance image-list 命令查看可用的镜像 ID，然后运行 cinder create 命令创建卷。

例如，用户通过查看镜像信息获取了 cirros 镜像的 ID，那么要从该镜像创建一个卷，可以使用下面的命令：

```
cinder create --image-id 5d3458d2-4ad8-432d-aac2-0d3dfa220ef9 --display-name vol-from-image 10
```

这里 5d3458d2-4ad8-432d-aac2-0d3dfa220ef9 是 cirros 镜像的 ID。

命令执行结果为：

```
[root@CloudController ~]# cinder create --image-id 5d3458d2-4ad8-
432d-aac2-0d3dfa220ef9 --display-name vol-from-image 10
+---------------------+--------------------------------------+
|       Property      |                Value                 |
+---------------------+--------------------------------------+
|     attachments     |                  []                  |
|  availability_zone  |                 nova                 |
```

```
|            bootable |                              false |
|          created_at |            2014-12-24T10:23:00.845044 |
| display_description |                               None |
|        display_name |                      vol-from-image |
|                  id | a5e546ff-7beb-461f-8380-9457e924034c |
|            image_id | 5d3458d2-4ad8-432d-aac2-0d3dfa220ef9 |
|            metadata |                                 {} |
|                size |                                 10 |
|         snapshot_id |                               None |
|       source_volid  |                               None |
|              status |                           creating |
|         volume_type |                               None |
+---------------------+------------------------------------+
```

2．查看卷列表

用户登录 OpenStack 后，在左侧导航栏的"项目"标签中选择"云硬盘"，显示系统中云硬盘的信息列表，如图 4-20 所示。页面中的两个云硬盘就是我们刚才创建的两个卷。

图 4-20　云硬盘列表

用户可以使用命令行方式查看卷列表，命令如下：

```
cinder list
```

命令的执行结果为：

```
[root@CloudController ~]# cinder list
+--------------------------------------+-----------+----------------+------+-------------+----------+-------------+
|                  ID                  |   Status  |  Display Name  | Size | Volume Type | Bootable | Attached to |
+--------------------------------------+-----------+----------------+------+-------------+----------+-------------+
| 6ed17879-9469-46a9-b3b3-8781c1e146cf | available |   empty-vol    |  10  |     None    |  false   |             |
| a5e546ff-7beb-461f-8380-9457e924034c | available | vol-from-image |  10  |     None    |   true   |             |
+--------------------------------------+-----------+----------------+------+-------------+----------+-------------+
```

从列表可以看到，所创建的空卷 empty-vol，其 Bootable 属性为 false，而卷 vol-from-image 是从镜像创建的卷，其 Bootable 属性为 true，表示可以从卷引导启动虚拟机，这是两者的区别。

用户要查看指定卷的详细信息，可以使用下列命令：

```
cinder show < VOLUME_ID >
```

命令中< VOLUME_ID >表示所查看卷的 ID。

3．对卷创建快照

OpenStack 提供了存储卷快照的功能，卷快照的主要用途是恢复数据。例如，用户在修改卷中的重要数据之前，先对卷创建一个快照。如果后期对卷中的数据造成了破坏，要把数据恢复到修改前的状态，可以基于之前做好的快照重新创建一个卷，并替换原有的卷挂载到虚拟机上来恢复数据。又如，用户对已经安装了文件系统的卷创建了快照，以后基于该快照所创建的卷都可以使用其中的文件系统，对于大批量虚拟机可以减少安装文件系统的工作量。

对卷创建快照最好是在卷没有连接到实例或者在卷没有使用的时候进行，如果在卷频繁使用的时候创建快照，可能会使数据文件不一致。

在仪表盘中对卷创建快照的方法是：登录 OpenStack，在左侧导航栏的"项目"标签中选择"云硬盘"，显示系统中云硬盘的信息列表，如图 4-20 所示。在"云硬盘列表"页面中，对需要创建快照的云硬盘单击"更多"下拉列表，选择"创建快照"项，打开"创建云硬盘快照"页面，如图 4-21 所示。在该页面中填写快照名称和详细描述，单击"创建云硬盘快照"按钮即可。

对卷创建快照所使用的命令格式为：

```
cinder snapshot-create[--display-name <DISPLAY-NAME>] [--display-description < DISPLAY-DESCRIPTION >] <VOLUME_ID>
```

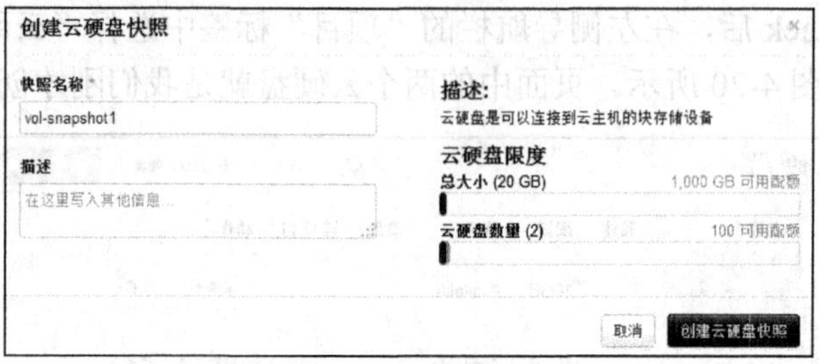

图 4-21 创建云硬盘快照

命令中必须指定参数<VOLUME_ID>，表示卷的 ID。

参数-- display-name < DISPLAY-NAME>表示所创建的快照的名称。

参数--display-description <DISPLAY-DESCRIPTION>表示快照的描述信息。

例如，以下命令的作用是对名称为 vol-from-image 的卷创建快照，快照的名称为 vol-snapshot1。命令中 a5e546ff-7beb-461f-8380-9457e924034c 是卷 vol-from-image 的 ID。

```
cinder snapshot-create --display-name vol-snapshot1 a5e546ff-7beb-461f-8380-9457e924034c
```

命令执行后显示所创建的卷快照的信息：

```
[root@CloudController ~]# cinder snapshot-create --display-name
vol-snapshot1 a5e546ff-7beb-461f-8380-9457e924034c
+---------------------+--------------------------------------+
|       Property      |                Value                 |
+---------------------+--------------------------------------+
|      created_at     |       2014-12-24T10:33:42.255765     |
| display_description |                 None                 |
|     display_name    |             vol-snapshot1            |
|          id         | 1324e879-1a2e-46ab-85d1-ab8751c164cf |
|       metadata      |                  {}                  |
|         size        |                  10                  |
|        status       |               creating               |
|      volume_id      | a5e546ff-7beb-461f-8380-9457e924034c |
+---------------------+--------------------------------------+
```

目前列表中显示卷快照的状态是"creating"，表示正在创建。在创建完成后状态会变为"available"，用户可以通过指定卷快照的 ID 来显示某个快照的详细信息，查看其中的状态。

4. 查看卷快照

用户登录 OpenStack 后，在左侧导航栏的"项目"标签中选择"镜像&快照"，会在页面中显示云平台中所有镜像和快照的列表，在这里可以查看云硬盘快照，如图 4-22 所示。

图 4-22　云硬盘快照列表

用户也可以通过运行下面的 OpenStack 命令来查看卷快照：

```
[root@CloudController ~]# cinder snapshot-list
+--------------------------------------+--------------------------------------+-----------+--------------+------+
|                  ID                  |              Volume ID               |   Status  | Display Name | Size |
+--------------------------------------+--------------------------------------+-----------+--------------+------+
| 1324e879-1a2e-46ab-85d1-ab8751c164cf | a5e546ff-7beb-461f-8380-9457e924034c | available | vol-snapshot1|  10  |
+--------------------------------------+--------------------------------------+-----------+--------------+------+
```

cinder snapshot-list 命令用于显示所有卷快照，也可以在命令中通过使用参数来显示满足条件的卷快照，可使用的参数如下。

--display-name <DISPLAY-NAME>：通过卷快照的名称过滤显示结果。

--volume-id <VOLUMN-ID>：通过卷快照对应的卷 ID 过滤显示结果。

--status <STATUS>：通过卷快照的状态过滤显示结果，状态包括 available，In-Use，error，creating，deleting，error_deleting。

用户也可以通过卷快照的名称或 ID 来查看某个指定快照的详细信息，使用的命令为：

```
cinder snapshot-show < SNAPSHOT >
```

5．从卷快照创建卷

卷快照为用户提供了数据备份的方法，如果用户想恢复卷快照中的数据，就需要从该卷快照重新创建一个卷挂载到虚拟机上，从而达到数据恢复的目的。

在仪表盘中从卷快照创建卷，只需在图 4-22 所示的"云硬盘快照列表"页面中，单击卷快照列表项右侧的"创建云硬盘"按钮，打开"创建云硬盘"的页面，如图 4-23 所示。在该页面中填写创建的云硬盘名称、大小以及描述信息，这里只能选择使用快照作为云硬盘的源，所创建的云硬盘大小不能小于快照的大小，本例中指定 20GB。单击"创建云硬盘"按钮即可完成操作。

图 4-23　从快照创建云硬盘

使用 OpenStack 命令从卷快照创建卷，命令格式为：

```
cinder create [--snapshot-id<SNAPSHOT-ID>] [--display-name<DISPLAY-NAME>]<SIZE>
```

命令中的<SIZE>表示卷的大小，默认单位为 GB。参数--snapshot-id <SNAPSHOT-ID>]表示卷快照的 ID；参数-- display-name < DISPLAY-NAME>表示卷的名称。

如要从卷快照 vol-snapshot1 创建一个卷，所创建的卷命名为 vol-from-snapshot1，卷的大小为 20GB，那么可以使用下面的命令：

```
cinder create -- snapshot-id a5e546ff-7beb-461f-8380-9457e924034c --display-name vol-from-snapshot1 20
```

这里 a5e546ff-7beb-461f-8380-9457e924034c 是卷快照 vol-snapshot1 的 ID，可以通过使用"cinder snapshot-list"命令查看卷快照列表来获取。

6. 在虚拟机中挂载卷

用户通过把卷附加在虚拟机上与卷交互，在使用虚拟机的过程中对卷进行读写操作。本实验中我们在虚拟机 cirros-test 中挂载云硬盘 empty-vol，在进行挂载操作之前，先登录到虚拟机 cirros-test，查看它的磁盘文件。cirros-test 中安装的操作系统是 cirros clouding amd64，这是一个小型的 Linux 系统，常用于云平台的测试环境。查看磁盘文件使用下列命令：

```
cd /dev                //切换到/dev 子目录
ls -l | grep vd        //查看当前目录列表
```

查看结果如下，从结果可知目前虚拟机 cirros-test 中只有 vda。

```
$ cd /dev
$ ls -l|grep vd
lrwxrwxrwx    1 root     root             4 Apr 10 05:59 root -> vda1
brw-------    1 root     root       253,  0 Apr 10 05:59 vda
brw-------    1 root     root       253,  1 Apr 10 05:59 vda1
```

下面我们为虚拟机 cirros-test 挂载云硬盘 empty-vol。在仪表盘中为虚拟机挂载云硬盘的方法是：用户登录 OpenStack，在左侧导航栏的"项目"标签中选择"云硬盘"，显示系统中云硬盘的信息列表，如图 4-20 所示。选择需要挂载的云硬盘，单击右侧的"编辑附件"按钮，打开连接云主机的页面。本例中对云硬盘 empty-vol 进行操作，单击其右侧的"编辑附件"按钮后，打开如图 4-24 所示的页面。如果云硬盘已经连接到虚拟机，这里会显示连接的云主机信息；如果云硬盘没有连接到虚拟机，则在下拉列表中选择一个需要挂载的虚拟机，这里选择连接到虚拟机 cirros-test。单击"连接云硬盘"按钮完成操作。

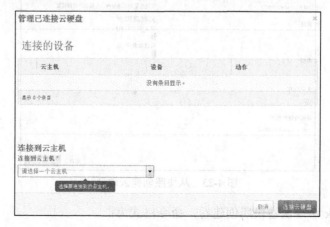

图 4-24 虚拟机连接云硬盘

虚拟机挂载云硬盘后，返回"云硬盘列表"页面，此时显示云硬盘连接的设备信息，如图 4-25 所示。可以看到设备在/dev/vdb 上连接到虚拟机 cirros-test，云硬盘的状态也由"available"转为"in-use"。

图 4-25　云硬盘列表

执行云硬盘挂载操作后，登录到虚拟机 cirros-test 中查看云硬盘是否添加成功。

```
cd /dev                    //切换到/dev 子目录
ls -l | grep vd            //查看当前目录列表
```

命令执行结果如下，可以看到云硬盘/dev/vdb 已成功挂载到虚拟机。

```
$ ls -l|grep vd
lrwxrwxrwx  1 root    root            4 Apr 10 05:59 root -> vda1
brw-------  1 root    root     253,   0 Apr 10 05:59 vda
brw-------  1 root    root     253,   1 Apr 10 05:59 vda1
brw-------  1 root    root     253,  16 Apr 10 06:00 vdb
```

接下来用户就可以对硬盘进行分区、格式化、加载文件系统并使用了，一个简单的例子如下：

```
sudo fdisk -l                          //查看硬盘个数及设备名称
sudo mkfs -t ext3 /dev/vdb             //格式化磁盘，设定文件系统的类型是 ext3
sudo mkdir /mnt/disk                   //创建挂载点的目录/mnt/disk
sudo mount /dev/vdb /mnt/disk          //加载文件系统
sudo chmod 777 /mnt/disk               //增加权限
```

到这里用户就可以在/mnt/disk 目录下进行操作来使用这块硬盘了。例如在该目录下新建一个文件：

```
cd /mnt/disk                //进入/mnt/disk 目录
echo "test">file.txt        //新建文件
```

除了在仪表盘中挂载云硬盘外，用户还可以通过命令将云硬盘添加到虚拟机中，命令格式为：

```
nova volume-attach <SERVER> <VOLUME-ID> <DEVICE>
```

命令中的参数<SERVER>表示虚拟机的名称或 ID，<VOLUME-ID>表示要挂载的卷的 ID，<DEVICE>表示设备名称，如：/dev/vdb。

上述将云硬盘 empty-vol 挂载到虚拟机 cirros-test 的操作也可以使用下面的命令来实现：

1）使用"cinder list"命令列出卷列表，获取云硬盘 empty-vol 的 ID。

2）执行"nova volume-attach"命令把云硬盘 empty-vol 挂载到虚拟机 cirros-test，具体命令为：

```
nova volume-attach cirros-test 6ed17879-9469-46a9-b3b3-8781c1e146cf  /dev/vdb
```

命令中 6ed17879-9469-46a9-b3b3-8781c1e146cf 是云硬盘 empty-vol 的 ID。执行结果如下：

```
[root@CloudController ~]# nova volume-attach cirros-test 6ed17879-9469
-46a9-b3b3-8781c1e146cf  /dev/vdb
+----------+--------------------------------------+
| Property | Value                                |
+----------+--------------------------------------+
| device   | /dev/vdb                             |
| serverId | 8330d1ad-97f0-4637-871a-d67aa09ef8ed |
| id       | 6ed17879-9469-46a9-b3b3-8781c1e146cf |
| volumeId | 6ed17879-9469-46a9-b3b3-8781c1e146cf |
+----------+--------------------------------------+
```

7. 从虚拟机中卸载卷

从虚拟机中卸载卷，即把云硬盘从所连接的虚拟机分离。在仪表盘页面中从虚拟机卸载卷，方法是在图 4-25 所示的"云硬盘列表"中，选择需要卸载的云硬盘，单击"编辑附件"按钮，打开该云硬盘所连接的设备列表，如图 4-26 所示。在页面中单击"断开云硬盘"按钮即可。

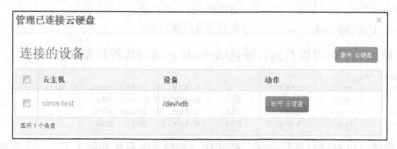

图 4-26 云硬盘连接的设备列表

通过命令将云硬盘从虚拟机中卸载，命令格式为：

```
nova volume-detach < SERVER > < VOLUME_ID >
```

命令中<SERVER>表示虚拟机的名称或 ID，<VOLUME_ID>表示被卸载的云硬盘的 ID。将云硬盘 empty-vol 从虚拟机 cirros-test 卸载的操作也可以使用下面的命令来实现：

1）使用"cinder list"命令列出卷列表，获取云硬盘 empty-vol 的 ID。

2）执行"nova volume- detach"命令把云硬盘 empty-vol 从虚拟机 cirros-test 中卸载，具体命令为：

```
nova volume- detach cirros-test 6ed17879-9469-46a9-b3b3-8781c1e146cf
```

命令中 6ed17879-9469-46a9-b3b3-8781c1e146cf 是云硬盘 empty-vol 的 ID。

注意：卸载前要保证磁盘已经"umount"，否则可能造成数据不一致。

卸载命令执行后到虚拟机 cirros-test 中查看 vdb 是否卸载成功，可以使用"ls –l | grep vd"命令查看磁盘。

8. 删除卷

用户登录 OpenStack 后，在左侧导航栏的"项目"标签中选择"云硬盘"，显示系统中云硬盘的信息列表。在页面中选择需要删除的云硬盘，单击"删除云硬盘"即可，如图 4-27 所示。

删除卷的命令格式为：

```
cinder delete <VOLUME-ID>
```

命令中参数 <VOLUME-ID> 是被删除卷的 ID 号。如下面的命令可以删除卷 empty-vol：

1）使用 "cinder list" 命令列出卷列表，获取卷 empty-vol 的 ID。
2）使用 "cinder delete" 命令删除卷：

```
cinder delete 6ed17879-9469-46a9-b3b3-8781c1e146cf
```

命令中 6ed17879-9469-46a9-b3b3-8781c1e146cf 是卷 empty-vol 的 ID 号。

图 4-27 删除云硬盘

9. 删除卷快照

用户登录 OpenStack 后，在左侧导航栏的"项目"标签中选择"镜像&快照"，显示云平台中所有镜像和快照的列表。在页面中选择需要删除的快照，单击"删除云硬盘快照"即可，如图 4-28 所示。

图 4-28 删除卷快照

删除卷快照的命令格式为：

```
cinder snapshot-delete <SNAPSHOT_ID>
```

命令中<SNAPSHOT_ID>表示被删除的卷快照的 ID。

卷快照的 ID 可以使用命令 "cinder snapshot-list" 从快照列表中获取。

关于 cinder 其他命令的使用方法，用户可以使用 "cinder help" 命令参考帮助信息。

10. 快照恢复

用户要想恢复卷快照中的数据，需要从该快照重新创建一个卷，并使用新建的卷代替原有的卷挂载到虚拟机上。下面以虚拟机 win-test 为例介绍快照恢复的基本过程,该虚拟机中安装了 Windows7 操作系统:

1)通过 OpenStack 的仪表盘或使用命令行方式在该虚拟机中挂载一块云硬盘 empty-vol。

2)登录到该虚拟机 win-test,使用 Windows7 操作系统的"磁盘管理"功能对挂载硬盘进行分区和格式化。

3)在该云硬盘中新建三个文件夹 test1、test2 和 test3。

4)使用"cinder list"命令显示云硬盘列表,查看 empty-vol 的状态和 ID。

5)将云硬盘 empty-vol 的状态置为"available"(对卷创建卷快照的操作需要卷在"available"状态下进行)。使用的命令为:

```
cinder reset-state --state available <VOLUMN-ID>
```

6)在 OpenStack 中为云硬盘 empty-vol 创建卷快照,卷快照命名为 vol_snapshot1。

7)在虚拟机 win-test 中修改原有卷中的数据,如:删除文件夹 test3,新建一个文本文件 text。

8)在 OpenStack 中使用"cinder snapshot-list"命令获取卷快照 vol_snapshot1 的 ID。基于该卷快照 vol_snapshot1 重新创建一个云硬盘。

9)在 OpenStack 中将原有云硬盘从虚拟机中卸载,将新创建的云硬盘挂载到虚拟机上。

4.4 网络管理

OpenStack 提供了丰富的网络配置环境,用户可以通过仪表盘或命令行方式来访问和管理网络服务,如创建、删除虚拟网络及其子网,创建路由器,以及灵活分配 IP 地址等。

4.4.1 创建网络

用户登录 OpenStack 后,在管理页面左侧的导航栏中选择"项目"标签,然后选择"网络"项,此时将显示目前系统中已建好的网络列表。用户如果要创建新的网络,则单击该页面右上角的"创建网络"按钮,将弹出创建网络对话框,如图 4-29 所示。在对话框中填写网络名称,单击"已创建"按钮。如果要在当前新建的网络中创建子网,则选择"子网"标签,通过在子网页面中填写子网相关信息来创建子网。

图 4-29 创建网络

创建网络也可以使用命令行方式,最简单的命令格式为:

```
neutron net-create <NAME>
```

命令中<NAME>表示所创建网络的名称。

用户在创建网络时可以指定网络参数，如 network_type、physical_network 以及 segmentation_id。其中 segmentation_id 为 vlan id，这个 vlan id 在物理交换机中必须提前建立。如果不指定参数，则默认的 network_type 为 vlan，默认的 physical_network 为 physnet1。具体命令格式为：

```
neutron net-create <NAME> --provider: network_type< NETWORK_TYPE >
--provider:physical_network < PHYSICAL_NETWORK> --provider:segmentation_id <
SEGMENTION_ID>
```

例如，使用以下命令可以创建一个名为 FlatNetwork 的网络，网络类型是 flat。

```
neutron net-create FlatNetwork --provider: network_type flat --provider:
physical_network physnet1
```

命令执行后显示所创建的网络属性列表：

```
Created a new network:
+---------------------------+--------------------------------------+
| Field                     | Value                                |
+---------------------------+--------------------------------------+
| admin_state_up            | True                                 |
| id                        | bb526c32-4d13-4a2c-a5e5-8bd04548e855 |
| name                      | FlatNetwork                          |
| provider:network_type     | flat                                 |
| provider:physical_network | physnet1                             |
| provider:segmentation_id  |                                      |
| shared                    | False                                |
| status                    | ACTIVE                               |
| subnets                   |                                      |
| tenant_id                 | c2d2a243318445fa8686b3dc152fee66     |
+---------------------------+--------------------------------------+
```

4.4.2 创建子网

用户在"创建网络"的页面中单击"子网"标签，进入创建子网的页面，如图 4-30 所示。创建一个子网需要填写的信息包括：子网名称、网络地址、网关 IP 以及 IP 版本。其中网络地址是 CIDR（Classless Inter-Domain Routing，无类别域间路由）网络地址类型（如 192.168.10.0/24）。网关 IP 地址若不填，默认是网络第一个 IP 地址，如网络地址设置为 192.168.10.0/24，则默认网关是 192.168.10.1。如果不使用网关，则要选中页面下方的"禁用网关"复选框。如果不需要建子网，则要在该标签页面中取消"创建子网"复选框。

"子网详情"标签页面可以为子网指定额外的属性，包括分配地址池、DNS 域名解析服务和主机路由等。如果为创建的子网指定 IP 地址池，则在"子网详情"页面中填写地址池的起始 IP 地址和终止 IP 地址（如：192.168.10.100 和 192.168.10.200）；DNS 域名解析服务需要填写该子网的 DNS 服务器 IP 地址列表；如果增加额外的主机路由，则要给出目标网络的 CIDR 地址和经过的下一个地址。

用户也可以通过命令行方式创建子网，在命令中必须要指明在哪个主网络中创建子网，以及网络地址。命令格式为：

```
neutron subnet-create <NETWORK> <CIDR>
```

命令中第一个参数<NETWORK>为主网络名称或 ID，第二个参数<CIDR>为所创建子网的地址。

除了指明主网络名称和子网的 CIDR 地址外，用户在创建子网时还可以指定子网名称、IP 版本、网关 IP、主机路由、DNS 域名解析服务、是否激活 DHCP 和是否禁用网关等详情。在命令中指定这些信息的格式为：

```
neutron subnet-create [--name NAME] [--ip-version {4,6}] [--gateway
GATEWAY_IP]    [--no-gateway]    [--allocation-pool   start=IP_ADDR,end=IP_ADDR]
[--host-route destination=CIDR,nexthop=IP_ADDR] [--dns-nameserver DNS_NAMESERVER]
[--disable-dhcp]<NETWORK> <CIDR>
```

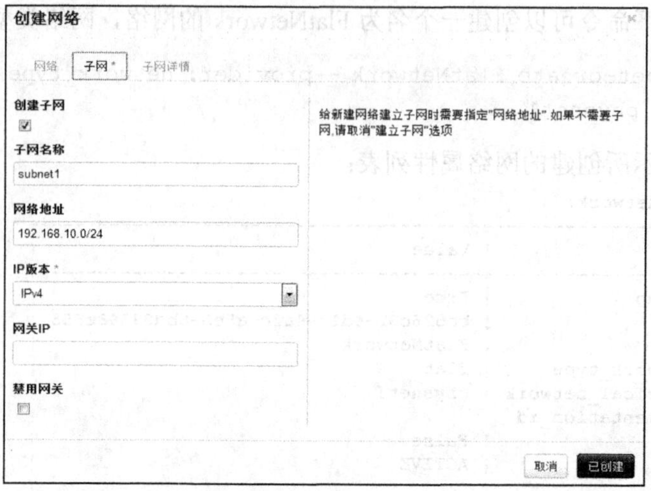

图 4-30　创建子网

命令中的可选项 --name 用来指定子网名称；--ip-version {4,6} 用于指定 IP 版本；--gateway 用以指定网关 IP 地址；--no-gateway 表示禁用网关；--allocation-pool 用来分配地址池；start 和 end 分别表示起止 IP 地址；--host-route 用以描述主机路由；--dns-nameserver 表示 DNS 域名解析服务器；--disable-dhcp 表示禁用 DHCP。

如在 FlatNetwork 主网络中创建一个名为 subnet1 的子网，网络地址为 192.168.10.0/24，则使用以下的命令：

```
neutron subnet-create FlatNetwork  --name subnet1 192.168.10.0/24
```

命令执行后显示所创建子网的属性列表：

```
Created a new subnet:
+-------------------+--------------------------------------------------+
| Field             | Value                                            |
+-------------------+--------------------------------------------------+
| allocation_pools  | {"start": "192.168.10.2", "end": "192.168.10.254"} |
| cidr              | 192.168.10.0/24                                  |
| dns_nameservers   |                                                  |
| enable_dhcp       | True                                             |
| gateway_ip        | 192.168.10.1                                     |
| host_routes       |                                                  |
| id                | f67ecf7a-9975-4a4b-b211-797f8ed08d31             |
| ip_version        | 4                                                |
| name              | subnet1                                          |
| network_id        | bb526c32-4d13-4a2c-a5e5-8bd04548e855             |
| tenant_id         | c2d2a243318445fa8686b3dc152fee66                 |
+-------------------+--------------------------------------------------+
```

创建网络完成后，用户可以使用"nova boot"命令在该网络下启动一个虚拟机，命令中需要指定网络的 ID，命令格式为：

```
nova boot <VM_NAME> --image <IMAGE> --flavor <FLAVOR> --nic net-id=< NET-ID>
```

该命令中<VM_NAME>表示所创建的虚拟机名称，参数 <IMAGE>表示镜像的名称或 ID，<FLAVOR>表示云主机类型的名称或 ID，< NET-ID >表示网络 ID。

4.4.3 查看网络列表

用户可以通过仪表盘和命令行两种方式查看网络及其子网。用户在 OpenStack 管理页面左侧的导航栏中选择"项目"标签，然后选择"网络"项，将显示目前系统中已建好的网络列表，如图 4-31 所示。

图 4-31 网络列表

如果通过命令行方式查看网络列表，可以使用命令：

```
neutron net-list
```

命令执行后显示系统中当前的网络列表，包括网络名称、网络 ID 以及子网的 ID：

```
+--------------------------------------+-------------+-----------------------------------------------------+
| id                                   | name        | subnets                                             |
+--------------------------------------+-------------+-----------------------------------------------------+
| bb526c32-4d13-4a2c-a5e5-8bd04548e855 | FlatNetwork | f67ecf7a-9975-4a4b-b211-797f8ed08d31 192.168.10.0/24 |
+--------------------------------------+-------------+-----------------------------------------------------+
```

若要查看指定网络的信息，可以使用下面的命令：

```
neutron net-show <NETWORK>
```

命令中的<NETWORK>表示网络的 ID 或名称，如查看 FlatNetwork 网络的属性，使用的命令是：

```
neutron net-show FlatNetwork
```

4.4.4 删除网络

删除网络的操作需要管理员权限，并且需要依次删除端口、子网后才能删除主网络。管理员用户登录 OpenStack 后，在管理页面左侧的导航栏中选择"管理员"标签，然后选择"网络"项，显示目前系统中已建好的网络列表。在列表中单击需要删除的网络名称，打开该网络对应的网络详情页面，如图 4-32 所示。在这里首先删除所有的端口，然后删除子网，最后回到网络列表页面，删除主网络。

以命令行方式删除网络，依次执行以下命令：

1) 查看端口列表，获取端口的名称或 ID

```
neutron port-list
```

2）删除端口

```
neutron port-delete <PORT>
```

这里<PORT>是端口的名称或 ID。

3）删除子网

```
neutron subnet-delete <SUBNET>
```

这里<SUBNET>是子网名称或 ID。

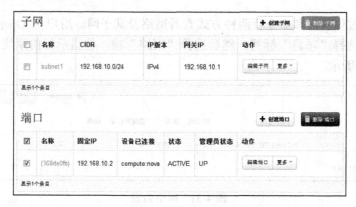

图 4-32　删除端口和子网

4）删除主网络

```
neutron net-delete <NETWORK>
```

这里 NETWORK 表示被删除网络的名称或 ID。

5）显示网络列表，查看网络是否被删除

```
neutron net-list
```

4.5　云监控工具：Nagios 和 Ganglia 的使用

云监控是指管理员用户对云平台的运行状况及性能进行实时监控，并提供警告方式，以便及时发现问题排除故障。通常，OpenStack 平台的监控需求包括主机、网络等硬件设备的监控，重要的服务进程的监控，用户资源使用情况的监控，以及主机硬件性能的监控等。通过使用一些开源的网络资源监控工具，可以满足对 OpenStack 平台的监控要求。Nagios 是一款开源的网络监视工具，主要用于监控主机、网络和服务状态，同时提供异常通知功能。Ganglia 也是一个开源实时监控项目，能够远程监控系统的主要性能参数，并对实时或历史性能指标进行统计，监控项目包括：CPU 使用率、CPU 负载均衡、内存和磁盘空间使用率、系统进程数、网络利用率等。这两个工具都提供基于浏览器的 Web 界面，方便管理员查看系统运行状况。

4.5.1　Nagios 对服务与资源的监控

Nagios 的任务是监控 OpenStack 的主机和服务，可以识别 4 种状态返回信息，即 0，1，2，3。0（OK）表示状态正常，显示为绿色；1（WARNING）表示出现警告，显示为黄色；2

（CRITICAL）表示出现非常严重的错误，显示为红色；3（UNKNOWN）表示未知错误，显示为深黄色。Nagios 提供了"Map"、"Hosts"、"Services"等不同的视图方式来显示主机当前状态和资源使用情况，用户可以选择某一种视图查看主机或服务的使用情况。

1. Map 视图

管理员用户在 Nagios 页面左侧的导航栏中选择"Map"项，可以显示相应的状态视图。Map 视图以网状形式显示处于同一网络中的节点状态，绿色表示运行正常，而粉色或红色表示"警告"或严重问题。图 4-33 显示的是云计算实验平台中当前节点的运行状态，该实验平台是基于 IBM OpenStack Solution for System X 的解决方案。目前云平台中共有 13 个节点，其中有一个节点停止运行，视图中以红色显示该节点，状态为"DOWN"。其他节点正常运行，状态为"UP"。

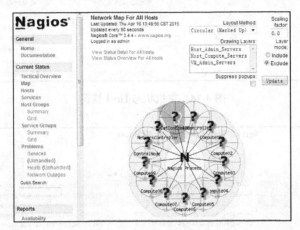

图 4-33 节点状态的 Map 视图

2. Hosts 视图

Hosts 视图以列表形式显示各个主机状态，显示的信息有主机目前状态（运行/关闭）、最后一次获取状态的时间、已经持续运行的时间以及状态的描述信息。视图中还以块状图显示主机和服务的统计信息，比如处于正常状态、关闭状态、警告状态以及严重状态的主机和服务的个数。图 4-34 显示的是目前云平台中所有主机的信息，页面顶端是主机和服务状态的统计信息。在"Host Status Totals"栏中显示主机状态统计图，可以看到目前正常运行的主机有 12 个，关闭的主机有 1 个；在"Service Status Totals"栏中显示服务状态统计图，可以看到目前正常运行的服务有 169 个，处于警告状态的服务有 1 个，关闭的服务有 6 个。

3. Services 视图

Services 视图主要显示运行在各个主机（节点）上的服务的状态信息。Nagios 可以监控系统基本服务，包括：监控 ping 服务，即监测主机是否网络可达；监控 root partition 服务，即监测系统根分区的磁盘空间使用情况；监控 ssh 服务，即监测 ssh 命令是否可以访问；监控 swap usage 服务，即监测交换分区的磁盘空间使用情况。另外，Nagios 支持插件设计，用户可以根据需要自行开发扩展 OpenStack 的服务监控项目。图 4-35 显示的是在 OpenStack 云计算实验平台下，Nagios 对运行在虚拟机 CC（CloudController）上的服务监控部分视图，监控列表中显示的信息包括服务最近检查时间、服务持续运行时间、服务尝试次数、服务信息状态等。图中绿色表示服务正常运行，黄色表示警告，红色表示严重警告，需要检查系统服务或资源是否出现问题。

图 4-34 主机状态 Host 视图

图 4-35 显示服务运行状态的 Services 视图

4. Host Groups 视图

在 Host Groups 视图中,所有节点按"角色"分成三组,分别是:Host Admin Group,Host Compute Group 和 VM Admin Group。Host Admin Group 是执行控制、管理任务的物理主机;Host Compute Group 是执行计算任务、运行虚拟机的物理主机,即计算节点;VM Admin Group 是运行在控制节点上的虚拟机,用以执行管理任务。Nagios 按照分组显示主机状态,以及在主机中运行的服务状态的统计信息,图 4-36 展示了各个分组中主机的运行状态(UP/DOWN),以及每个主机中处于不同运行状态的服务个数。

Host Groups 视图可以用 Grid 和 Summary 两种方式显示。

Grid 视图以表格形式分类(组)来查看每个节点中运行的服务,这些服务分为:运行在物理主机上的管理服务(Host_Admin_Servers)、运行在虚拟机上的管理服务(VM_Admin_

Servers),以及运行在物理计算节点上的计算服务(Host_Compute_Servers)。这种显示方式只显示服务的名称,可以一目了然地查看各个服务是否运行正常。

Summary 视图显示各个分组中主机和服务的概要信息,包括每个组中处于开启状态和关闭状态的主机个数,以及每个组中处于不同运行状态的服务个数。

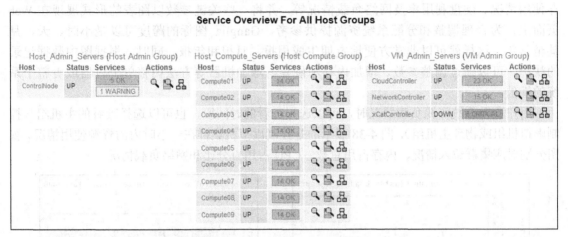

图 4-36　分组显示节点状态的 Host Groups 视图

5. Service Groups 视图

Service Groups 视图对云平台中运行的服务进行分类,按分类显示服务的统计信息,如图 4-37 所示。所有的服务分成两组:OpenStack Service(OpenStack 服务)和 System Service(系统基础服务),分别统计两个组中服务的运行情况,显示处于不同状态的服务个数。

Service Groups 视图也可以用 Grid 和 Summary 两种方式显示。

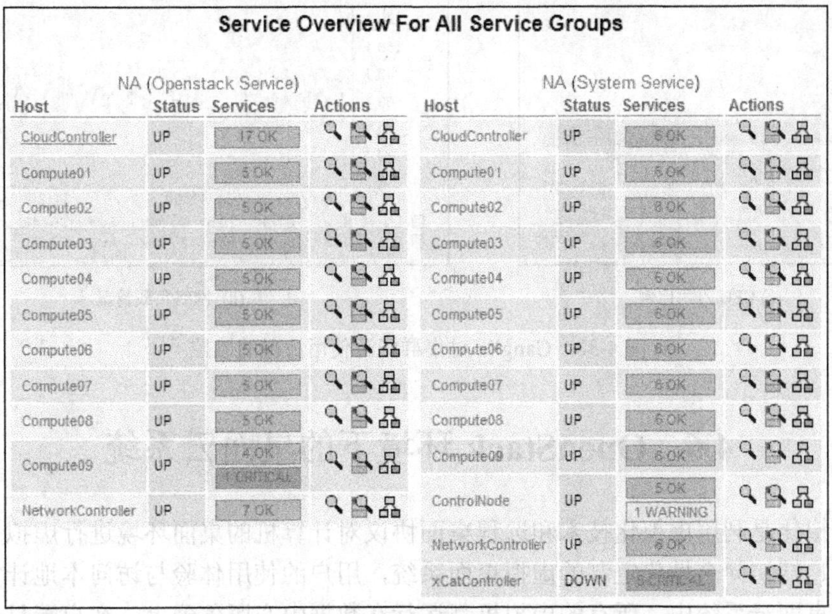

图 4-37　分类显示服务状态的 Service Groups 视图

4.5.2 Ganglia 对云平台性能的监控

Ganglia 是一个开源实时监控项目,用以监控系统资源负荷情况,能够测量数以千计的节点,为云计算系统提供重要的性能度量数据。Ganglia 监测的性能指标包括 CPU、内存使用情况、硬盘利用率及网络负载情况等,并将一些关键参数以图表的形式展现在 Web 页面上,为合理调整和分配系统资源提供参考。Ganglia 图标的跨度可以是小时、天、月甚至是年,这样就可以非常方便地定期生成周报、月报和年报。同时,根据图中数据记录的状况,可以通过调整参数、增加内存和硬盘、增加机器等方法调整单个机器或者整个系统的性能。

用户查看系统资源负载情况时,可以选择查看的时间段,也可以选择查看的主机组(控制虚拟机组或物理主机组)。图 4-38 显示的是控制虚拟机集群在一小时内的资源使用情况,视图分别对应集群载入情况、内存占用总数、CPU 占用百分比和网络负载情况。

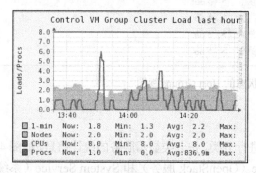

(a) 集群载入情况

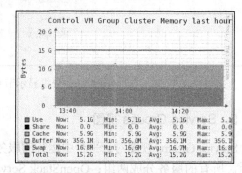

(b) 内存占用总数

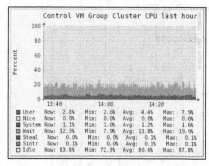

(c) CPU 占用比例

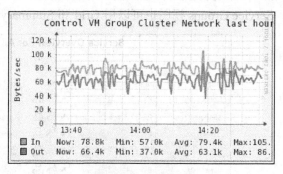

(d) 网络负载情况

图 4-38　Ganglia 对集群资源使用情况的监控

4.6　OpenStack 环境下的桌面云系统

桌面虚拟化是利用虚拟化技术和远程桌面协议对计算机的桌面环境进行虚拟化,用户可以通过瘦客户端访问个性化定制的虚拟桌面系统,用户的使用体验与访问本地计算机的桌面相一致。在桌面云系统中,所有的虚拟机都运行在数据中心服务器上,客户端只用于显示和鼠标键盘操作,用户通过客户端来访问云端的整个客户桌面和应用程序。

4.6.1 基于 OpenStack 的桌面虚拟化实现方案

1. VDI 架构

在目前的桌面云解决方案中，VDI（Virtual Desktop Infrastructure，虚拟桌面架构）模式是主流的架构和部署方式。VDI 通过虚拟化技术，将传统的个人电脑管理转化为运行在服务器上的虚拟桌面，提供对底层硬件资源和上层虚拟桌面的集中管理和连接功能，为终端用户提供灵活的虚拟桌面交付模式。VDI 所提供的桌面虚拟化，充分利用了服务器端的计算能力，提供了强大的个人电脑管理能力，具有很强的可扩展性和成本节约优势。

VDI 的桌面虚拟化方案，原理是在服务器端为每个用户准备专用的虚拟机，并在其中部署用户所需的操作系统和各种应用，然后通过桌面显示协议将完整的虚拟机桌面交付给远程用户使用。在 VDI 架构中包含三类核心组件：虚拟桌面服务器端、虚拟桌面实例和 Connection Broker 组件。

虚拟桌面服务器端是虚拟桌面的载体，通过虚拟化技术，进行虚拟机的创建、删除、迁移等管理工作，每个虚拟机都对应一个独立的虚拟桌面。虚拟化服务器连同底层的基础资源（如存储、网络等）共同为上层提供了基本的计算能力。

虚拟桌面实例就是运行在虚拟化服务器上的虚拟机，即交付给终端用户使用的虚拟桌面，它们共享服务器自身的计算资源、存储资源和网络资源。虚拟桌面实例中的操作系统主要是个人用户操作系统，目标是为用户提供简单方便的办公和娱乐功能。

Connection Broker 是 VDI 架构中的一个核心组件，是连接前端用户和后端资源的枢纽。Connection Broker 向前端用户（虚拟桌面管理者和虚拟桌面使用者）提供对虚拟桌面的管理和连接功能；基于前端用户请求，它向后端资源（虚拟化服务器、网络资源、存储资源）实施虚拟桌面的管理和连接操作。除了把用户发出的对虚拟桌面的连接请求转向相应的可用的虚拟桌面外，Connection Broker 提供的功能还包括：对于终端用户的认证和管理，对于虚拟桌面实例电源状态的管理（关机、重启、开机等），对于虚拟桌面实例和终端用户之间的连接管理（断开、注销等），以及对于虚拟桌面实例和终端用户的关系映射管理等。Connection Broker 提供多种类型的连接协议支持，比较通用的连接协议包括 RDP 连接协议、ICA 连接协议、PCoIP 连接协议和 Spice 连接协议。

在 OpenStack 环境中，访问远程桌面可以通过 VNC（Virtual Network Computer）或 Spice 协议来实现。OpenStack 提供了基础的 VNC 管理界面，用户无须单独安装 VNC 服务器，可使用自带的 TightVNC 客户端直接连接远程桌面。VNC 能够实现一些简单的管理工作，但也存在一些不足，如不支持音频传输和视频播放，不支持 USB 处理功能。Spice 是一个开源协议，提供在客户端显示和访问远程设备的功能，包括图形、音频、鼠标、键盘等。和 VNC 相比，Spice 支持图形和音频传输，支持视频播放，USB 可以通过网络传输，通信可以使用 SSL 加密。鉴于 Spice 的以上优点，目前 OpenStack 环境下的桌面虚拟化首选 Spice 协议。

OpenStack 架构对桌面虚拟化提供了很好的支持，OpenStack 的各个组件服务可以用来构建虚拟桌面的资源池。如 Glance 服务用以保存和管理桌面虚拟机的镜像，Nova 服务运行远程桌面的虚拟机，Keystone 提供了认证服务。图 4-39 所示是基于 OpenStack 的桌面虚拟机化架构示意图。

在 OpenStack 环境下创建虚拟桌面及交付用户的基本流程如下：

1）用户首先将创建虚拟机的请求提交给 Connection Broker，因为只有创建了虚拟机，用户才能访问虚拟桌面。

2）Connection Broker 根据用户请求，向 Nova 服务发送创建虚拟机的请求。

3）Nova 接收到创建虚拟机的请求后，向 Keystone 服务发送请求，验证虚拟机的创建是否合法。

4）Keystone 对虚拟机创建进行认证后，向 Nova 反馈信息。

5）创建虚拟机的镜像由 Glance 服务保存和管理，因此 Nova 向 Glance 服务发出获取镜像的请求。

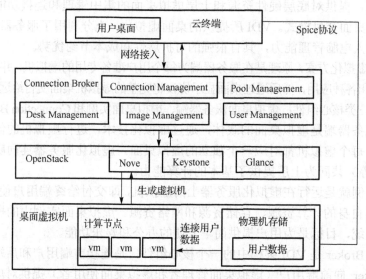

图 4-39 基于 OpenStack 的桌面虚拟机化架构

6）Glance 接收到获取镜像的请求后，向 Keystone 服务发送请求，验证镜像操作是否合法。

7）Keystone 对镜像操作进行认证后，向 Nova 反馈信息。

8）Nova 从 Glance 的后端存储获取镜像，在计算节点创建桌面虚拟机，并将用户数据和桌面连接。

9）网络控制器 NC 获取虚拟机所在网络中的一个可用 IP 地址，计算节点为创建的桌面虚拟机绑定 IP 地址。

10）Nova 将生成的桌面虚拟机返回给 Connection Broker。

11）Connection Broker 将生成的虚拟桌面返回给用户。

为了使用虚拟桌面，用户终端要安装相应的客户端软件，用以显示和操作虚拟桌面。

2. Spice 协议

Spice（Simple protocol for independent computing environment，独立计算环境简单协议）是一个开源的远程计算机解决方案，用于远程访问虚拟化桌面，实现对虚拟服务器上可用系统资源的智能访问。Spice 协议定义了一组协议消息，用于同用户终端进行通信，支持通过网络访问和控制远程设备，从远程设备获取键盘、鼠标的输入，支持远程服务端的迁移，实现灵活选择加密算法对数据进行加密。协议本身运行在虚拟机服务器中，可以直接使用服务器的硬件资源。

Spice 连接会话包括多个虚拟通道，每个通道对应一个远程设备，分别是：用于承载 Spice 通信会话的主通道、负责接收远程显示更新的显示通道、发送键盘和鼠标操作事件的输入通道、接收光标位置和形状的光标通道、用于获取音频的录音通道,以及用于获取视频流的视频通道。利用不同的通道传输不同的内容,针对不同的通道采用不同的加密算法,可以在运行时动态添加和删除通道。

Spice 框架是基于 Spice 协议的虚拟桌面架构的实现,用以提供高质量的远程虚拟桌面访问。Spice 框架由 Spice 代理、Spice 服务器及相关 QXL 设备、Spice 客户端和 QXL 驱动组成。Spice 协议架构示意图如图 4-40 所示。

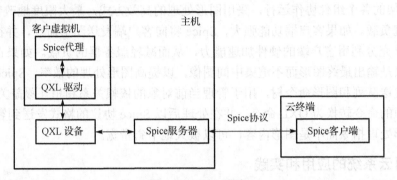

图 4-40 Spice 框架

1) Spice 服务器

Spice 服务器运行于 QUEM/KVM 提供的虚拟环境下,通过 libspice 库和 VDI(Virtual Device Interface,虚拟设备接口)插件库来实现。VDI 定义了一套接口,提供了标准方法来发布虚拟设备(如键盘、鼠标、显示设备等),使得其他的软件组件可以与这些虚拟设备进行交互。Spice 实现的 VDI 接口主要有:Spice 与 QEMU 内部交互用的接口、显示数据交互接口、键盘输入交互接口、鼠标输入交互接口、音频播放交互接口,以及音频录制交互接口。Spice 服务器使用 Spice 协议与客户端进行通信,负责管理不同用户的虚拟桌面,处理用户的鼠标键盘等输入,传输虚拟桌面到客户端。

2) Spice 客户端

Spice 客户端是部署在用户终端上的跨平台软件组件,可运行于 Windows 和 Linux 客户端设备上,用于显示虚拟桌面,用户使用它访问每个虚拟机,是面向最终用户的接口。Spice 客户端与服务器通过虚拟通道进行通信,每个通道对应一种特定的数据类型,使用专用的 TCP 端口。在客户端上,每个通道采用专门的线程,可根据实际情况设置不同线程的优先级别,来达到不同的服务质量(QoS)请求。

3) Spice 代理

Spice 代理是运行在客户虚拟机里的一个软件,主要处理与虚拟机环境有关的任务,如虚拟机操作系统的桌面显示设置、屏幕分辨率设置和远程剪贴板支持功能等。代理消息可以由客户端生成,如客户虚拟机桌面显示的设置,也可以由服务器端生成,如更新虚拟机的鼠标位置,还可以由代理程序本身生成,如应答消息。Spice 协议支持客户端到 Spice 代理之间的通道。

4) QXL 驱动

QXL 驱动安装在提供虚拟桌面服务的客户虚拟机上,旨在通过执行面向客户机的管理任务,如增强鼠标位置报告、显示监视器设置、USB 设备装入等来增强用户体验。

5) QXL 设备

QXL 设备是部署在服务器端的一个软件组件,用于处理各虚拟机发来的图形图像操作,增强客户虚拟机的图形系统功能，本质上是 KVM 虚拟化平台中通过软件实现的 PCI 显示设备。使用 QXL 设备需要在客户虚拟机的操作系统中安装 QXL 驱动，在虚拟机启动阶段即可提供显示支持，但 QXL 设备也与标准的 VGA 设备兼容。

在 Spice 框架中，服务端通过 Spice 协议与客户端进行通信，使用 VDI 接口与 QEMU 虚拟设备进行交互；QXL 设备与 QXL 驱动之间使用命令行、中断、I/O 端口等方式进行交互；客户端、服务器端与 Spice 代理之间通过 VDIPort 设备和驱动进行交互。

Spice 框架的各个组件协作运行，采用图形处理的高效方式，最大限度地改善用户体验，并降低了系统负载。如果客户端功能强大，Spice 将向客户端发送图形命令，并在客户端进行图形处理，以充分利用客户端的硬件加速能力，从而减轻服务器的负载。如果在服务器端处理图形，也只是输出最终图形而不渲染中间图像，以提高图形处理的效率。Spice 在服务器端维护了命令发送队列和图形命令树，用于管理当前对象的依赖关系和相互覆盖关系，QXL 驱动将图形处理的命令转换为 QXL 命令，并在处理后以 Spice 协议的格式发送到客户端。Spice 传输的是图形处理指令而不是图形内容，可以极大地节省带宽。

4.6.2 桌面云系统的应用和实践

本实验中的桌面云系统采用 VDI 模式，所有桌面虚拟机在远程服务器上统一管理，用户在云端有各自的虚拟机，有独立的操作系统，独享该虚拟机的 CPU、内存等资源。虚拟桌面分配采用一对一映射关系管理，每个用户对应使用一个固定的虚拟桌面。当用户与虚拟桌面之间的连接断开，或者用户从虚拟桌面注销后，用户的数据不会被清除，虚拟桌面也不会被重新分配给其他的用户。

1）准备工作

（1）下载支持 Spice 协议的服务器端和客户端程序。

（下载地址参阅 http://www.spice-space.org/download.html）

（2）服务器端程序部署在 CC 服务器（IP 地址为 192.168.10.2），客户端程序部署在客户端机器。

（3）在 CC 上启动服务器端程序。

2）管理员创建使用桌面云的用户

（1）创建用户可以通过 OpenStack 的仪表盘和脚本两种方式实现，本实验采用脚本方式。编写脚本 create_user.sh，其作用是批量创建若干个租户（项目），并在每个租户下创建一个用户，这样每个用户都只能看到并访问自己所创建的桌面虚拟机，保证了用户桌面的安全性。脚本内容如下：

```bash
#!/bin/bash
user_from=$1
user_to=$2
if [[ -z $user_from ]];then
        echo "please specify the start number of users"
        echo "usage: ${0##*/} <start_num of users> <to_num users>"
        exit 99
fi
if [[ -z $user_to ]];then
        echo "please specify the end number of users"
```

```
        echo "usage: ${0##*/} <start_num of users> <to_num users>"
        exit 99
fi
if [[ $user_from -ge $user_to ]];then
        echo "<start_num of users> should be less then <end_num of users>"
        exit 98
fi
source /root/envnc
for i in `seq $user_from $user_to`;do
        keystone tenant-create --name hohai-ten$i --enabled=true
        keystone user-create --name hohai-user$i --pass=hohai --tenant hohai-ten$i
                                       --enabled=true
done
```

（2）按下面的命令执行脚本：

```
./create_user.sh 1 10
```

脚本执行后创建 10 个租户（hohai-ten1～hohai-ten10）和 10 个用户（hohai-user1～hohai-user10），每个用户的密码统一为 hohai。

（3）执行命令"keystone tenant-list"，查看创建的所有租户列表。

（4）执行命令"keystone user-list"，查看创建的所有用户列表。

3）用户创建桌面虚拟机

每个用户用自己的用户名和密码登录到 OpenStack 系统，创建各自的虚拟机实例，创建虚拟机的过程这里不再赘述。

4）客户端连接桌面系统，访问运行在服务器上的虚拟机

（1）用户执行客户端程序，进入登录界面，如图 4-41 所示。输入 VDI 服务器的地址，这里是 CC 的 IP 地址（192.168.10.2）、用户名、密码以及所属项目。

（2）单击"Connect"按钮，出现用户所属项目下的虚拟机列表，如图 4-42 所示。

（3）用户选择要登录的虚拟机，单击"OK"按钮，进入自己的桌面系统使用该虚拟桌面，使用体验与访问本地计算机桌面相一致。

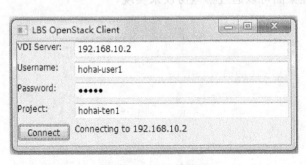

图 4-41 客户端登录

图 4-42 用户桌面虚拟机列表

本 章 小 结

本章介绍了 OpenStack 云平台的管理和实践操作，OpenStack 为终端用户提供两大类访问入口：一是 Horizon 组件提供的 Web 服务接口，这是一个基于 Web 的图形化界面，操作简单直观；二是命令行方式，在实际应用中，对 OpenStack 的大部分运维和管理工作都是在控制台通过命令行方式来完成的。

访问 OpenStack 的用户有普通用户和管理员用户两种类型，他们对云平台具有不同权限的操作。管理员用户在云平台可以实现以下的功能：使用云监控工具对云平台性能、云平台服务和资源进行监控；虚拟机的迁移；使用 Glance 镜像工具增加或变更预设的镜像；使用 Nova 创建或更改云主机类型、云用户、虚拟网络拓扑结构等。普通用户在云平台实现的功能有：查看镜像或虚拟机列表；查看某一镜像或虚拟机的详细信息；创建镜像或虚拟机；为可运行的虚拟机创建快照；创建卷和卷快照，把卷挂载到虚拟机上，从虚拟机上卸载卷；以及在 Web 界面显示主机和配额使用情况。

思 考 题

1．默认的项目配额在配置文件"/etc/nova/nova.conf"中有定义，用户除了使用仪表盘和命令行修改项目配额外，还可以通过修改配置文件来实现。试通过编辑配置文件来修改配额值。
2．在 OpenStack 中如何建立和取消用户、角色、项目之间的关联？
3．虚拟机快照的作用是什么？列举一个虚拟机快照的适用场景。
4．在 OpenStack 中如何实现对虚拟机的扩容？
5．虚拟机的迁移有热迁移和冷迁移两种方式，试比较两者的不同。
6．在 OpenStack 中创建一个 Linux 虚拟机并挂载一个空卷，对挂载的卷进行分区、格式化、加载文件系统并建立一个目录结构。
7．卷快照为用户提供了数据备份的方法，如何恢复卷快照中的数据？
8．桌面云的基本架构是什么？
9．OpenStack 架构对桌面虚拟化提供了哪些支持？
10．简述在 OpenStack 环境下创建虚拟桌面及交付用户的基本流程。
11．在 OpenStack 环境中，访问远程桌面可以通过哪些协议来实现？
12．Spice 协议的基本架构是什么？

第 5 章 云计算的开源实现 Hadoop

5.1 Hadoop 概述

Hadoop 起源于 Apache Nutch，Nutch 项目是一个开源的网络搜索引擎，开始于 2002 年，它是 Apache Lucene 项目的一部分。2003 年到 2004 年间，Google 相继发表了介绍 Google 分布式文件系统（GFS）以及分布式计算框架 MapReduce 的论文。Nutch 的开发者借鉴 GFS 文件系统，编写开源应用，形成 Nutch 的分布式文件系统（NDFS），并尝试将所有主要的 Nutch 算法移植使用 NDFS 和 MapReduce 来运行，以解决他们在网络抓取和索引过程中产生的大量文件的存储需求，并简化大规模集群上的数据处理。2006 年 2 月，NDFS 和 MapReduce 从 Nutch 独立出来成为 Lucene 的子项目，称为 Hadoop。

现在 Hadoop 已经发展成为以 MapReduce 框架和 Hadoop 分布式文件系统（HDFS）为核心，同时包含 Hive、HBase、Pig、Common、Avro、Chukwa 等多个子项目的大数据处理平台。Hadoop 凭借其优秀的扩展性，迅速在市场上获得了关注。在 2006 年，Hadoop 得到了 Yahoo 的支持，目前 Yahoo 内部已经使用 Hadoop 代替了原来的分布式系统并拥有了世界上最大的 Hadoop 集群。Hadoop 在互联网领域得到了广泛的应用，如百度应用 Hadoop 进行搜索日志的分析和网页数据的挖掘工作，淘宝将 Hadoop 系统用于存储并处理电子商务交易的相关数据等。与此同时，Hadoop 的应用也正在从互联网领域向电信、电子商务、银行等领域拓展，成为能够高效存储、管理和分析大数据的云平台。

5.2 Hadoop 在云计算和大数据中的位置和其相应关系

随着互联网的快速发展，人们在日常生活、生产和科研活动中产生了海量的实时数据，由此需要对这些数据进行分析处理，以获取更多有价值的信息，进而为后续的决策行为提供依据和支持。Hadoop 是构建云计算环境的一种分布式框架，用户可以在不了解分布式底层细节的情况下开发分布式程序，同时充分利用集群的高效性能进行数据的高速运算和存储。Hadoop 的 HDFS 采用了分布式存储方式，加快了读/写速度，并扩大了存储容量。MapReduce 用以整合分布式文件系统上的数据，可保证分析和处理数据的高效性。与此同时，Hadoop 还采用存储冗余数据的方式保证了数据的安全性。

试想一下，在 Hadoop 出现之前，处理上百 TB 的数据是一件非常困难的事情。首先需要考虑如何存储这些数据，然后还需要考虑如何划分，以及数据容错性等复杂问题，而完成这样的工作需要花费大量的时间。如今在 Hadoop 的帮助下只需一天甚至几个小时就可以完成从程序开发到最终数据的产出。Hadoop 为企业用户提供了极具成本效益的存储解决方案，是一个高度可扩展的存储平台，它可以存储和分发横跨数百个并行操作的廉价的服务器数据集群。

Hadoop 能够使企业轻松访问到新的数据源,并可以分析不同类型的数据,从这些数据中产生价值,这意味着企业可以利用 Hadoop 的灵活性从社交媒体、电子邮件或点击流量等数据源中获得宝贵的商业价值。

目前 Hadoop 已经成为工业界大数据领域的事实标准,在国外主要以 Yahoo、Facebook、EBay、IBM 等为代表,在国内则以百度、腾讯、阿里巴巴等互联网公司为代表。Hadoop 作为开源软件,这些大公司的使用和改进迭代又进一步完善并推动了 Hadoop 的发展。因此可以说是互联网的快速发展导致了海量数据的分布式存储和计算需求,而 Hadoop 又为这样的需求提供了非常好的解决方案。

5.3 Hadoop 生态系统

目前 Hadoop 已经发展为一个完备的生态系统,这个生态系统的底层以 HDFS 和 MapReduce 为核心,上层为各种存储、计算、分析等应用系统,包括 Common、Avro、Chukwa、Hive、HBase、Pig 等。Hadoop 生态系统如图 5-1 所示。

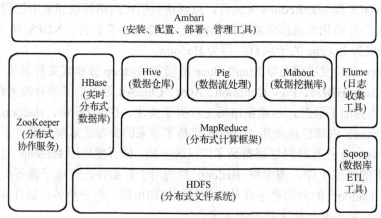

图 5-1 Hadoop 生态系统

(1) HDFS:Hadoop 分布式文件系统,用以实现分布式存储,是 GFS 的 Java 开源实现,运行在大型商业机集群上。

(2) MapReduce:分布式数据处理模型和执行环境,运行在大型商业机集群上,能够处理 TB 级别及以上的数据。

(3) HBase:分布式、按列存储的数据库。HBase 使用 HDFS 作为底层存储,同时支持 MapReuce 的批量式计算和随机读取。

(4) Hive:是为提供简单的数据操作而设计的分布式数据仓库。Hive 管理 HDFS 中存储的数据,提供了一种类似 SQL 语法的 HiveQL 语言进行数据查询(由运行时引擎翻译成 MapReduce 作业)。

(5) Pig:大数据流处理系统,运行在 HDFS 和 MapReduce 的集群上,用来执行并行计算,检索大型数据集。

(6) Mahout:基于 MapReduce 的大规模数据挖掘与机器学习算法库。

(7) ZooKeeper:分布式协调系统,是 Google Chubby 的 Java 开源实现,是一种可靠的分布式协同(coordination)系统,可以用来构建分布式应用。

（8）Flume：一个分布式、可用性高的海量日志收集和传输系统。

（9）Sqoop：数据转换系统，Hadoop 环境下连接关系数据库和 Hadoop 存储系统的桥梁。可以将一个关系型数据库中的数据导入非关系型数据库中，也可以将非关系型的数据导入关系型数据库中。

（10）Ambari：Hadoop 分布式集群配置管理工具，支持 Hadoop 集群的供应、管理和监控。Ambari 充分利用一些已有的优秀开源软件，在分布式环境中实现集群式服务管理、监控和展示。

5.3.1 Hadoop 分布式文件系统 HDFS

HDFS 是 Hadoop 的分布式文件存储系统，具有高容错性、高伸缩性等优点，可以运行于廉价的商用服务器上，非常适合在大规模的数据集上应用。HDFS 采用流式方式访问数据，能够最大限度地利用数据传输带宽，使得在处理海量数据集时极大地提高了访问效率。

HDFS 是典型的主从架构模型系统，一个 HDFS 集群由一个 Master 节点和多个 Slave 节点构成，如图 5-2 所示。Master 节点被称为 NameNode，用以管理整个文件系统命名空间和客户端对文件的访问。NameNode 可存放文件系统的所有元数据，包括名称空间、访问控制、文件分块信息和文件块的位置信息等。Slave 节点被称为 DataNode，用于真正存储数据。HDFS 的文件被划分为固定大小（默认 64MB）的数据块（Block），分布式地存放在若干个 DataNode 上，且每一个数据块会有多个（默认 3 个）副本，分别存放在不同的 DataNode 上，以冗余的方式保证数据的安全。副本存放机制是 HDFS 可靠性和性能的关键，当个别 DataNode 发生故障时不会导致整个分布式文件系统的故障，这在分布式文件系统中是十分重要的。

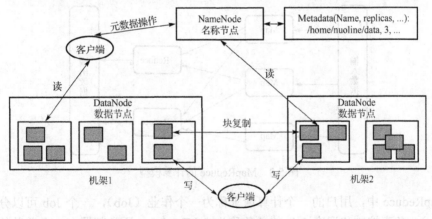

图 5-2 HDFS 架构

大型的 HDFS 实例通常运行在跨越多个机架的计算机集群上，HDFS 的副本存放策略是，将 3 个数据块副本（默认配置下）中的两个存放在同一个机架的不同节点上，另一个存放在另外一个机架的一个节点上。当一个机架或者某机架上的一个节点发生故障时，分布式文件系统仍然可以正常工作，从而保证了数据的安全。在读取数据时，HDFS 会尽量读取离客户端最近的副本，例如，当程序的同一个机架上有一个副本时，就读取该副本。

在 HDFS 中，NameNode 负责保存和管理所有的 HDFS 元数据，文件数据的读/写是直接在 DataNode 上进行的。当用户访问文件系统中的目录和文件时，需要先和 NameNode 通信，获取文件和目录的块位置等元数据。NameNode 周期性地和每个 DataNode 通信，发送指令到各个 DataNode 并接收 DataNode 中 Block 的状态信息。在读取文件时，客户端通过 NameNode

获取最合适的 DataNode 节点地址，然后直接连接 DataNode 读取数据，而不用通过 NameNode 提供数据，这样就大大减轻了 NameNode 的压力。在写文件时，HDFS 会将文件数据缓存到本地的一个临时文件中，当临时文件的数据达到一个数据块大小时，客户端再向 NameNode 发送请求。NameNode 将文件名插入文件系统目录，分配一个 Block 和唯一不变的 Block 标识，并把 DataNode 和数据块的标识返回给客户端，客户端将本地临时文件存放到指定的 DataNode 上。采用客户端缓存可以有效缓解由于网络堵塞对吞吐量造成的影响。有关 HDFS 的详细介绍和实践部分请参考本书 7.1 节。

5.3.2 Hadoop 分布式计算模型 MapReduce

MapReduce 是 Google 提出的一种并行计算模型，用于大规模数据集的并行运算。它封装了并行处理、容错处理、本地化计算和负载均衡等细节并提供了接口，程序员无须了解分布式计算的复杂细节即可编写分布式程序，仅需描述计算什么，而具体怎么去计算则由系统的执行框架来处理。

MapReduce 模型借鉴了函数式语言（比如Lisp）中的内置函数 Map 和 Reduce，在函数式语言里，Map 表示对一个列表中的每个元素做计算，Reduce表示对一个列表中的每个元素做迭代计算。在 MapReduce 模型中，Map 函数把一个输入的键值对<key,value>映射成同样为<key,value>形式的中间结果，然后把具有相同 key 值的 value 归纳起来形成一个 value 列表（这个过程称为 **Shuffle**）并传递给 Reduce 函数，Reduce 函数对这个 value 列表进行处理，输出形式为<key,value>的最终结果。MapReduce 的计算模型如图 5-3 所示。

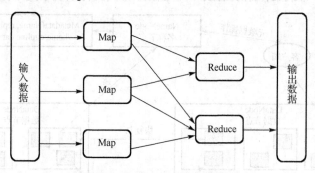

图 5-3 MapReduce 的计算模型

在 MapReduce 中，用户的一个计算请求称为一个作业（Job），一个 Job 可以分解为多个**任务**（Task）。负责控制和调度 Job 的角色称为 JobTracker，通常部署在一个单独的节点上，负责执行具体任务的角色称为 TaskTracker。当客户端把作业提交给 JobTracker 后，JobTracker 进行任务调度，将作业交给 TaskTracker 执行。TaskTracker 执行任务时一直通过 RPC（Remote Procedure Call）向 JobTracker 发送心跳（Heartbeat），汇报各个任务的执行进度，并向 JobTracker 申请新的任务。JobTracker 记录任务的执行情况，如果某个 TaskTracker 上执行的任务失败，则 JobTracker 将把该任务分配给其他 TaskTracker 执行。

MapReduce 处理任务时，首先把输入文件切分成 M 个数据片段的集合，主控程序根据执行任务的工作节点的情况来分配 Map 和 Reduce 任务。一个分配了 Map 任务的工作节点读取输入数据块，并从中解析出<key,value>键值对，然后把<key,value>键值对传递给用户自定义的 Map 函数。Map 函数对这些<key,value>进行处理，生成新的中间<key,value>键值对集合，这些键值对集合暂存在内存中。每个 Map 任务产生的中间的<key,value>键值对通过分区函数被分成 R 个区域，然后周期性地写入本地磁盘，主控节点把写在本地磁盘上的数据的位置发送给 Reduce 节点。当 Reduce 节点程序接收到主控节点发来的数据位置信息后，使用 RPC 机制从 Map 工作节点的磁盘上读取这些缓存数据，通过对 key 值进行排序后使得具有相同 key 值的数据聚合在一起。Reduce 节点使用用户自定义的 Reduce 函数对排序后的中间数据进行处理，对每一个 key 值及相关的中间 value 值的集合进行计算，最后生成一个<key,value>键值对，并将结果输出到所属分区的输出文件。

MapReduce 的一个特点是数据本地化，即只在存储数据的 DataNode 节点上启动 Map 任务，这样可以避免数据在网络上复制，防止网络拥塞，加快任务的数据准备速度。通常一个 MapReduce 作业都有多个 Map 任务和一个或多个 Reduce 任务。在单一 Reduce 的情况下，每一个输入分块在一个节点上由一个 Map 任务处理，处理完成后，在本地进行局部排序，还可以根据需要，在 Map 之后进行一次 Combine（联合），即进行一次本地的 Reduce。之后将排序的结果复制到 Reduce 节点上进行聚合，然后进行整体的 Reduce，最终生成一个输出文件。进行本地的排序和 Reduce，可以减轻 Reduce 的负荷。在多个 Reduce 的情况下，需要对输出进行分组，每一个 Map 任务的输出都要分发到指定的 Reduce 任务进行处理，最终生成多个输出文件。有关 MapReduce 的详细介绍和实践部分请参考本书 7.2 节。

5.3.3 Hadoop 分布式数据库 HBase

HBase 是构建在 HDFS 之上的面向列的分布式数据库系统，是对 Google BigTable 的开源实现，适用于对超大规模数据集的实时随机读/写。HBase 利用 HDFS 作为其文件存储系统，采用 MapReduce 框架处理海量数据，通过 ZooKeeper 进行集群管理。

HBase 的数据模型是一个有序、稀疏、多维度的映射表。表由行和列组成，任何一个列都属于一个特定的列族。由行和列所确定的位置构成表的单元格（Cell），单元格中的数据根据时间戳（Time Stamp）具有不同的版本。

表的索引是行关键字（Row Key）、列关键字和时间戳。其中，行关键字是唯一标识该行的字符串，要访问 HBase 表中的行，可以通过单个行关键字、行关键字的范围或者全表扫描三种方式来实现；列关键字的格式为"列族名:标签"，这里的列族是对列的分类，在该分类下通过标签标识一个具体的列，每个列族都可以划分为任意数量的标签；时间戳是对数据库进行更新时的一个时间标记，可以看成数据的版本号。时间戳可以由 HBase 在数据写入时自动赋值，此时时间戳是精确到毫秒的当前系统时间，也可以由客户显式赋值。每个 Cell 中，不同版本的数据按照时间倒序排序，即最新的数据排在最前面。因此，HBase 存储的数据可以理解为将行关键字、列关键字以及时间戳一起组成一个 Key，然后把 Key 所映射的 Value 按 Key 进行存储。表 5-1 展示了 HBase 数据的逻辑模型。

表 5-1 HBase 数据的逻辑模型

行关键字	时间戳	列族 Info	列族 Contents
row1	t5	Info:title="Title"	
	t4	Info:type="text"	
	t3		
row2	t2		Contents:html="<html>..."
	t1	Info:type="html"	

HBase 有别于关系数据库,是基于列的映射数据库,表示简单的键-数据的映射关系,大大简化了传统的关系数据库。HBase 只有简单的字符串类型,只提供插入、删除、查询、清空等简单操作,没有复杂的表和表之间的关联。在存储模式上,HBase 是基于列存储的,每一列单独存放,数据就是索引,在查询时只访问涉及的列,降低了系统的 I/O 资源消耗,提高了查询的并发处理。与关系数据库相比,HBase 的数据更新是通过时间戳增加了新的数据版本,历史数据仍然会保留,而不是传统关系数据库中的替换更新。HBase 与传统关系数据库最大的不同就是它的可伸缩性,它能够通过简单地增加节点来进行水平扩展,在扩展存储能力的同时,也会提高处理能力。而关系数据库从增加单个服务器的容量方面扩展,计算能力很难提高,当集群拓扑结构复杂时还会降低查询效率。HBase 具有在廉价的硬件集群上管理超大规模稀疏表的能力,通过更低的成本可以获取更好的数据处理能力,具有高可用性和高扩展性,这在商业领域的应用上显得尤为重要。

HBase 的体系架构是主/从服务器架构,由 HMaster 服务器和 HRegion 服务器组成,如图 5-4 所示。HMaster 服务器负责管理所有的 HRegion 服务器,本身不存储任何 HBase 的数据。当 HBase 中的表容量大到一定上限时,就会被划分成多个 Regions,一个 Region 下有一定数量的列族,这些 Regions 均匀地分布到集群的 HRegion 服务器中。HRegion 服务器主要负责响应用户 I/O 请求,向 HDFS 文件系统中读/写数据,是 HBase 中最核心的模块。HRegion 服务器管理一系列的 HRegion 对象,每个对象对应表中的一个 Region。而 HBase 数据到 HRegion 服务器的映射则是存放在 HMaster 服务器中,因此,HMaster 服务器需要和每台 HRegion 服务器进行通信,使 HRegion 服务器知道它要维护哪些 HRegion。HMaster 还负责 HRegion 服务器的负载均衡,发现失效的 HRegion 服务器并重新分配其上的 Region。HBase 中所有的服务器都通过 ZooKeeper 进行协调,保证任何时候集群中只有一个运行的 HMaster,实时监控 HRegion 服务器的状态,将 HRegion 服务器的上线和下线信息实时通知给 HMaster。

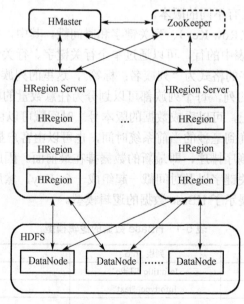

图 5-4 HBase 的体系架构

5.3.4 Hadoop 数据仓库 Hive

Hive 是一个基于 Hadoop 文件系统的开源数据仓库架构，其提供了数据仓库的管理工具，可以对存储在 HDFS 中的大规模数据进行查询和分析。Hive 定义了类似 SQL 语法的语言（HiveQL 或 HQL），用户可以通过 HQL 实现和 SQL 相似的操作，也可以开发自定义的 Mapper 和 Reducer 操作。

虽然 Hive 和传统的关系数据库在支持 SQL 接口方面类似，它所提供的 HQL 语言使熟悉 SQL 语言的开发者很容易上手，但其建立在 HDFS 及 MapReduce 之上的框架体系，使它在数据存储、数据格式、执行以及扩展性方面和传统的关系数据库有很大的不同。Hive 的数据是存储在 HDFS 中的，而传统的关系数据库将数据存储在本地文件系统上；Hive 没有定义专门的数据格式，用户只需在定义表的时候指明数据中的列分隔符和行分隔符即可，而关系数据库定义了自己的数据格式，所有的数据都按照一定的组织存储；Hive 不支持对数据的改写和添加，所有数据在加载时就确定好了，而关系数据库可以随机进行插入或更新；Hive 中的数据查询是将 HQL 语句进行解析，最终转换成 MapReduce 任务进行处理，MapReduce 的并行计算能力可以支持超大规模的数据集，而关系数据库支持的数据规模较小；Hive 是建立在 Hadoop 架构之上的，Hadoop 具有高扩展性，因此，Hive 也具有高扩展性，这一点是传统数据库无法比拟的。

Hive 中有四种数据模型：表（Table）、外部表（External Table）、分区（Partition）和桶（Bucket）。Hive 中的表和数据库中的表的概念是类似的，每个表在 Hive 中都有一个相应的存储目录。外部表指向已经存储在 HDFS 中的数据，可以创建分区。分区对应于数据库中相应分区列的一个索引，表的一个分区对应表下的一个目录，分区的数据存储在这个目录下。桶对指定的列进行哈希计算，根据哈希值切分数据以实现并行计算，每个桶对应一个文件。

Hive 的体系结构如图 5-5 所示，包括用户接口，驱动（解释器、编译器、优化器等），Hive 元数据存储以及 Hadoop 底层的 HDFS 和 MapReduce 框架。用户接口提供了用户使用 Hive 的界面，包括命令行接口和网页接口。解释器、编译器、优化器等完成 HQL 查询语句的分析，生成查询计划存储在 HDFS 中，并由 MapReduce 调用执行。Hive 的元数据包括表的名称、属性、表数据所在目录等，存储在关系数据库（如 MySQL）中。Hive 的数据存储在 HDFS 中，外部命令都被解析成 MapReduce 的任务。

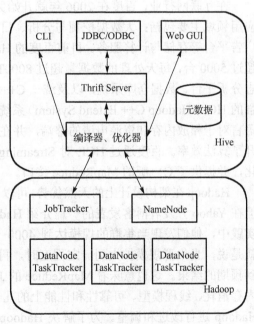

图 5-5 Hive 的体系结构

Hadoop 的子项目 Hive、HBase 以及 HDFS 均用于管理海量数据，它们各有特点并适用于不同的场景，如表 5-2 所示。

表 5-2 Hive、HBase、HDFS 比较

	Hive	HBase	HDFS
优点	提供了类似 SQL 的 HQL 语言进行数据查询,熟悉 SQL 语言的用户易于开发	提供多维度排序的映射表形式,Key-Value 映射,检索非常高效	数据保存多个副本,安全性高。流式文件访问,保证数据一致性
缺点	Hive 查询数据需要扫描整张表,执行有延迟。数据的前置处理比较简单,使得数据预处理不充分	不支持 SQL 类似语法,只提供对数据的简单操作	随机读/写性能较差。写操作只能执行追加操作,不支持多用户写入
适用场景	适用于海量结构化数据离线分析、日志分析	适用于非结构化数据存储的分布式数据库	适合一次写入、多次读取的场景

5.4 Hadoop 的行业应用

Hadoop 作为一个开源的大数据平台,在分布式存储和计算方面所表现出的高可靠性、高扩展性和高容错性,吸引了国内外众多企业和研究机构,并广泛应用于互联网、电子商务、电信运营、金融行业、地理位置应用等多个领域。企业通过应用 Hadoop 架构,在降低成本的同时实现高效、可靠的数据存储和交互,不仅提升了用户的服务体验,也为企业带来了巨大的商业价值。

在互联网行业,百度在 2006 年就开始关注 Hadoop 并着手调研和使用,Hadoop 在百度的应用领域主要包括:大数据挖掘与分析、日志分析平台、数据仓库系统、用户行为分析系统、广告平台等存储与计算服务。目前百度的 Hadoop 集群规模已经超过数十个,单集群节点数目超过 5000 台,每天处理的数据量超过 8000TB。同时百度在 Hadoop 的基础上开发了自己的日志分析平台、数据仓库系统,以及统一 C++编程接口,并对 Hadoop 深度改造,开发了性能更强的 HCE(Hadoop C++ Extend System)系统。HCE 是基于 C++的 Hadoop 环境,可以避开 Java 语言对于释放内存和资源申请的弊端,并在调用数据时绕开 Java 语言的所有关节,极大地提升了算法效率。百度通过 HCE 对 Streaming 作业的排序、压缩、解压缩、内存控制进行了优化,并提供了 C++版的 MapReduce 接口。

Hadoop 在架构设计上的天然优势,可以使集群管理员很方便地通过增加节点来扩展集群。但在 Yahoo 开发者博客发表的一篇介绍 Hadoop 重构计划的文章中提到,在对集群进行扩展的实践中,他们发现当集群的规模达到 4000 台机器的时候,Hadoop 将遭遇扩展性的瓶颈。也就是说,当集群规模扩大到一定程度时,再增加机器,并不能使本应该运行得更快的作业达到预期的结果。这也意味着 MapReduce 的 JobTracker 需要彻底改革,以解决其在可扩展性、内存消耗、线程模型、可靠性和性能上的几个缺陷。百度在使用 Hadoop 的同时也在不断地对 Hadoop 进行改进和调整。为了解决 Hadoop 的扩展性问题,百度将存储设备拆分成两层进行分别管理。在数据存储上专门设立了一个对账管理层,目的在于将文件对象管理服务做到水平扩展。当某一用户将数据放在其上后可以赋予一个唯一标识,用户可以有自己的选择。在此架构中,由于 NameSpace(名称空间)都在文件对象管理中,因此到逻辑对象中的负载降低了很多,这就非常便于未来的扩展性设计。

Hadoop 在淘宝和支付宝的应用从 2009 年开始,用于对海量数据的离线处理,例如对日志的分析。使用 Hadoop 主要基于可扩展性的考虑,集群规模最初是 200 台机器,截至 2012 年,单一集群规模达到 3000 节点以上、4500 个集群用户,为淘宝、天猫、一淘、聚划算、

CBU、支付宝提供底层的基础计算和存储服务。主要应用包括：数据平台系统、搜索支撑、广告系统、数据魔方、量子统计、淘数据、推荐引擎系统等。阿里巴巴集群最大的特点是单一的集群，整个集团包括所有的子公司共用一个集群，这个集群被称为"云梯"。整个集团的所有数据都在"云梯"上，在集群模式下实现数据共享，避免了重复的存储和计算。"云梯"上大部分数据都是淘宝、天猫以及支付宝每天从前端产生的数据，这些数据会被其他部门使用，原始表、中间表、元数据都放在"云梯"上，"云梯"就是阿里巴巴的数据交换中心。淘宝自主研发的数据传输组件 DataX、DbSync 和 Timetunnel 实时传输数据到 Hadoop 集群"云梯"，实现数据同步。Timetunnel 实时完成海量数据的交换；DbSync 用于同步数据库数据到 HDFS，通过分析数据库服务器的日志文件来提取相应的数据库动作，进而实现数据库到 Hadoop 的数据同步，供相关部门提取增量数据；DataX 用于在不同数据处理系统（RDBMS/NoSQL/FS）之间交换数据。除了存储外，在集群上还实现计算共享，生产、开发、测试全都使用共享的集群。

为了更好地使用 Hadoop 进行数据处理，阿里在资源调度、安全性、稳定性以及性能方面对 Hadoop 进行了调整和改进。在调度器算法中增加了 JobLevel 的概念，优先保证 Level 层的作业，支持异构操作系统调度；在 Slots 配置上，根据集群 Map 和 Reduce 使用比例动态调整 Slots 配置，动态增减 TaskTracker 上的 Slots 个数；对 Master 节点的单节点问题进行改进，缓解单点性能压力；在 NameNode 上改进 RPC 机制，把 Listener 拆分出多个 Reader，通过使用读/写锁提高并发度；对 JobTracker 重写调度算法，降低时间复杂度，一次心跳分配多个 Task，把 Job History 改造成异步写入等。

2013 年，阿里搜索全面升级 YARN，不仅运行了传统的 MapReduce、Hive，还自主研发了 iStream（流式计算引擎）、iCall（基于 Thrift 的分布式 RPC 服务）。统一的计算平台相比之前的 MapReduce Job，无论是效率、成本，还是对业务支持的灵活性都实现了质的飞跃。iStream 是基于 YARN 来设计的，因此在设计理念上考虑了如何和其他计算模型共存，达到实时计算效果的同时，此外还可以实现计算平台的全局最优化。例如：iStream 可以自动感知流处理的进度快慢，智能调整计算节点的数量，即高峰期可以自动扩容节点保证处理速度，低峰期也可以在保证进度的条件下合理释放节点，让资源在多计算模型场景下真正按需分配。现在阿里搜索的 Hadoop 集群上，iStream 承担了流式数据处理的角色，为搜索引擎提供实时增量数据，MapReduce 承担了全量或者批量数据处理的角色，为搜索引擎提供全量数据，两种计算模型可以自动合理地配合，无须人工进行运维干预。

在电信行业，电信运营商通过使用 Hadoop 大数据分析、数据挖掘等工具和方法，整合各个部门的数据，从不同角度对客户形象进行精准刻画，针对不同的目标客户制定个性化的营销计划，提升客户价值。中国联通应用 Hadoop 技术，构建了全国集中的海量数据存储和查询系统，各个省份采集的数据实时传送到北京的数据中心，实现移动通信用户上网记录集中查询与分析。在中国移动"大云"大数据产品架构中，使用 BC-Hadoop 在 PaaS 层部署大数据存储与分析平台，与 Hadoop 相关的部分包括并行数据挖掘工具集（BC-PDM）、数据仓库系统（HugeTable）、数据并行框架（BC-BSP）、搜索引擎（BC-SE）等。BC-Hadoop 的含义是，对开源 Hadoop/HBase 进行扩展和增强，为"大云"其他组件提供基本的存储计算能力。BC-Hadoop 采用双主 NameNode，实现多个 JobTracker 的自动故障检测和切换，多个 JobTracker 启动并注册到 Zookeeper，作业状态数据保存在 HDFS 中。"大云"并行数据挖掘工具（BC-PDM）支持 SaaS 模式的海量数据并行处理、分析与挖掘，适用于经营决策、用户行为分析、精准营销、网络优化、移动互联网等领域的智能数据分析与挖掘应用。"大云"数据仓库系统（HugeTable）的设计目标是，具备海量数据管理能力，满足网管、增值业务系统需求，方便地整合现有应用。HugeTable 支持 HBase 存储引擎，通过 HBase 实时查询，由 Hive 直接读取 HFile 进行统计，支持同一份数据进行实时查询和统计分析。

在金融行业，Hadoop 被应用于诈骗侦测、风险管理、客服中心效率优化、客户分类优化、客户流失分析、情感分析、客户体验分析等。基于 Hadoop 的安全数据仓库存储各类数据，以方便以客户为中心的数据挖掘和数据分析，如：风险管理部门结合实时和历史数据对客户行为进行分析，并对客户的信用额度进行调整；对客户交易和现货异常进行判断，对可能存在的欺诈行为提前预警；迅速对来自各种源头的恶意软件威胁做出响应，提高欺诈侦测及整体安全性。

本 章 小 结

本章主要介绍了分布式存储与计算平台 Hadoop 的生态系统，它是以分布式文件系统 HDFS 和分布式编程模型 MapReduce 为核心的开源分布式基础架构。Hadoop 的体系结构通过 HDFS 实现分布式存储的底层支持，通过 MapReduce 实现分布式并行任务处理的程序支持。此外，与 Hadoop 相关的 HBase、Hive、Pig 等项目在核心层之上提供了更高层的服务，为大型数据的存储、分析、评估等提供平台和工具。

HDFS 的集群由一个 NameNode 和多个 DataNode 组成，NameNode 管理文件目录结构，执行文件系统的命名空间操作，DataNode 管理存储的数据，HDFS 通过副本存放机制保证数据的安全。MapReduce 是一种并行计算模型，从 MapReduce 角度可以把 Hadoop 节点分为 JobTracker 和 TaskTracker 角色，JobTracker 负责接收计算任务并分配给 TaskTracker 执行，TaskTracker 负责执行 JobTracker 分配的计算任务。HBase 是分布式、面向列的分布式数据库，表示简单的键-数据的映射关系，能够对大数据提供随机、实时的访问功能，没有复杂的表和表之间的关联，大大简化了对数据的操作过程。Hive 是一个数据仓库架构，为数据仓库的管理提供查询、分析等功能，提供了类似 SQL 的 HQL 语言进行数据查询，使熟悉 SQL 语言的开发者很容易上手。Hive 的查询语句均被解析成 MapReduce 的任务，MapReduce 的并行计算能力可以支持超大规模的数据集。

思 考 题

1. 简述 Hadoop 在云计算和大数据中的位置和其相应关系。
2. Hadoop 由哪些项目组成？它们分别提供什么服务？
3. 描述 HBase 的数据模型和它对数据的管理机制。
4. 根据自己的理解，举例描述 HDFS 系统写数据的过程。
5. HDFS 采用了哪些策略来确保整个系统的可靠性？
6. 描述 Hadoop HDFS 的基本结构。
7. Hadoop 集群的节点在 HDFS 和 MapReduce 架构中分别承担什么角色？
8. 查阅资料，列举并分析一些 Hadoop 行业应用的案例。

第 6 章 Hadoop 安装和部署

6.1 Hadoop 安装环境

Hadoop 最初是为了在 Linux 平台上使用而开发的，但在 UNIX、Windows、Mac OS 操作系统上也能运行。在 Windows 下安装 Hadoop 需要首先安装 Cygwin，这是一个在 Windows 平台下模拟 Linux 环境的工具，然后通过 Cygwin 才能安装 Hadoop。如果在 Mac OS 操作系统下安装 Hadoop，可以利用 Mac OS 下的 Homebrew 来自动下载安装 Hadoop。Homebrew 是一种软件包管理器，类似于 Ubuntu 下的 apt 工具，能够自动下载安装软件包。Hadoop 的编译和 MapReduce 程序的运行都需要 JDK 工具，此外，Hadoop 的运行需要通过 SSH 来管理远端守护进程，因此无论是在哪种操作系统下，安装 Hadoop 的过程中都需要下载安装 JDK 和 SSH。

6.2 Hadoop 实验集群的部署结构

Hadoop 是以分布式文件系统 HDFS 和分布式编程模型 MapReduce 为核心的开源分布式基础架构。HDFS 是一种主/从结构模型，集群中的节点可以分成两大类角色：NameNode 和 DataNode。一个 HDFS 集群中有一个 NameNode 和多个 DataNode 节点，其中 NameNode 作为主服务器，管理文件系统的命名空间和客户端对文件系统的访问操作；DataNode 管理存储的数据。MapReduce 框架是由运行在主节点上的 JobTracker 和运行在每个从节点上的 TaskTracker 共同组成的。主节点负责调度构成一个作业的所有任务，从节点仅负责由主节点指派的任务。当一个 Job 被提交时，JobTracker 接收到提交作业和配置信息之后，将配置信息分发给从节点，同时调度任务并监控 TaskTracker 的执行。因此，HDFS 和 MapReduce 构成了 Hadoop 分布式系统体系结构的核心：HDFS 在集群上实现分布式文件系统，MapReduce 在集群上实现分布式计算和任务处理。

一个 Hadoop 集群由一个 Master 节点和多个 Slave 节点组成，如图 6-1 所示。在部署 Hadoop 集群时，Master 节点主要配置 NameNode 和 JobTracker 的角色，负责管理分布式数据和分解任务的执行；Slave 节点配置 DataNode 和 TaskTracker 的角色，负责分布式数据存储以及任务的执行。

在 HDFS 架构中除了 NameNode 和 DataNode 外，还有一类节点称为 Secondary NameNode，它的作用是保存 NameNode 中对 HDFS metadata 信息的备份，以备 NameNode 发生故障时进行数据恢复，并减少 NameNode 重启的时间。Hadoop 的默认配置是让 Secondary NameNode 进程运行在 NameNode 节点上，对于 Hadoop 的实验集群来讲，可以采用这样的配置。但如果 Hadoop 集群是用于生产环境中，那么一旦运行 NameNode 的机器出错或物理损坏，对恢复 HDFS 文件系统是很大的灾难。因此在对 Hadoop 的高可靠性有要求的场景下，Secondary

NameNode 一般运行在一台单独的物理节点上,并与 NameNode 保持通信,这样当 NameNode 进程出问题时,可以通过人工的方式从 Secondary NameNode 节点上复制一份 metadata 来恢复 HDFS 文件系统。

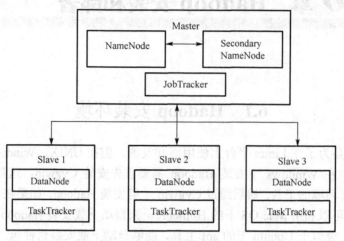

图 6-1 Hadoop 部署结构

6.3 Hadoop 安装部署实验

Hadoop 的安装包括单机模式、伪分布模式和集群模式。单机模式是 Hadoop 默认的安装模式,相关的配置文件为空,运行在本地文件系统上,不与其他节点交互,不使用 HDFS,也不加载任何 Hadoop 的守护进程。伪分布模式也是在本地文件系统上运行,但它运行的是 HDFS,这种模式将 NameNode、DataNode、JobTracker 和 TaskTracker 全部部署在一台机器上,在一台机器上模拟分布式部署。集群模式是运行在多台机器的 HDFS 上,能够完全体现分布式处理的效果。前两种模式主要用于程序的测试和调试,而实际应用中处理大数据则是在集群模式下进行。

6.3.1 Hadoop 伪分布式安装配置

本节主要介绍在 Linux 虚拟机环境下以伪分布模式安装 Hadoop 的基本方法,即在 Windows 操作系统中安装 Linux 虚拟机,然后在 Linux 虚拟机中安装 Hadoop。这里使用的虚拟机软件是 VMware Workstation,使用的 Linux 操作系统是 CentOS 6.4,Hadoop 版本是 Hadoop 1.1.2。Hadoop 中的节点包括一个主节点(Master)和多个从节点(Slave),这些节点承担着不同的角色。从 HDFS 的角度把节点分为 NameNode 和 DataNode,而从 MapReduce 的角度又把节点分为 JobTracker 和 TaskTracker。伪分布模式是在单节点上用不同的 Java 进程模拟分布式运行中的各类节点(NameNode、DataNode、JobTracker、TaskTracker 和 Secondary NameNode),这个节点既是 NameNode,又是 DataNode,或者说既是 JobTracker,又是 TaskTracker。

1. 基础环境准备

1)在 VMware 应用软件中安装 CentOS 6.4 虚拟机,建议内存为 1GB,硬盘大小为 8GB。

2）设置静态 IP 地址。

VMware 提供了三种网络模式，分别是 bridged（桥接模式）、NAT（网络地址转换模式）和 host-only（主机模式）。在桥接模式下，要使虚拟机系统和宿主机进行通信，需要手工为虚拟机系统配置 IP 地址、子网掩码，而且还要和宿主机处于同一网段。在 NAT 模式下，虚拟机系统借助 NAT（网络地址转换）功能，通过宿主机所在的网络来访问公网，虚拟机系统的 TCP/IP 配置信息是由虚拟网络（NAT）的 DHCP 服务器提供的，虚拟机系统无法和本局域网中的其他真实主机进行通信。在 host-only 模式下，虚拟网络中所有的虚拟机系统是可以相互通信的，但虚拟机系统和真实的网络是被隔离开的，虚拟系统的 TCP/IP 配置信息（如 IP 地址、网关地址、DNS 服务器等），都是由虚拟网络（host-only）的 DHCP 服务器来动态分配的。

这里我们需要创建一个与其他真实主机相隔离的虚拟系统，虚拟机只需与虚拟网内的其他虚拟机以及宿主机通信，因此使用 host-only 方式。为了使对虚拟机的访问简单方便，我们为虚拟机设置一个静态 IP 地址。设置静态 IP 地址可以用两种方式：命令行方式和图形界面方式。

命令行修改方式：使用"vim"命令编辑配置文件"/etc/sysconfig/network-scripts/ifcfg-eth0"。（如果是 Ubuntu 系统，对应的配置文件为"/etc/network/interface"）

本例中把虚拟机的 IP 地址设置为 192.168.80.100，在配置文件中配置以下内容：

```
DEVICE="eth0"
BOOTPROTO=none
IPV6INIT="yes"
NM_CONTROLLED="yes"
ONBOOT="yes"
TYPE="Ethernet"
IPADDR=192.168.80.100
PREFIX=24
GATEWAY=192.168.80.1
DEFROUTE=yes
IPV4_FAILURE_FATAL=yes
IPV6_AUTOCONF=yes
IPV6_DEFROUTE=yes
IPV6_PEERDNS=yes
IPV6_PEERROUTES=yes
IPV6_FAILURE_FATAL=no
NAME="System eth0"
```

图形界面修改方式：选定 CentOS 桌面右上角的图标，单击鼠标右键，在弹出的菜单中选择"Edit Connections"，打开"Network Connections"窗口，如图 6-2 所示。在"Network Connections"窗口选择当前已连接的网络，在本例中是"System eth0"选项。单击"Edit"按钮，打开"Editing System eth0"窗口，如图 6-3 所示。选择"IPv4 Settings"标签，将 IP 地址设置成静态地址，本例设为 192.168.80.100。

IP 地址设置完成后，重启网卡。重启网卡的命令是：

```
service network restart
```

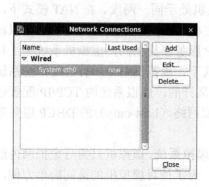

图 6-2 网络连接窗口

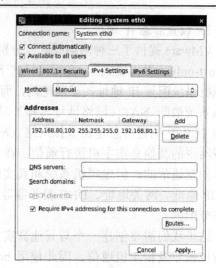

图 6-3 设置静态 IP 地址

2. 设置 DNS 解析

Hadoop 集群之间通过主机名互相访问，因此需要设置 DNS 解析。

1）设置主机名。使用"vim"命令编辑配置文件"/etc/sysconfig/network"（如果是 Ubuntu 系统，对应的配置文件为 "/etc/hostname"），在打开的文件中将 HOSTNAME 修改为"master"，修改后的文件内容为：

```
NETWORKING=yes
HOSTNAME=master
```

2）设置节点 IP 与主机名的映射。使用"vim"命令编辑文件"/etc/hosts"，在文本最后追加一行内容：

```
192.168.80.100  master
```

修改后的文件内容为：

```
127.0.0.1       localhost localhost.localdomain localhost4 localhost4.localdomain4
::1             localhost localhost.localdomain localhost6 localhost6.localdomain6
192.168.80.100  master
```

3）验证配置。执行"ping master"命令，若能 ping 通说明以上的配置正确。

3. 关闭防火墙

在 CentOS 的命令行方式下执行"setup"命令，调出内置的文本行的管理工具，该工具可以管理设置防火墙、IP 地址、各类服务等信息。管理工具的配置界面如图 6-4 所示。

在配置界面选择"Firewall configuration"选项，然后按回车键，进入防火墙设置界面，如图 6-5 所示。

在防火墙设置的界面中可以看到，中间的方括号中有"*"，防火墙状态是"Enabled"，意味着防火墙是被启用的。如果想关闭防火墙，只需要按一下空格键，符号"*"就会消失，意味着防火墙被关闭。关闭防火墙后，使用"Tab"键移动到"OK"按钮，按回车键，逐步退出就完成了设置。

设置完成后，使用命令验证防火墙的关闭：

```
service iptables status
```

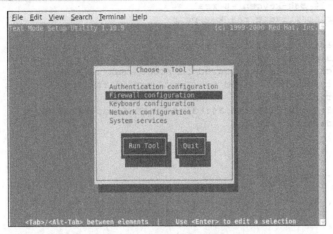

图 6-4　管理工具的配置界面

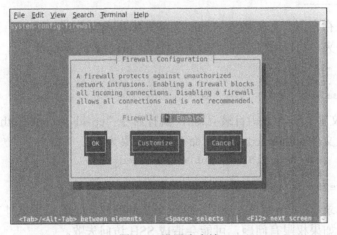

图 6-5　设置防火墙

在 Linux 下防火墙被称为"iptables"，该命令的含义是查看服务 iptables 的状态。如果命令执行后提示信息为"iptables:Firewall is not running"，说明防火墙已经被关闭。

4．设置 SSH 自动登录

SSH（Secure Shell）是一种加密的通信协议，传输内容使用 rsa 或者 dsa 加密，可以有效避免网络窃听。Hadoop 的进程之间使用 SSH 方式通信，设置 SSH 的免密码登录方式后，用户只需在第一次登录时输入一次密码，以后都可以免密码直接登录，实现自动化操作。

在配置 SSH 自动登录之前，使用命令"rpm -qa |grep ssh"检查虚拟机系统是否安装了 SSH 包，若没安装则可输入命令"yum install openssh-server"进行安装。

配置 SSH 自动登录的具体步骤如下。

1）使用 rsa 加密方式生成密钥。在命令行方式下使用命令：

```
ssh -keygen -t rsa
```

该命令用于生成密钥，在命令执行的过程中会有三次提示信息，直接按回车键即可。命令的执行过程为：

```
[root@master ~]# ssh-keygen -t rsa
Generating public/private rsa key pair.
Enter file in which to save the key (/root/.ssh/id_rsa):
Enter passphrase (empty for no passphrase):
Enter same passphrase again:
Your identification has been saved in /root/.ssh/id_rsa.
Your public key has been saved in /root/.ssh/id_rsa.pub.
The key fingerprint is:
3f:c7:ef:a2:58:01:7b:0f:7b:49:34:8d:ed:79:61:5b root@master
The key's randomart image is:
+--[ RSA 2048]----+
|                 |
|        +        |
|       . + ooE|
|        o . o..+|
|         S + . o..|
|          o B . . |
|           = *    |
|          o +..   |
|          . .. oo |
+-----------------+
```

生成的密钥保存在用户主目录下的.ssh 文件夹中，该文件夹是以"."开头的，是隐藏文件夹。进入该文件夹，可以看到其中有两个文件 id_rsa 和 id_rsa.pub。

```
[root@master ~]# cd .ssh
[root@master .ssh]# ls
id_rsa  id_rsa.pub
```

2）生成授权文件。进入密钥目录~/.ssh，执行命令"cp id_rsa.pub authorized_keys"，该命令用于生成授权文件 authorized_keys。命令执行结果为：

```
[root@master .ssh]# cp id_rsa.pub authorized_keys
[root@master .ssh]# ls
authorized_keys  id_rsa  id_rsa.pub
```

目前在密钥目录~/.ssh 下有三个文件，这三个文件的权限是除属主之外其他用户对每个文件都没有写权限。如果权限有问题，可能会造成 SSH 访问失败。

3）验证 SSH 无密码登录。执行命令：

```
ssh localhost
```

该命令的作用是使用"ssh"通信协议访问主机"localhost"。该命令执行后即登录到远程主机 master，第一次执行时需要确认，后面再次登录不需要确认。当登录到对方机器后，若要退出需使用命令"exit"。

这几条命令的执行过程为：

```
[root@master .ssh]# ssh localhost
The authenticity of host 'localhost (::1)' can't be established.
RSA key fingerprint is 07:07:8e:1c:c0:7e:7f:1f:ca:6a:e6:d3:cb:7f:b7:a1.
Are you sure you want to continue connecting (yes/no)? yes
Warning: Permanently added 'localhost' (RSA) to the list of known hosts.
Last login: Mon Oct 20 19:21:09 2014 from 192.168.80.1
[root@master ~]# exit
logout
Connection to localhost closed.
[root@master .ssh]# ssh localhost
Last login: Mon Oct 20 19:58:30 2014 from localhost
```

5. 安装 JDK

Hadoop 是用 Java 语言编写的,Hadoop 的编译和 MapReduce 程序的运行都需要使用 JDK,因此在安装 Hadoop 前必须安装 JDK。

1) 复制 JDK 文件。使用远程文件传输软件把 JDK 文件从宿主机传到虚拟机文件系统。打开 WinSCP 应用软件,输入 CentOS 虚拟机的 IP、用户名和密码,单击最下方的"登录"按钮,连接到 CentOS 虚拟机。在连接窗口的左侧显示宿主机 Windows 的文件系统,右侧显示远程 CentOS 的文件系统。将宿主机 Windows 文件系统中的 jdk-6u24-linux-i586.bin 文件上传到虚拟机的/usr/local 目录下,如图 6-6 所示。

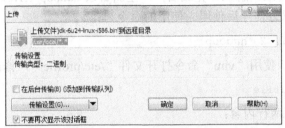

图 6-6 上传文件到远程目录

2) 解压 JDK 文件。进入到虚拟机的/usr/local 目录下,可以看到 jdk-6u24-linux-i586.bin 文件没有执行的权限,因此使用"chmod"命令给文件增加执行的权限,再通过"."解压文件 jdk-6u24-linux-i586.bin。使用的命令依次为:

```
cd /usr/local
chmod u+x jdk-6u24-linux-i586.bin      //给文件增加执行的权限
./jdk-6u24-linux-i586.bin              //解压文件
```

3) 重命名解压缩目录。解压缩完成后,查看到新产生的目录 jdk1.6.0_24,为方便以后引用,可以使用"mv"命令将目录重命名为 jdk。具体的命令为:

```
mv jdk1.6.0_24 jdk
```

重命名命令执行后,用"ls"命令查看当前目录列表,可以看到 jdk1.6.0_24 已更名为 jdk。

4) 把 jdk 的命令配置到环境变量中,这里只设置全局环境变量。使用"vim"命令打开文件"/etc/profile"。

```
vim /etc/profile
```

在文件尾部加入下列语句,设置两个环境变量,一个是 JAVA_HOME,一个是 PATH:

```
export JAVA_HOME=/usr/local/jdk
export PATH=.:$PATH:$JAVA_HOME/bin
```

保存关闭后执行"source"命令,使文件中的设置立刻生效。

```
source /etc/profile
```

5) 验证安装是否成功。使用"java -version"命令,如果命令执行后看到 java 版本的相关信息,表示 JDK 安装成功。命令执行结果为:

```
[root@master ~]# java -version
java version "1.6.0_24"
Java(TM) SE Runtime Environment (build 1.6.0_24-b07)
Java HotSpot(TM) Client VM (build 19.1-b02, mixed mode, sharing)
```

6. 安装 Hadoop

安装 Hadoop 的具体步骤如下。

1）复制 Hadoop 安装包。使用 WinSCP 软件将 Hadoop 安装包 hadoop-1.1.2.tar.gz 复制到虚拟机的/usr/local 目录下。

2）解压 Hadoop 安装包。在/usr/local 目录下执行解压命令解压缩 Hadoop 安装包。使用的命令为：

```
tar -xzvf hadoop-1.1.2.tar.gz
```

3）重命名解压缩目录。解压缩完成后，产生新目录 hadoop-1.1.2，使用"mv"命令将目录重命名为 hadoop，以方便今后使用。使用的命令为：

```
mv hadoop-1.1.2 hadoop
```

4）设置环境变量。使用"vim"命令打开文件"/etc/profile"，修改文件内容。

```
vim /etc/profile
```

在文件中增加下面两行内容：

```
export HADOOP_HOME=/usr/local/hadoop
export PATH=.:$HADOOP_HOME/bin:$JAVA_HOME/bin:$PATH
```

5）执行"source"命令导入环境变量。所使用的命令为：

```
source /etc/profile
```

7. 修改 Hadoop 配置文件

Hadoop 的配置文件默认是本地模式，这些文件都位于$HADOOP_HOME/conf 目录下，在本例中即"/usr/local/hadoop/conf"目录。需要修改的配置文件一共有 4 个，分别为环境变量脚本文件 hadoop-env.sh、核心配置文件 core-site.xml、HDFS 配置文件 hdfs-site.xml 以及 MapReduce 配置文件 mapred-site.xml。下面分别介绍这 4 个文件的修改内容。

1）修改 Hadoop 环境变量脚本文件 hadoop-env.sh，使用下面的命令编辑该文件。

```
vim /usr/local/hadoop/conf/hadoop-env.sh
```

在文件中设置 jdk 的安装位置：

```
export JAVA_HOME=/usr/local/jdk
```

2）修改 Hadoop 核心配置文件 core-site.xml，使用下面的命令编辑该文件。

```
vim /usr/local/hadoop/conf/core-site.xml
```

在文件中写入以下内容：

```
<configuration>
    <property>
        <name>hadoop.tmp.dir</name>
        <value>/usr/local/hadoop/tmp</value>
        <description>Hadoop 的运行临时文件的主目录</description>
    </property>
    <property>
        <name>fs.default.name</name>
        <value>hdfs://master:9000</value>
```

```xml
        <description>HDFS 的访问路径</description>
    </property>
</configuration>
```

hadoop.tmp.dir 是 Hadoop 运行临时文件的主目录，很多路径都依赖于它。fs.default.name 是一个描述集群中 NameNode 节点的 URI，包括协议、主机名称和端口号，集群中的每一台机器都需要知道 NameNode 的地址。DataNode 节点需要在 NameNode 上注册，它们的数据才能被使用。独立的客户端程序通过这个 URI 和 DataNode 交互，以取得文件的块（Block）列表。

3）修改 HDFS 配置文件 hdfs-site.xml，使用下面的命令编辑该文件。

```
vim /usr/local/hadoop/conf/hdfs-site.xml
```

在文件中写入以下内容：

```xml
<configuration>
<property>
<name>dfs.replication</name>
<value>1</value>
<description>存储副本数</description>
</property>
</configuration>
```

dfs.replication 决定了系统中文件块（Block）的数据备份个数，默认设置为 3（默认配置在文件 hdfs-default.xml 中设置）。少于 3 个的备份可能会影响数据的可靠性，当系统故障时可能会造成数据的丢失。由于伪分布式 Hadoop 环境只有一台机器，因此这里设置为 1。

在该配置文件中还可以配置 dfs.name.dir 和 dfs.data.dir 这两个参数。dfs.name.dir 是 NameNode 上存放命名空间和日志的本地目录，即 fsimage 和 edits 文件的存放目录，该配置可以设置为由逗号分开的多条目录，此时 NameNode 会在每条目录中进行冗余存储。dfs.data.dir 是 DataNode 中存放文件块（Block）的目录，如果是由逗号分开的多条目录，则所有的目录都用来存储数据。这里对这两个参数不进行覆盖，使用默认配置（默认配置在文件 hdfs-default.xml 文件中设置）。dfs.name.dir 的默认配置是${hadoop.tmp.dir}/dfs/name，dfs.data.dir 的默认配置是${hadoop.tmp.dir}/dfs/data，根据 core-site.xml 文件中对 hadoop.tmp.dir 的配置可以确定这两个参数设置对应的目录：dfs.name.dir 参数配置的目录是 /usr/local/hadoop/tmp/dfs/name，dfs.data.dir 参数配置的目录是/usr/local/hadoop/tmp/dfs/ data。前者是 NameNode 中 fsimage 和 edits 文件的存放位置，后者是 DataNode 中文件块的存放位置。

4）修改 MapReduce 配置文件 mapred-site.xml，使用下面的命令编辑该文件。

```
vim /usr/local/hadoop/conf/mapred-site.xml
```

在文件中写入以下内容：

```xml
<configuration>
<property>
<name>mapred.job.tracker</name>
<value>master:9001</value>
<description>JobTracker 的访问路径</description>
</property>
</configuration>
```

这里 mapred.job.tracker 表示 JobTracker 的访问路径，描述了主机名称（或 IP）及端口。

8. 使用 Hadoop

1）对 Hadoop 进行格式化。Hadoop 的核心组件 HDFS 是文件系统，第一次使用前需要对其进行格式化。格式化使用的命令为：

```
hadoop namenode -format
```

格式化只在 Hadoop 第一次启动时操作，如果要重新格式化，需要先将$HADOOP_HOME/tmp 目录下的文件删除后再进行格式化。

2）启动 Hadoop，所使用的命令为：

```
start-all.sh
```

在命令执行时可以看到正在启动的进程共有 5 个，分别是 namenode、datanode、secondarynamenode、jobtracker 和 tasktracker。命令执行过程为：

```
[root@master Desktop]# start-all.sh
Warning: $HADOOP_HOME is deprecated.

starting namenode, logging to /usr/local/hadoop/libexec/../logs/hadoop-root-namenode-master.out
localhost: starting datanode, logging to /usr/local/hadoop/libexec/../logs/hadoop-root-datanode-master.out
localhost: starting secondarynamenode, logging to /usr/local/hadoop/libexec/../logs/hadoop-root-secondarynamenode-master.out
starting jobtracker, logging to /usr/local/hadoop/libexec/../logs/hadoop-root-jobtracker-master.out
localhost: starting tasktracker, logging to /usr/local/hadoop/libexec/../logs/hadoop-root-tasktracker-master.out
```

3）查看进程。启动 Hadoop 后，使用 jdk 的命令"jps"查看进程是否已经正确启动。执行 jps 后，如果看到了 5 个进程，说明 Hadoop 启动成功了。如果缺少一个或者多个，说明没有启动成功，需要查找原因，检查配置是否正确。

Hadoop 成功启动后显示执行结果为：

```
[root@master Desktop]# jps
3764 SecondaryNameNode
3852 JobTracker
4083 Jps
3642 DataNode
3968 TaskTracker
3513 NameNode
```

4）关闭 Hadoop，可以使用下面的命令：

```
stop-all.sh
```

命令执行过程显示 Hadoop 逐一停止以上 5 个进程：

```
[root@master Desktop]# stop-all.sh
Warning: $HADOOP_HOME is deprecated.

stopping jobtracker
localhost: stopping tasktracker
stopping namenode
localhost: stopping datanode
localhost: stopping secondarynamenode
```

start-all.sh 和 stop-all.sh 脚本可以一次性启动和关闭所有的节点和进程，也可以分别启动 HDFS 和 MapReduce 两个进程，或者分别启动这 5 个进程。

若要单独启动 HDFS，可以执行脚本 start-dfs.sh；若要单独启动 MapReduce，可以执行脚本 start-mapred.sh，相应的关闭命令是 stop-dfs.sh 和 stop-mapred.sh。如果要分别启动各个进程，可以使用下面的命令：

```
hadoop-daemon.sh start namenode
hadoop-daemon.sh start datanode
hadoop-daemon.sh start secondarynamenode
hadoop-daemon.sh start jobtracker
hadoop-daemon.sh start tasktracker
```

相应的分别关闭各个进程的命令是：

```
hadoop-daemon.sh stop namenode
hadoop-daemon.sh stop datanode
hadoop-daemon.sh stop secondarynamenode
hadoop-daemon.sh stop jobtracker
hadoop-daemon.sh stop tasktracker
```

9. 解决 Hadoop 启动时的警告信息

在 master 节点中执行脚本 start-all.sh 启动 Hadoop 时，会出现一条警告信息，信息内容是"Warning:$HADOOP_HOME is deprecated"。

```
[root@master ~]# start-all.sh
Warning: $HADOOP_HOME is deprecated.
```

为什么会出现这样的警告信息呢？是否可以通过修改一些配置文件来消除这个警告信息？下面我们分析 start-all.sh 脚本，找到出现警告信息的原因并进行修改，从而消除警告信息。首先执行"stop-all.sh"脚本关闭 Hadoop，然后打开/usr/local/hadoop/bin/start-all.sh 文件：

```
vim /usr/local/hadoop/bin/start-all.sh
```

可以看到脚本文件中有这样一段代码：

```
bin=`dirname "$0"`
bin=`cd "$bin"; pwd`
if [ -e "$bin/../libexec/hadoop-config.sh" ]; then
  . "$bin"/../libexec/hadoop-config.sh
else
  . "$bin/hadoop-config.sh"
fi
```

这是一个 if 结构，该结构的逻辑流程是：如果存在"$bin/../libexec/hadoop-config.sh"文件，则执行"$bin/../libexec/hadoop-config.sh"这个文件，否则执行"$bin/hadoop-config.sh"文件。通过查看目录文件可知"$bin/../libexec/hadoop-config.sh"文件是不存在的，因此执行的是$bin/hadoop-config.sh 文件。

下面查看/usr/local/hadoop/bin/hadoop-config.sh 文件，查看文件使用的命令为：

```
more /usr/local/hadoop/bin/hadoop-config.sh
```

在该文件中查找到与启动时警告信息有关的语句，这些语句是

```
if [ "$HADOOP_HOME_WARN_SUPPRESS" = "" ] && [ "$HADOOP_HOME" != "" ]; then
```

```
        echo "Warning: \$HADOOP_HOME is deprecated." 1>&2
        echo 1>&2
    fi
```

这同样是一个 if 结构，该结构的逻辑流程是：如果"$HADOOP_HOME_WARN_SUPPRESS" = ""和"$HADOOP_HOME" != ""这两个条件同时满足，就会输出一条警告信息。从之前对 Hadoop 环境变量的配置可以知道"$HADOOP_HOME" != ""是成立的，因此这里只要修改"$HADOOP_HOME_WARN_SUPPRESS" = ""这个条件，使之不满足，就可以避免输出警告信息。例如：把条件"$HADOOP_HOME_WARN_SUPPRESS" = ""改为"$HADOOP_HOME_WARN_SUPPRESS" =1 即可。

因此，修改/etc/profile 文件，使用的命令为：

```
vim /etc/profile
```

在文件中增加以下语句：

```
export HADOOP_ HOME_WARN_SUPPRESS=1
```

执行"source"命令让配置文件生效，使用的命令是：

```
source /etc/profile
```

现在启动 Hadoop，可以看到警告信息已经消除：

```
[root@master Desktop]# start-all.sh
starting namenode, logging to /usr/local/hadoop/libexec/../logs/hadoop-root-name
node-master.out
master: starting datanode, logging to /usr/local/hadoop/libexec/../logs/hadoop-r
oot-datanode-master.out
master: starting secondarynamenode, logging to /usr/local/hadoop/libexec/../logs
/hadoop-root-secondarynamenode-master.out
starting jobtracker, logging to /usr/local/hadoop/libexec/../logs/hadoop-root-jo
btracker-master.out
master: starting tasktracker, logging to /usr/local/hadoop/libexec/../logs/hadoo
p-root-tasktracker-master.out
```

6.3.2 Hadoop 集群式安装配置

为简单起见，这里搭建一个包含两个节点（一个主节点和一个从节点）的小集群测试环境。主节点 master 承担 NameNode、Secondary NameNode 和 JobTracker 的角色，从节点 slave 承担 DataNode、TaskTracker 的角色。集群的搭建可以在伪分布式安装的基础上进行，即在 VMware 应用软件中直接从 master 上执行硬克隆操作，生成新的虚拟机 slave，也可以重新创建 CentOS 虚拟机并进行配置。

1. 各节点基本配置

1）静态 IP 地址设置。创建一个名为 slave 的虚拟机节点，为 slave 节点设置静态 IP 地址 192.168.80.200，主节点 master 的 IP 地址设置为 192.168.80.100。

2）设置主机名。分别在两个节点上编辑配置文件"/etc/sysconfig/network"，将 slave 节点的主机名称 HOSTNAME 改为"slave"，配置内容如下：

```
NETWORKING=yes
HOSTNAME=slave
```

将 master 节点的主机名称改为"master"，配置内容如下：

第 6 章　Hadoop 安装和部署

```
NETWORKING=yes
HOSTNAME=master
```

3）设置节点 IP 与主机名的映射。分别在 master 和 slave 节点上编辑文件 "/etc/hosts"，在文件最后添加两行内容，设置所有节点 IP 与主机名的映射。文件修改后的配置内容如下：

```
127.0.0.1       localhost localhost.localdomain localhost4 localhost4.localdomain4
::1             localhost localhost.localdomain localhost6 localhost6.localdomain6
192.168.80.100  master
192.168.80.200  slave
```

4）关闭两个节点的防火墙。使用下面的命令验证防火墙是否关闭：

```
service iptables status
```

5）分别在两个节点上安装 JDK 和 Hadoop，并配置环境变量。

2. 集群间 SSH 免密码登录

在 Hadoop 启动以后，NameNode 是通过 SSH 来启动和停止各个节点上的各种守护进程的，这就需要在集群的节点之间配置 SSH 免密码登录方式，配置后只在第一次登录其他节点时需要确认密码，以后再访问时将无须密码。

1）在 master 节点上依次执行下列命令，使 master 节点的 SSH 可以免密码登录自己的主机名。

```
ssh-keygen -t rsa   //使用 rsa 加密方式生成密钥，密钥保存在~/.ssh 目录下
cp id_rsa.pub authorized_keys   //在~/.ssh 目录下执行这条命令，用于生成授权文件
ssh localhost   //验证 SSH 无密码登录，第一次执行时需要确认，后面再次登录不需要确认
```

2）在 slave 节点上执行命令 "ssh-keygen -t rsa" 生成自己的公钥和密钥。如果 slave 节点是在伪分布式安装的基础上从 master 节点硬克隆而来的，则首先在 slave 节点上删除~/.ssh 目录下的内容，再生成自己的公钥和密钥。执行命令 "rm -rf ~/.ssh/*" 删除该目录下的内容。

3）在 master 节点上执行以下命令，将授权文件复制到 slave 节点的~/.ssh 目录下。命令执行时会提示需要输入 slave 节点上的 root 用户的密码。

```
scp /root/.ssh/ authorized_keys root@slave:/root/.ssh/
```

4）在 slave 节点上执行以下命令，将 slave 节点的公钥文件内容添加到授权文件中，并将授权文件复制到 master 节点。

```
cat id_rsa.pub >> authorized_keys
scp /root/.ssh/authorized_keys root@master:/root/.ssh/
```

5）验证 SSH 无密码登录。
在 master 节点登录 slave：

```
ssh master
```

在 slave 节点登录 master：

```
ssh slave
```

3. 配置集群文件

分别在两个节点上配置 Hadoop 文件，配置的文件包括：hadoop-env.sh、masters、slaves、core-site.xml、hdfs-site.xml 和 mapred-site.xml，这些文件都存放在$HADOOP_HOME/conf 目录下，

在本例中即"/usr/local/hadoop/conf"目录。这里简单介绍一下 masters 文件和 slaves 文件的配置，其他文件的配置与伪分布式 Hadoop 安装过程中的配置内容相同，请读者参考 6.3.1 节内容。

编辑"/usr/local/hadoop/conf/masters"文件，将文件中的内容 localhost 改为 master；编辑"/usr/local/hadoop/conf/slaves"文件，将文件中的内容 localhost 改为 slave。配置文件 slaves 里面保存的是运行 DataNode 和 TaskTracker 进程的节点名称，修改后，意味着这两个进程在 slave 节点上运行，而 master 节点上运行的是 NameNode 和 JobTracker 以及 Secondary NameNode 这三个进程。

4．启动 Hadoop

对于新安装的 Hadoop 系统，在第一次启动时要对集群的文件系统进行格式化操作。在 master 节点上可以执行下面的命令进行格式化：

```
hadoop namenode -format
```

格式化完成后，在 master 节点上执行 start-all.sh 命令启动 Hadoop。为了验证 Hadoop 是否启动成功，需要分别在两个节点上执行 jps 命令查看进程。在 master 节点上执行 jps 命令，可以看到有 NameNode、JobTracker 和 Secondary NameNode 三个进程启动；在 slave 节点上执行 jps 命令，可以看到有 DataNode 和 TaskTracker 两个进程启动。如果看到这些信息，表明 Hadoop 启动成功。

6.3.3 第一个 MapReduce 测试程序

MapReduce 并行计算框架自带了很多小例子，这些例子都包含在 $HADOOP_HOME 目录下的 hadoop-example-1.1.2.jar 包中。

执行命令"cd /usr/local/hadoop"进入/usr/local/hadoop 目录，在当前目录下使用"ls"命令查看文件列表，列表内容为：

```
[root@master hadoop]# ls
bin                 hadoop-ant-1.1.2.jar           ivy           README.txt
build.xml           hadoop-client-1.1.2.jar        ivy.xml       sbin
c++                 hadoop-core-1.1.2.jar          lib           share
CHANGES.txt         hadoop-examples-1.1.2.jar      libexec       src
conf                hadoop-minicluster-1.1.2.jar   LICENSE.txt   tmp
contrib             hadoop-test-1.1.2.jar          logs          webapps
docs                hadoop-tools-1.1.2.jar         NOTICE.txt
```

通过执行"hadoop jar hadoop-examples-1.1.2.jar"命令可以查看 jar 包中包含的各种程序，一共有 18 个内置程序。其中常用的程序名称及功能如下。

aggregatewordcount：利用系统已经实现的 Map/Reduce 类对 wordcount 例子进行简化，统计文件中单词出现的次数。通过继承类 ValueAggregatorBaseDescriptor 来实现对单词进行计数，在该类中已经实现了各种数据类型的求和、求最大值和最小值的算法，这些数据类型包括：UNIQ_VALUE_COUNT、LONG_VALUE_SUM、DOUBLE_VALUE_SUM、VALUE_HISTOGRAM、LONG_VALUE_MAX、LONG_VALUE_MIN、STRING_VALUE_MAX 和 STRING_VALUE_MIN。例子中指定的算法类型是 LONG_VALUE_SUM，即对 long 类型数据的求和。程序中使用已经定义的静态类 ValueAggregatorJob 来执行 job。使用"hadoop jar"命令执行该程序时需要加上-libjars 参数。

aggregatewordhist：利用系统已经实现的算法编写 Map/Reduce 程序，简化开发，得到单词在文本中的直方图。所继承的类也是 ValueAggregatorBaseDescriptor，指定的算法类型是 VALUE_HISTOGRAM。使用"hadoop jar"命令执行该程序时也需要加上-libjars 参数。

grep：使用正则表达式对输入文件进行查找，查找结果写入输出文件，输出结果以降序排列。程序中运行了两个 job，一个是查找，一个是排序。使用了系统自带的一些类，如使用 RegexMapper 类来实现查找，使用 LongSumReducer 类实现合并，以及使用 InverseMapper 类实现排序。

join：实现对两个数据集的连接操作，通过使用输入格式类 CompositeInputFormat 来设置 join 类型、输入格式类型等参数，join 类型可以是 inner join、outer join 和 override join。

multifilewc：对多个文件中的单词进行计数。主要演示了 MultiFileInputFormat 类的用法，通过使用 MultiFileInputFormat 类来设置输入格式是多个文件。

pi：用蒙特-卡洛方法估算 PI 的值。蒙特-卡洛方法的思想是：在一个单位矩形中，内切一个圆，往矩形内投任意次针，记下针在圆内的次数和投的总次数。当数据足够多的时候，圆内的次数约等于圆的面积，总次数约等于单位矩形的面积，圆内次数/总次数=圆面积/单位矩形面积=(PI/4)/1，所以 PI 大概等于 4*（圆内次数/总次数）。

randomtextwriter：生成随机的单词作为 key 和 value，形成一个 key、value 的文本制文件。

randomwriter：生成随机数的二进制文件。程序中自定义了文件输入格式作为虚拟的 mapper 文件输入，实现了接口 InputFormat 两个方法：一个是 getSplits，用于对文件进行分片；另一个是 getRecordReader，用于读取分片。

secondarysort：二次排序。输入的文本文件中，每行是用空格分隔的两个整数，排序方法是按第一个整数排序，如果第一个整数相同，再按第二个整数排序。

sleep：在 map 和 reduce 里休眠指定的时间。

sort：对输入数据进行排序。按照 MapReduce 的工作机制，map 传给 reduce 的中间结果已经是排好序的，所以这个例子不用写 mapper 和 reduce，使用默认的 map/reduce 实现。设置 Map 类是 IdentityMapper，Reduce 类是 IdentityReducer。

teragen：生成数据以供 terasort 测试使用。使用 teragen 生成数据的命令中需要指明两个参数。一个参数表示要产生的数据的行数，teragen 每行数据的大小是 100B；另一个参数表示产生的数据放置的路径。

terasort：对输入文件按 key 进行全局排序。terasort 针对的是大批量的数据，在实现过程中为了保证 Reduce 阶段各个 Reduce Job 的负载平衡，以保证全局运算的速度，terasort 对数据进行了预采样分析。

teravalidata：对 terasort 的结果进行验证。

wordcount：对输入文件中的单词进行计数，输出结果是单词及其出现次数。

下面运行其中的 wordcount 实例来测试安装的 Hadoop 环境。wordcount 是一个 MapReduce 架构的程序，功能是对输入文件中的单词进行计数，运行时要指定输入文件和输出文件的路径。具体步骤如下。

1）在 HDFS 上创建输入目录 input，所使用的命令为：

```
hadoop fs -mkdir input
```

在创建输入目录前，先用命令"hadoop dfsadmin -safemode get"检测一下 namenode 的运行模式，如果 namenode 处于安全模式，将不能创建文件夹，需要关闭安全模式。关闭安全模式的命令为"hadoop dfsadmin -safemode leave"。

2）用"ls"命令查看创建的目录，可以看到该目录的路径"/user/root/input"。查看目录所使用的命令为：

```
hadoop fs -ls
```

命令执行结果为:

```
[root@master hadoop]# hadoop fs -ls
Found 1 items
drwxr-xr-x   - root supergroup          0 2014-11-05 18:18 /user/root/input
```

3)将本地/user/local/hadoop 目录下的文件 README.txt 上传到 HDFS 的输入目录 input 中,作为测试的输入文件。上传文件所使用的命令为:

```
hadoop fs -put /user/local/hadoop/README.txt  /user/root/input
```

4)查看/user/root/input 下的文件列表,可以看到 README.txt 上传成功。查看文件列表所使用的命令为:

```
hadoop fs -ls /user/root/input
```

命令执行结果为:

```
[root@master hadoop]# hadoop fs -ls /user/root/input
Found 1 items
-rw-r--r--   1 root supergroup       1366 2014-11-05 18:21 /user/root/input/README.txt
```

5)运行 wordcount 程序,执行的命令为:

```
hadoop jar hadoop-examples-1.1.2.jar wordcount input output
```

该程序对输入文件 README.txt 中的单词进行计数,输入文件所在的目录是 user/root/input,输出文件所在目录是 user/root/output。程序运行过程中将显示 map/reduce 作业的执行进度:

```
[root@master hadoop]# hadoop jar hadoop-examples-1.1.2.jar wordcount input output
14/11/05 18:23:58 INFO input.FileInputFormat: Total input paths to process : 1
14/11/05 18:23:58 INFO util.NativeCodeLoader: Loaded the native-hadoop library
14/11/05 18:23:58 WARN snappy.LoadSnappy: Snappy native library not loaded
14/11/05 18:23:58 INFO mapred.JobClient: Running job: job_201411051811_0001
14/11/05 18:23:59 INFO mapred.JobClient:  map 0% reduce 0%
14/11/05 18:24:05 INFO mapred.JobClient:  map 100% reduce 0%
14/11/05 18:24:14 INFO mapred.JobClient:  map 100% reduce 100%
14/11/05 18:24:14 INFO mapred.JobClient: Job complete: job_201411051811_0001
14/11/05 18:24:14 INFO mapred.JobClient: Counters: 29
14/11/05 18:24:14 INFO mapred.JobClient:   Job Counters
14/11/05 18:24:14 INFO mapred.JobClient:     Launched reduce tasks=1
14/11/05 18:24:14 INFO mapred.JobClient:     SLOTS_MILLIS_MAPS=5309
```

6)查看程序执行结果。程序执行结束后,在输出路径的文件夹 output 中生成存放程序结果的文件,文件名称为"part-r-00000"。查看文件内容使用命令:

```
hadoop fs -cat user/root/output/part-r-00000
```

命令执行后显示的是 wordcount 程序的执行结果,文件的每行内容包含所识别出的单词及其出现次数。

6.4 Hadoop 集群异常问题及解决方法

如果 Hadoop 集群在搭建或使用时出现异常情况,则需要通过分析错误信息或查看日志文件进行错误排查。Hadoop 集群常见的异常问题如下。

1)安全模式导致的错误

在使用分布式文件系统时如果出现以下错误提示:org.apache.hadoop.dfs.SafeMode Exception: Cannot delete ..., Name node is in safe mode,则表示 Hadoop 目前处于安全模式状态,

这时文件系统中的内容不允许被修改也不允许被删除。通常分布式文件系统在刚启动的时候会处于安全模式，主要是为了系统启动的时候检查各个 DataNode 上数据块的有效性，同时根据策略必要的复制或者删除部分数据块。安全模式只需等待一会儿即可结束，也可以通过执行命令"hadoop dfsadmin -safemode leave"来关闭安全模式。安全模式是 Hadoop 集群的一种保护机制，在启动时最好等待集群自动退出，然后再进行文件操作。在命令行下可以控制安全模式的进入、退出和查看：

```
hadoop dfsadmin -safemode get      //查看安全模式状态
hadoop dfsadmin -safemode enter    //进入安全模式状态
hadoop dfsadmin -safemode leave    //离开安全模式状态
```

2）多次格式化导致的错误

DataNode 节点启动失败时在日志文件 hadoop-root-datanode-master.log 中有如下错误：ERROR org.apache.hadoop.hdfs.server.datanode.DataNode: java.io.IOException:Incompatible namespaceIDs in。这说明 NameNode 节点上的 namespaceID 与 DataNode 节点上的 namespaceID 不一致，原因在于每次 NameNode 格式化会重新创建一个 namenodeID，而 dfs.data.dir 参数配置的目录（默认目录是${hadoop.tmp.dir}/dfs/data）中包含的是上次格式化创建的 ID。当重新执行 namenode format 时清空了 NameNode 下的数据，但是没有清空 DataNode 下的数据，导致和 dfs.name.dir 参数配置的目录中的 ID 不一致。因此解决方法是在每次格式化前，在各个 slave 节点清空 dfs.data.dir 参数配置的目录中的内容，再使用命令"hadoop namenode -format"重新格式化 HDFS。通常 Hadoop 只需在第一次启动的时候格式化，不需要每次启动都格式化。格式化操作很少有出现失败的情况，如果真出现了，需检查配置是否正确。

3）防火墙未关闭导致的错误

在向 HDFS 文件系统上传文件时出现以下错误提示：put: java.io.IOException: File……could only be replicated to 0 nodes, instead of 1。该问题有可能是由于系统或 HDFS 空间不足，或防火墙未关闭导致的。此时可以使用"service iptables status"命令来查看防火墙是否关闭，如果是因为防火墙未关闭导致节点 DataNode 与节点 NameNode 通信失败，则需要关闭防火墙。防火墙关闭后再重启操作系统时，防火墙有可能会重启，可以使用"chkconfig iptables off"命令关闭自动重启功能。如果因为硬盘空间不足导致异常发生，则需要清理空间后再尝试上传。

4）用户权限不足导致的错误

通过 Hadoop 提供的文件系统的 API 进行文件读写，出现以下错误提示：org.apache.hadoop.security.AccessControlException: Permission denied: user=……, access=WRITE, inode="": user:supergroup:drwxr-xr-x。出现该问题的原因是用户权限不足，不能对 HDFS 中的文件进行写操作。解决方案是：使用命令 hadoop fs -chmod 777 <目录>增加用户对所访问目录的"写"权限，或者关闭 HDFS 的权限，具体方法是在 hdfs-site.xml 文件中添加以下配置信息：

```
<property>
<name>dfs.permissions</name>
<value>false</value>
</property>
```

5）Hadoop 无法正常关闭的问题

Hadoop 运行一段时间后，执行脚本 stop-all.sh 关闭，显示报错信息：no tasktracker to stop，no datanode to stop。此时在 master 节点用 jps 命令查看，会显示各节点和进程启动正常。这个问

题出现的原因是 Hadoop 启动后，会把进程的 PID 号存储在一个文件中，Hadoop 在执行 stop 脚本时需要按照进程 PID 去关闭进程。而默认的进程号保存在/tmp 目录下的 hadoop-*.pid 的文件中，Linux 默认会每隔一段时间（一般是一个月或者 7 天左右）去删除这个目录下的文件，NameNode 自然就找不到 DataNode 上的这两个进程了。既然 Hadoop 无法正常关闭，此时就需要手工停止，一个解决办法是先用"ps -ef |grep hadoop"命令查看 NameNode、DataNode 等进程的 PID，然后用"kill -9"命令结束进程即可，Hadoop 在重新启动后可以恢复正常的启动和关闭。另一个办法是更换 PID 文件的保存路径，只需要在配置文件{$HADOOP_HOME} /conf/hadoop-env.sh 中设置存放 PID 文件的目录即可，可以在文件中把对配置语句 export HADOOP_PID_DIR=var/hadoop/pids 的注释去掉，也可以使用这条语句把存放目录设置为用户自己指定的目录。

本 章 小 结

本章主要介绍 Hadoop 的安装和部署过程，Hadoop 的安装包括单机模式、伪分布模式和集群模式。单机模式运行在本地文件系统上，不使用 HDFS，也不加载任何 Hadoop 的守护进程；伪分布模式在单节点上用不同的 Java 进程模拟分布式运行中的各类节点，运行 HDFS 文件系统；集群模式下 Hadoop 运行在多台机器上，能够完全体现分布式处理的效果，一个 Hadoop 集群由一个 Master 节点和多个 Slave 节点组成。

安装 Hadoop 的准备工作包括配置网络、设置 DNS 解析和关闭防火墙。由于 Hadoop 的编译和 MapReduce 程序的运行都需要 JDK 工具，并且 Hadoop 的运行需要通过 SSH 来管理远端守护进程，因此无论是在何种环境下安装 Hadoop，关键步骤都是下载安装并配置 JDK 和 SSH。此外，还需要修改 Hadoop 的 4 个配置文件，分别为 hadoop-env.sh、core-site.xml、hdfs-site.xml 以及 mapred-site.xml。Hadoop 安装后在第一次使用前需要对其进行格式化，格式化只在 Hadoop 第一次启动时操作，如果多次格式化可能会导致错误。启动 Hadoop 后，可以使用 jps 命令查看进程是否已经正确启动。

本章还给出了 Hadoop 集群常见的异常问题及解决方法，如果 Hadoop 集群在搭建或使用时出现异常情况，则需要通过分析错误信息或查看日志文件进行错误排查。

思 考 题

1．Hadoop 的默认配置是让 Secondary NameNode 进程运行在 NameNode 节点上，这样配置会给 Hadoop 的可靠性带来什么问题？

2．比较 Hadoop 的 3 种安装模式（单机模式、伪分布模式、集群模式），它们分别适用于什么场景？

3．试在 VMware 虚拟机环境下搭建一个伪分布模式的 Hadoop 平台。

4．安装 Hadoop 时需要对哪些配置文件进行修改？

5．怎样修改 HDFS 文件块（Block）默认的副本个数？

6．试在 VMware 虚拟机环境下搭建一个最小集群的 Hadoop 平台。

7．简述在 Hadoop 集群的节点之间配置 SSH 免密码登录的基本方法。

8．什么是 Hadoop 的安全模式？

9．通常 Hadoop 只需在第一次启动时格式化，如果多次格式化可能会出现什么问题？

10．Hadoop 启动成功后，在节点上执行 jps 命令可以查看到哪些进程？

第 7 章 Hadoop 应用与实践

7.1 HDFS 基本操作

7.1.1 HDFS 基本概念

HDFS 分布式文件系统是 Hadoop 的基础架构之一，为满足大数据时代分布式文件系统低成本、大文件、大数据量等要求进行了针对性的设计。HDFS 对硬件需求比较低，可以设计部署在由大量低成本计算机构建的分布式运行环境中。HDFS 简化了数据一致性问题，当数据集生成后被复制分发到不同的存储节点，能够响应各类数据分析任务的请求，满足了大部分程序对数据文件一次写入、多次读取的任务要求。HDFS 被设计成适合对数据的批量处理，它提供流式的数据访问方式，通过提高数据吞吐量满足应用程序对超大数据量的要求。

HDFS 分布式文件系统的架构是一种主从结构，主节点只有一个，称为 NameNode，从节点可以有很多个，称为 DataNode。DataNode 的作用是存储文件，把文件分成若干块（Block）存储在磁盘上，为保证数据安全，文件块会有多个副本。主节点 NameNode 的作用是接收用户操作请求，维护文件系统的目录结构、文件目录的元数据信息和每个文件对应的数据块（Block）列表，管理文件目录与数据块（Block）之间的关系，以及数据块与 DataNode 之间的关系。文件目录与数据块之间的关系是一种静态数据，存放在磁盘上，通过 fsimage 和 edits 文件来维护；数据块与 DataNode 之间关系是一种动态数据，当集群启动的时候会自动建立这些信息。

1. 块（Block）

HDFS 的文件以块（Block）的形式存储在磁盘上，它是文件存储的逻辑单元，默认块大小是 64MB。Block 本质上是一个逻辑概念，只是用来划分文件，Block 中并不真正存储数据。HDFS 可以将超大文件分成若干块，分别存储在集群的各个节点上，突破了集群中单个节点磁盘大小的限制，解决了大数据文件的存储问题。

HDFS 将每个文件分块存储，同时为每个块建立多个副本（备份），这些副本都尽量分布在不同的 DataNode 节点上。当一个块损坏时，系统会通过 NameNode 获取元数据信息，在另一个节点上读取一个副本并存储，这种数据分块存储和副本存放的机制是 HDFS 保证可靠性和高性能的关键。

2. NameNode

NameNode 的作用是管理文件目录结构，执行文件系统的命名空间操作，例如打开、关闭、重命名文件和目录，同时决定 Block 到具体 DataNode 节点的映射。NameNode 通过两个核心文件 fsimage 和 edits 来维护和管理文件系统，fsimage 是元数据镜像文件，存储某时段

NameNode 内存元数据信息，edits 是操作日志文件。这两个文件保存在本地 Linux 的文件系统中，其存放的位置可以通过分析 HDFS 的默认配置文件 hdfs-default.xml 和核心配置文件 core-site.xml 确定。hdfs-default.xml 文件位于$HADOOP_HOME/src/hdfs 目录下，core-site.xml 文件位于$HADOOP_HOME/conf 目录下。在 hdfs-default.xml 文件中有两个配置信息，一个是 dfs.name.dir，表示 fsimage 文件在本地文件系统的存放目录；一个是 dfs.name.edits.dir，表示 edits 文件的存放目录。配置文件中这两个配置信息的内容为：

```xml
<property>
  <name>dfs.name.dir</name>
  <value>${hadoop.tmp.dir}/dfs/name</value>
  <description>Determines where on the local filesystem the DFS name node
      should store the name table(fsimage).  If this is a comma-delimited list
      of directories then the name table is replicated in all of the
      directories, for redundancy. </description>
</property>

<property>
  <name>dfs.name.edits.dir</name>
  <value>${dfs.name.dir}</value>
  <description>Determines where on the local filesystem the DFS name node
      should store the transaction (edits) file. If this is a comma-delimited list
      of directories then the transaction file is replicated in all of the
      directories, for redundancy. Default value is same as dfs.name.dir
  </description>
</property>
```

可以看到，参数 dfs.name.dir 对应的 value 值表示为${hadoop.tmp.dir}/dfs/name，dfs.name.edits.dir 对应的 value 值表示为${dfs.name.dir}，这里的${}都是变量的表示方法，在程序读取文件时，会把变量的值读取出来。而变量 hadoop.tmp.dir 的 value 值是在核心配置文件 core-site.xml 中设置的，在安装 Hadoop 的过程中曾经配置过 core-site.xml 文件，对 hadoop.tmp.dir 的配置信息为：

```xml
<property>
  <name>hadoop.tmp.dir</name>
  <value>/usr/local/hadoop/tmp</value>
  <description>hadoop 的运行临时文件的主目录</description>
</property>
```

在 core-site.xml 配置文件中，将 hadoop.tmp.dir 的 value 值设为/usr/local/hadoop/tmp。由此可以确定 fsimage 和 edits 这两个文件存放在/usr/local/hadoop/tmp/dfs/name 目录下。使用 Linux 的命令可以查看该目录下的文件和子目录列表，fsimage 和 edits 文件存放在该目录的 current 子目录下。

为保障 NameNode 节点中核心数据的高可靠性，可以对 fsimage 文件进行备份，方法是在配置文件 hdfs-site.xml 中重新设置参数 dfs.name.dir 对应的 value 值，可以将 value 值设置成以逗号分隔的多个存储路径，这样数据会存储在不同的目录下。

3. DataNode

DataNode 的作用是存储文件。文件以数据块（Block）为单位进行存取，DataNode 在 NameNode 的指挥下进行 Block 的创建、删除和复制。一个数据块的大小默认是 64M 字节，如果存储文件大于等于 64MB，则把文件按照 64M 字节切分成若干数据块，如果存储文件小于 64MB，则该文件划分为一个数据块，但占用空间为实际文件大小。数据块的大小是在 HDFS 的默认配置文件 hdfs-default.xml 中设置的，对数据块大小进行配置的信息为：

```
<property>
  <name>dfs.block.size</name>
  <value>67108864</value>
  <description>The default block size for new files.</description>
</property>
```

这里参数 dfs.block.size 表示数据块的大小，其值换算后即为 64M，单位是字节。如果要改变数据块的大小，可以在配置文件 hdfs-site.xml 中写入对 dfs.block.size 的值进行设置的配置信息。

数据块是一个逻辑概念，只用来划分文件，并不真正存储数据。划分成数据块的文件，其存放位置是在配置文件 hdfs-default.xml 中进行设置的。配置信息为：

```
<property>
  <name>dfs.data.dir</name>
  <value>${hadoop.tmp.dir}/dfs/data</value>
  <description>Determines where on the local filesystem an DFS data node
  should store its blocks. If this is a comma-delimited list of directories,
  then data will be stored in all named directories, typically on
  different devices.
  Directories that do not exist are ignored.
  </description>
</property>
```

配置文件中的参数 dfs.data.dir 表示数据的存放位置，设置的 value 值是${hadoop.tmp.dir}/dfs/data。由于 hadoop.tmp.dir 的值在 core-site.xml 配置文件中被设为/usr/local/hadoop/tmp，因此可以确定划分成数据块的文件是存放在/usr/local/hadoop/tmp/dfs/ data 目录下的。使用 Linux 的命令可以查看该目录下的文件和子目录列表，块文件存放在 current 子目录下。

HDFS 使用副本机制保证数据的安全性，这些副本分别存储在不同的 DataNode 节点中，这样当一个节点停止服务后数据也不会丢失。在默认配置文件 hdfs-default.xml 中，将副本数的值设置为 3，意味着 HDFS 中每个数据块都有 3 个备份。该文件中对副本数进行配置的信息为：

```
<property>
  <name>dfs.replication</name>
  <value>3</value>
  <description>Default block replication.
  The actual number of replications can be specified when the file is created.
  The default is used if replication is not specified in create time.
  </description>
</property>
```

如果要修改副本数,则需要在 hdfs-site.xml 配置文件中重写配置信息,将参数 dfs.replication 的 value 值设置成所需的副本数。

4. Secondary NameNode

Secondary NameNode 的作用是保存文件系统元数据的备份,以备 NameNode 发生故障时进行数据恢复。从 Hadoop 的高可靠性考虑,Secondary NameNode 一般运行在一台单独的物理节点上,与 NameNode 保持通信。Secondary NameNode 按照一定时间间隔从 NameNode 下载元数据信息(fsimage, edits),将二者合并生成新的 fsimage。新的 fsimage 保存在本地文件系统,并复制到 NameNode,同时重置 NameNode 上的 edits。当 NameNode 下的数据丢失后,可以从 Secondary NameNode 恢复,这是一种高可靠性解决方案。但是如果 NameNode 下的 edits 中还存在没有合并到 fsimage 的数据,这些数据在 edits 重置后是无法恢复的。Secondary NameNode 的合并原理如图 7-1 所示。

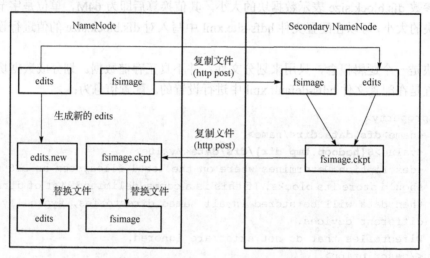

图 7-1 Secondary NameNode 的合并原理

7.1.2 HDFS Shell 命令

HDFS 是一种分布式文件管理系统,对 HDFS 的操作就是文件系统的基本操作,如文件或文件夹的创建、修改、删除、重命名和修改权限等。对 HDFS 的操作命令类似于 Linux 系统中 Shell 命令对文件的操作,如 ls、mkdir、rm 等。HDFS 的 Shell 操作命令一般格式是:

```
hadoop fs [命令选项]
```

所支持的[命令选项]可以通过使用命令"hadoop fs"来显示。所有命令选项的名称、使用格式及命令含义如表 7-1 所示。

表 7-1 HDFS 命令选项描述

命令名称	命令格式	命令含义
-ls	-ls <路径>	查看指定路径的目录结构
-lsr	-lsr <路径>	递归查看指定路径的目录结构
-du	-du <路径>	显示指定路径下的各文件(夹)大小
-dus	-dus <路径>	汇总指定路径下所有文件的大小

续表

命令名称	命令格式	命令含义
-count	-count [-q] <路径>	显示指定路径下的文件（夹）数量、文件总大小
-mv	-mv <源文件> <目的路径>	移动文件到指定的目录中
-cp	-cp <源文件> <目的路径>	复制文件到指定的目录中
-rm	-rm <路径>	删除指定文件或空目录
-rmr	-rmr <路径>	递归删除指定目录下的所有子目录和文件
-expunge	-expunge	清空回收站
-put	-put <本地源路径>……<hdfs 目的路径>	把本地文件上传到 HDFS
-copyFromLocal	-copyFromLocal <本地源路径>……<hdfs 目的路径>	该命令限定源路径是本地文件，含义与 -put 相同
-get	-get [-ignoreCrc] [-crc] <hdfs 源路径> <本地目的路径>	从 HDFS 下载文件到本地
-copyToLocal	-copyToLocal [-ignoreCrc] [-crc] [hdfs 源路径] [本地目的路径]	该命令限定目的路径是本地文件，含义与 -get 相同
-moveFromLocal	-moveFromLocal <本地源路径>……<hdfs 目的路径>	把本地文件移动到 HDFS
-moveToLocal	-moveToLocal [-crc] <hdfs 源路径> <本地目的路径>	把 HDFS 上的指定文件移动到本地
-getmerge	-getmerge <源路径> <本地目的路径>	把 HDFS 指定目录下的所有文件内容合并成本地目标文件
-cat	-cat <路径>	查看 HDFS 上指定文件的内容
-text	-text <hdfs 路径>	查看 HDFS 上指定文件的内容
-mkdir	-mkdir <hdfs 路径>	在 HDFS 上创建空目录
-setrep	-setrep [-R] [-w] <副本数> <路径>	修改副本数量
-touchz	-touchz <文件路径>	创建空白文件
-test	-test -[ezd] <文件路径>	检查文件
-stat	-stat [format] <路径>	显示文件统计信息
-tail	-tail [-f] <文件>	查看文件尾部内容
-chmod	-chmod [-R] <权限模式> [路径]	修改文件权限
-chown	-chown [-R] [属主][:[属组]] 路径	修改文件的属主
-chgrp	-chgrp [-R] 属组名称 路径	修改文件的属组
-help	-help [命令选项]	帮助

下面详细介绍每个命令的使用方法。

1. ls 命令

ls 命令的使用方法为：

```
hadoop fs -ls <hdfs 路径>
```

命令用于显示指定路径的目录结构。如果<hdfs 路径>是指定文件，则显示文件的信息。如果<hdfs 路径>是目录，则显示该目录中所有文件和子目录的列表，列表中显示的内容格式与 Linux 系统中的 Shell 命令"ll"执行后显示的内容格式相似。

例如，要查看 HDFS 下根目录中的所有文件和子目录的信息，可以使用如下命令：

```
hadoop fs -ls /
```

命令执行结果为：

```
[root@master ~]# hadoop fs -ls /
Found 2 items
drwxr-xr-x   - root supergroup          0 2014-10-19 20:03 /user
drwxr-xr-x   - root supergroup          0 2014-10-19 19:15 /usr
```

列表中所显示的内容格式的含义：

"drwxr-xr-x"：首字母"d"表示是目录，如果首字母是"-"则表示是文件。后面的 9 位字符表示权限，其中前 3 位表示文件属主拥有的权限，中间 3 位表示和文件属主同组用户所拥有的权限，最后 3 位表示其他用户所拥有的权限。对文件的操作权限共有 3 种，按顺序依次为读、写、执行，"r"表示读，"w"表示写，"x"表示执行，"-"表示没有相应的权限。

"-"或者数字：表示副本数。目录没有副本，使用符号"-"；如果是文件，副本数用数字表示。本例中"/user"和"/usr"都是目录，其副本数显示为"-"。

"root"：表示文件或目录的属主。

"supergroup"：表示文件或目录的属组。

后面的 0 或数字：表示文件大小，单位是字节。

"2014-10-19　20:03"：表示修改时间。

最后一项：表示文件路径。

如果 ls 命令的选项后面没有路径，即命令格式为 hadoop fs -ls ，则显示/user/<当前用户目录>中的文件列表。比如用户使用 root 登录，则访问/user/root 目录。

2. lsr 命令

lsr 命令的使用方法为：

```
hadoop fs -lsr <hdfs 路径>
```

该命令用于递归显示指定路径下的目录结构，类似于 Linux 的 ll -R 命令。例如，要显示/usr 目录及其子目录中的信息，可以执行如下命令：

```
hadoop fs -lsr /usr
```

命令执行结果为：

```
[root@master ~]# hadoop fs -lsr /usr
drwxr-xr-x   - root supergroup          0 2014-10-23 00:17 /usr/local
drwxr-xr-x   - root supergroup          0 2014-10-23 00:17 /usr/local/hadoop
drwxr-xr-x   - root supergroup          0 2014-10-23 00:17 /usr/local/hadoop/tmp
drwxr-xr-x   - root supergroup          0 2014-10-24 01:13 /usr/local/hadoop/tmp/mapred
drwxr-xr-x   - root supergroup          0 2014-10-20 00:48 /usr/local/hadoop/tmp/mapred/staging
drwxr-xr-x   - root supergroup          0 2014-10-20 00:48 /usr/local/hadoop/tmp/mapred/staging/root
drwx------   - root supergroup          0 2014-10-20 00:48 /usr/local/hadoop/tmp/mapred/staging/root/.staging
drwx------   - root supergroup          0 2014-10-24 01:13 /usr/local/hadoop/tmp/mapred/system
-rw-------   1 root supergroup          4 2014-10-24 01:13 /usr/local/hadoop/tmp/mapred/system/jobtracker.info
```

3. du 命令

du 命令的使用方法为：

```
hadoop fs -du <hdfs 路径>
```

该命令用于显示指定路径下各目录中所有文件的大小。当<hdfs 路径>是一个文件时，显示此文件的大小。例如，要显示 HDFS 根目录下所有文件的大小，可以使用以下命令：

```
hadoop fs -du /
```

命令执行结果为：

```
[root@master ~]# hadoop fs -du /
Found 2 items
0           hdfs://master:9000/user
4           hdfs://master:9000/usr
```

这里/user 目录下所有文件的大小是 0B，/usr 目录下所有文件的大小是 4B。

4. dus 命令

dus 命令的使用方法为：

```
hadoop fs -dus <hdfs 路径>
```

该命令用于汇总统计指定目录下所有文件的大小。例如，要汇总显示 HDFS 根目录下所有文件的字节数总和，可以使用以下命令：

```
hadoop fs -dus /
```

命令执行结果为：

```
[root@master ~]# hadoop fs -dus /
hdfs://master:9000/      4
```

由于当前 HDFS 根目录及其子目录中只有一个文件，所以汇总结果是 4 字节。**注意区别 du 和 dus 两条命令的执行结果**。du 是显示指定路径下每个子目录中文件的字节数总和，dus 是汇总指定路径下所有文件（包括子目录的文件）的字节数总和。

5. count 命令

count 命令的使用方法为：

```
hadoop fs -count <hdfs 路径>
```

该命令用于显示指定路径下的文件、文件夹数量和文件总大小。例如，要显示/usr 目录下的文件夹数量、文件数量和文件总的大小，可以使用以下命令：

```
hadoop fs -count /usr
```

命令执行结果为：

```
[root@master ~]# hadoop fs -count /usr
        9            1              4 hdfs://master:9000/usr
```

从列表显示可知，/usr 路径下有 9 个文件夹和 1 个文件，文件总大小为 4B。读者可以执行 lsr 命令递归显示/usr 路径下的目录结构，来验证上面的命令结果。

6. mkdir 命令

mkdir 命令的使用方法为：

```
hadoop fs -mkdir <hdfs 路径>
```

该命令用于在 HDFS 上创建空目录，<hdfs 路径>是所创建的目录路径。例如，要在/user/<当前用户目录>下创建目录 dir1 和 dir2，可以使用以下命令：

```
hadoop fs -mkdir dir1
hadoop fs -mkdir dir2
```

命令执行结果为：

```
[root@master ~]# hadoop fs -mkdir dir1
[root@master ~]# hadoop fs -mkdir dir2
[root@master ~]# hadoop fs -ls
Found 2 items
drwxr-xr-x   - root supergroup          0 2014-10-23 00:25 /user/root/dir1
drwxr-xr-x   - root supergroup          0 2014-10-23 00:25 /user/root/dir2
```

7. put 命令

put 命令的使用方法为:

```
hadoop fs -put <本地源文件> ……<hdfs 路径>
```

该命令用于将本地源文件上传到 HDFS，本地源文件可以有多个。例如，将本地文件 file1.txt 上传到 HDFS 的目标路径/user/<当前用户目录>/dir1 中（当前用户为 root），可以使用下面的命令:

```
hadoop fs -put file1.txt /user/root/dir1
```

命令执行结果为:

```
[root@master ~]# hadoop fs -put file1.txt /user/root/dir1
[root@master ~]# hadoop fs -lsr
drwxr-xr-x   - root supergroup          0 2014-10-26 19:07 /user/root/dir1
-rw-r--r--   1 root supergroup         20 2014-10-26 19:07 /user/root/dir1/file1.txt
drwxr-xr-x   - root supergroup          0 2014-10-23 00:25 /user/root/dir2
```

将本地的两个文件 file1.txt 和 file2.txt 上传到 HDFS 的目标路径/user/<当前用户目录>/dir1 中（当前用户为 root），可以使用下面的命令:

```
hadoop fs -put file1.txt file2.txt /user/root/dir1
```

命令执行结果为:

```
[root@master ~]# hadoop fs -put file1.txt file2.txt /user/root/dir1
[root@master ~]# hadoop fs -lsr
drwxr-xr-x   - root supergroup          0 2014-10-26 19:33 /user/root/dir1
-rw-r--r--   1 root supergroup         20 2014-10-26 19:33 /user/root/dir1/file1.txt
-rw-r--r--   1 root supergroup         20 2014-10-26 19:33 /user/root/dir1/file2.txt
drwxr-xr-x   - root supergroup          0 2014-10-23 00:25 /user/root/dir2
```

由于访问的是当前用户目录，<hdfs 路径>可以使用相对路径，所以上面的命令也可以写成如下形式:

```
hadoop fs -put file1.txt dir1
hadoop fs -put file1.txt file2.txt dir1
```

8. copyFromLocal 命令

copyFromLocal 命令的使用方法为:

```
hadoop fs -copyFromLocal <本地源文件> ……<hdfs 路径>
```

该命令限定源路径是本地文件，用法与-put 相同，这里不再举例。

9. rm 命令

rm 命令的使用方法为:

```
hadoop fs -rm<hdfs 路径>
```

该命令用于删除指定文件或空目录。例如，要删除/user/<当前用户目录>/dir1 中的文件 file1.txt，这里当前用户为 root，可以执行以下命令:

```
hadoop fs -rm /user/root/dir1/file1.txt
```

命令执行结果为:

```
[root@master ~]# hadoop fs -lsr
drwxr-xr-x   - root supergroup          0 2014-10-26 19:07 /user/root/dir1
-rw-r--r--   1 root supergroup         20 2014-10-26 19:07 /user/root/dir1/file1.txt
drwxr-xr-x   - root supergroup          0 2014-10-23 00:25 /user/root/dir2
[root@master ~]# hadoop fs -rm /user/root/dir1/file1.txt
Deleted hdfs://master:9000/user/root/dir1/file1.txt
[root@master ~]# hadoop fs -lsr
drwxr-xr-x   - root supergroup          0 2014-10-26 19:23 /user/root/dir1
drwxr-xr-x   - root supergroup          0 2014-10-23 00:25 /user/root/dir2
```

以上三条命令的执行结果反映了 rm 操作执行前后目录的变化。由于访问的是当前用户目录，<hdfs 路径>可以使用相对路径，因此上面的命令也可以写成如下形式：

```
hadoop fs -rm dir1/file1.txt
```

可以使用通配符来表示满足条件的文件，例如，删除 dir1 目录下所有文件，可以使用命令：

```
hadoop fs -rm dir1/*.*
```

执行结果为：

```
[root@master ~]# hadoop fs -lsr dir1
-rw-r--r--   1 root supergroup         20 2014-10-27 18:59 /user/root/dir1/file1.txt
-rw-r--r--   1 root supergroup         20 2014-10-27 18:59 /user/root/dir1/file2.txt
[root@master ~]# hadoop fs -rm dir1/*.*
Deleted hdfs://master:9000/user/root/dir1/file1.txt
Deleted hdfs://master:9000/user/root/dir1/file2.txt
[root@master ~]# hadoop fs -lsr dir1
[root@master ~]#
```

注意，rm 命令也可以用来删除目录，但只能删除空目录，如果目录非空则操作失败。假设目录/user/root/dir1 是非空目录，如果执行 rm 命令来删除该目录，则命令无法正确执行。

```
hadoop fs -rm /user/root/dir1
```

执行结果显示：

```
[root@master ~]# hadoop fs -rm /user/root/dir1
rm: Cannot remove directory "hdfs://master:9000/user/root/dir1", use -rmr instead
```

即执行出错，信息提示该目录不能删除，如果想删除目录要使用 rmr 命令，表明 rm 命令不能删除非空目录。

10. rmr 命令

rmr 命令的用法为：

```
hadoop fs -rmr <路径>
```

该命令用于递归删除指定目录下的所有子目录和文件。例如，要删除/user/<当前用户目录>/dir1 目录下的所有子目录和文件，可以使用下面的命令：

```
hadoop fs -rmr dir1
```

命令执行结果为：

```
[root@master ~]# hadoop fs -lsr
drwxrwxrwx   - root supergroup          0 2014-10-28 00:15 /user/root/dir1
-rw-r--r--   1 root supergroup          0 2014-10-28 00:15 /user/root/dir1/empty
-rw-r--r--   1 root supergroup         20 2014-10-27 19:04 /user/root/dir1/file1.txt
-rw-r--r--   1 root supergroup         20 2014-10-27 19:04 /user/root/dir1/file2.txt
drwxr-xr-x   - root supergroup          0 2014-10-28 00:50 /user/root/dir2
[root@master ~]# hadoop fs -rmr dir1
Deleted hdfs://master:9000/user/root/dir1
[root@master ~]# hadoop fs -lsr
drwxr-xr-x   - root supergroup          0 2014-10-28 00:50 /user/root/dir2
```

可以看到在执行了 rmr 命令后，dir1 目录以及它所包含的所有子目录和文件全部被删除。

11. mv 命令

mv 命令的使用方法为：

```
hadoop fs -mv <源文件> <目的路径>
```

命令用以将文件从源路径移动到指定路径。例如，将目录/user/<当前用户目录>/dir1 中的文件 file2.txt 移动到目标路径 /user/<当前用户目录>/dir2 中，可以使用下面的命令：

```
hdfs fs -mv dir1/file2.txt dir2
```

命令执行结果为：

```
[root@master ~]# hadoop fs -lsr
drwxr-xr-x   - root supergroup          0 2014-10-26 19:46 /user/root/dir1
-rw-r--r--   1 root supergroup         20 2014-10-26 19:33 /user/root/dir1/file1.txt
-rw-r--r--   1 root supergroup         20 2014-10-26 19:33 /user/root/dir1/file2.txt
drwxr-xr-x   - root supergroup          0 2014-10-26 19:46 /user/root/dir2
[root@master ~]# hadoop fs -mv dir1/file2.txt dir2
[root@master ~]# hadoop fs -lsr
drwxr-xr-x   - root supergroup          0 2014-10-26 19:47 /user/root/dir1
-rw-r--r--   1 root supergroup         20 2014-10-26 19:33 /user/root/dir1/file1.txt
drwxr-xr-x   - root supergroup          0 2014-10-26 19:47 /user/root/dir2
-rw-r--r--   1 root supergroup         20 2014-10-26 19:33 /user/root/dir2/file2.txt
```

以上执行结果显示了使用 mv 命令前后源目录和目标目录中文件的变化。

12. cp 命令

cp 命令的使用方法为：

```
hadoop fs -cp <源文件> <目的路径>
```

该命令用以将文件从源路径复制到指定路径。例如，将目录/user/<当前用户目录>/dir1 中的文件 file1.txt 复制到目标目录 /user/<当前用户目录>/dir2 中，可以使用下面的命令：

```
hdfs fs -cp dir1/file1.txt dir2
```

命令执行结果为：

```
[root@master ~]# hadoop fs -lsr
drwxr-xr-x   - root supergroup          0 2014-10-26 19:47 /user/root/dir1
-rw-r--r--   1 root supergroup         20 2014-10-26 19:33 /user/root/dir1/file1.txt
drwxr-xr-x   - root supergroup          0 2014-10-26 19:53 /user/root/dir2
-rw-r--r--   1 root supergroup         20 2014-10-26 19:33 /user/root/dir2/file2.txt
[root@master ~]# hadoop fs -cp dir1/file1.txt dir2
[root@master ~]# hadoop fs -lsr
drwxr-xr-x   - root supergroup          0 2014-10-26 19:47 /user/root/dir1
-rw-r--r--   1 root supergroup         20 2014-10-26 19:33 /user/root/dir1/file1.txt
drwxr-xr-x   - root supergroup          0 2014-10-26 20:08 /user/root/dir2
-rw-r--r--   1 root supergroup         20 2014-10-26 20:08 /user/root/dir2/file1.txt
-rw-r--r--   1 root supergroup         20 2014-10-26 19:33 /user/root/dir2/file2.txt
```

以上执行结果显示了使用 cp 命令前后源目录和目标目录中文件的变化。

13. get 命令

get 命令的使用方法为：

```
hadoop fs -get [-ignoreCrc] [-crc] <hdfs源路径> <本地目的路径>
```

该命令用以将 HDFS 文件下载到本地。使用-ignoreCrc 选项表示复制 crc 校验失败的文件，使用-crc 选项表示复制文件及 crc 信息。

例如，要将 HDFS 的源路径/user/<当前用户目录>/dir2 中的文件 file2.txt 下载到本地当前路径下的 file 目录中，可以使用命令：

```
hadoop fs -get dir2/file2.txt file
```

命令执行结果为：

```
[root@master ~]# ls file
[root@master ~]# hadoop fs -get dir2/file2.txt file
[root@master ~]# ls file
file2.txt
```

第一条命令 ls file 用来查看本地 file 目录列表，结果表明在 file 目录下没有任何文件或文件夹；第二条命令的作用是将 HDFS 文件系统中/user/<当前用户目录>/dir2 目录下的 file2.txt 文件下载到本地 file 目录中；第三条命令结果显示 file 目录中存在从 HDFS 下载成功的文件。

14. copyToLocal 命令

copyToLocal 命令的使用方法为：

```
hadoop fs -copyToLocal [-ignoreCrc] [-crc] [hdfs源路径] [本地目的路径]
```

该命令限定目的路径是本地文件，含义与-get 命令相同，这里不再举例。

15. chmod 命令

chomd 命令的使用方法为：

```
hadoop fs -chmod[-R] <权限模式> [路径]
```

该命令用于修改文件的权限，类似于 Linux 系统中的 chmod 用法。使用选项-R 将使修改权限在目录结构下递归进行，也就是对目录中的所有文件修改权限。

例如，对 HDFS 文件系统的/user/<当前用户目录>/dir1 目录下的文件 file1.txt 增加写权限，可以使用下面的命令：

```
hadoop fs -chmod +w dir1/file1.txt
```

命令执行结果为：

```
[root@master ~]# hadoop fs -lsr dir1
-rw-r--r--   1 root supergroup         20 2014-10-26 19:33 /user/root/dir1/file1.txt
-rw-r--r--   1 root supergroup         20 2014-10-27 00:47 /user/root/dir1/file2.txt
[root@master ~]# hadoop fs -chmod +w dir1/file1.txt
[root@master ~]# hadoop fs -lsr dir1
-rw-rw-rw-   1 root supergroup         20 2014-10-26 19:33 /user/root/dir1/file1.txt
-rw-r--r--   1 root supergroup         20 2014-10-27 00:47 /user/root/dir1/file2.txt
```

以上执行结果显示了 chmod 命令执行前后 file1.txt 文件权限的变化。

使用选项-R 可以对目录中的所有文件修改权限，例如，使用下面的命令改变 dir1 目录下所有文件的权限，600 表示只有属主对 dir1 目录下的文件有读写权限，同组用户以及其他用户对文件没有任何访问权限。

```
hadoop fs -chmod -R 600 dir1
```

执行结果为：

```
[root@master ~]# hadoop fs -lsr dir1
-rw-r--r--   1 root supergroup         20 2014-10-26 19:33 /user/root/dir1/file1.txt
-rw-r--r--   1 root supergroup         20 2014-10-27 00:47 /user/root/dir1/file2.txt
[root@master ~]# hadoop fs -chmod -R 600 dir1
[root@master ~]# hadoop fs -lsr dir1
-rw-------   1 root supergroup         20 2014-10-26 19:33 /user/root/dir1/file1.txt
-rw-------   1 root supergroup         20 2014-10-27 00:47 /user/root/dir1/file2.txt
```

执行结果显示使用-R 选项后 dir1 目录中所有文件的权限都发生了变化。

16. moveFromLocal 命令

moveFromLocal 命令的用法是：

```
hadoop fs -moveFromLocal<本地源路径>……<hdfs 目标路径>
```

命令用于把本地文件移动到 HDFS 的目标路径下，本地源文件可以有多个。moveFromLocal 命令和 copyFromLocal 命令的格式相似，两者的区别是前者是把本地文件移动到 HDFS，后者是把本地文件复制到 HDFS。

例如，要把本地/root/file 目录下的两个文件 file1.txt 和 file2.txt 移动到 HDFS 文件系统的/user/<当前用户目录>/dir1 目录下，可以使用下面的命令：

```
hadoop fs -moveFromLocal file/file1.txt file/file2.txt dir1
```

命令执行结果如下：

```
[root@master ~]# ll file
total 8
-rw-r--r--. 1 root root 20 Oct 27 18:54 file1.txt
-rw-r--r--. 1 root root 20 Oct 27 02:02 file2.txt
[root@master ~]# hadoop fs -lsr dir1
[root@master ~]# hadoop fs -moveFromLocal file/file1.txt file/file2.txt dir1
[root@master ~]# hadoop fs -lsr dir1
-rw-r--r--   1 root supergroup         20 2014-10-27 19:04 /user/root/dir1/file1.txt
-rw-r--r--   1 root supergroup         20 2014-10-27 19:04 /user/root/dir1/file2.txt
[root@master ~]# ll file
total 0
```

以上执行结果显示了使用 moveFromLocal 命令前后，在本地源路径和 HDFS 目标路径下文件列表的变化。第一条命令 ll file 用来显示本地 file 目录下的文件列表，可以看到该目录下有两个文件 file1.txt 和 file2.txt；第二条命令 hadoop fs -lsr dir1 的执行结果表明，在 HDFS 文件系统的/user/<当前用户目录>/dir1 目录下没有任何文件或子目录；第三条命令的作用是把本地 file 目录下的两个文件 file1.txt 和 file2.txt 移动到 HDFS 文件系统的/user/<当前用户目录>/dir1 目录下；最后两条命令 hadoop fs -lsr dir1 和 ll file 的结果显示这两个本地文件被成功移动到 HDFS 的目标目录 dir1 中。

17. moveToLocal 命令

moveToLocal 命令的用法是：

```
hadoop fs -moveToLocal [-crc] <hdfs 源路径> <本地目标路径>
```

该命令用于把 HDFS 上的指定文件移动到本地目标路径下。moveToLocal 和 copyToLocal 的命令格式相似，前者把 HDFS 的源文件移动到本地目标路径，后者把 HDFS 的源文件复制到本地目标路径。例如，将 HDFS 文件系统中/user/<当前用户目录>/dir1 目录下的文件移动到本地目录 file 中，可以使用下列命令：

```
hadoop fs -moveToLocal dir1/file1.txt file
```

18. cat 命令

cat 命令的用法是:

```
hadoop fs -cat < hdfs 文件>
```

命令用于查看 HDFS 上指定文件的内容。例如,查看/user/<当前用户目录>/dir1 目录下 file1.txt 和 file2.txt 文件的内容,可以使用下面的命令:

```
hadoop fs -cat dir1/file1.txt
hadoop fs -cat dir1/file2.txt
```

命令执行结果如下:

```
[root@master ~]# hadoop fs -cat dir1/file1.txt
"Hello hadoop "
[root@master ~]# hadoop fs -cat dir1/file2.txt
Hello Cloud Compute
```

19. text 命令

text 命令的用法是:

```
hadoop fs -text <hdfs 文件>
```

该命令用于查看 HDFS 上指定文件的内容,作用与 cat 命令相同,这里不再举例。

20. tail 命令

tail 命令的用法是:

```
hadoop fs -tail [-f] <hdfs 文件>
```

该命令用于查看指定的文件尾部 1K 字节内容,使用选项-f 表示当文件发生变化时,自动显示最新内容,通常用于查看较大的日志文件。

例如,使用下面的命令可以查看 HDFS 根目录下 install.log 文件尾部 1K 字节的内容:

```
hadoop fs -tail /install.log
```

21. getmerge 命令

getmerge 命令的用法是:

```
hadoop fs -getmerge <hdfs 源路径> <本地目的路径>[addnl]
```

该命令用以把 HDFS 指定目录下的所有文件内容合并成本地的目标文件,使用选项 addnl 表示在每个文件末尾添加一个换行符。

例如,要将/user/<当前用户目录>/dir1 目录下的两个文件的内容合并成本地文件,存放在本地的 file 目录中,文件名为 file_merge,可以使用下面的命令:

```
hadoop fs -getmerge dir1 file/file_merge
```

命令执行结果为:

```
[root@master ~]# ll file
total 0
[root@master ~]# hadoop fs -lsr dir1
-rw-r--r--   1 root supergroup         20 2014-10-27 19:04 /user/root/dir1/file1.txt
-rw-r--r--   1 root supergroup         20 2014-10-27 19:04 /user/root/dir1/file2.txt
```

```
[root@master ~]# hadoop fs -getmerge dir1 file/file_merge
14/10/27 19:21:49 INFO util.NativeCodeLoader: Loaded the native-hadoop library
[root@master ~]# ll file
total 4
-rwxrwxrwx. 1 root root 40 Oct 27 19:21 file_merge
[root@master ~]# cat file/file_merge
"Hello hadoop "
Hello Cloud Compute
```

第一条命令 ll file 执行结果显示本地目录 file 下没有任何文件；第二条命令 hadoop fs -lsr dir1 用来显示 HDFS 文件系统中/user/<当前用户目录>/dir1 目录下的文件列表，结果表明该目录下有两个文件；第三条命令的作用是将 HDFS 中/user/<当前用户目录>/dir1 目录下两个文件合并成本地目标文件 file_merge，合并后的文件存放在本地目录 file 中；第四条命令 ll file 显示本地 file 目录中有合并后的文件 file_merge；最后一条命令显示合并后的本地文件 file_merge 的内容，这些内容是由 file1.txt 和 file2.txt 文件内容合并而成的。

22. setrep 命令

setrep 命令的用法是：

```
hadoop fs -setrep [-R] [-w] <副本数> <路径>
```

该命令用于修改文件副本数量。HDFS 文件系统默认的文件副本数是 3，如果要修改文件的副本数，可以在该命令<副本数>选项中指定具体数值。HDFS 会自动执行文件的复制工作，产生新的副本。本例中测试所用的 Hadoop 平台是单节点环境，只有一个 DataNode，因此我们把默认的副本数配置成 1，这也是用"Hadoop fs -ls"命令显示文件信息时副本数显示为 1 的原因。

如果要将/user/<当前用户目录>/dir1 目录中的 file1.txt 文件副本数设置为 2，使用的具体命令是：

```
hadoop fs -setrep 2 dir1/file1.txt
```

用户可以在使用 setrep 命令前后分别查看 dir1 目录下文件的信息列表，观察文件副本数的变化。

如果在命令中使用选项-R，则表示递归改变目录下所有文件的副本数。例如，使用下面的命令可以把 dir1 目录中的所有文件副本数改为 2：

```
hadoop fs -setrep -R 2 dir1
```

如果在命令中使用选项-w，则表示等待副本操作结束才退出命令。例如，使用以下命令：

```
hadoop fs -setrep -w 3 dir1/file1.txt
```

命令的执行情况如下所示：

```
[root@master ~]# hadoop fs -setrep -w 3 dir1/file1.txt
Replication 3 set: hdfs://master:9000/user/root/dir1/file1.txt
Waiting for hdfs://master:9000/user/root/dir1/file1.txt .....
```

命令执行的过程中显示副本操作的进度，需要等待几分钟才退出命令。

23. touchz 命令

touchz 命令的用法是：

```
hadoop fs -touchz <文件路径>
```

该命令用于创建空白文件。例如，要在/user/<当前用户目录>/dir1 目录下创建一个空白文件 empty，可以使用以下命令：

```
hadoop fs -touchz dir1/empty
```

命令执行结果为：

```
[root@master ~]# hadoop fs -lsr dir1
-rw-r--r--   1 root supergroup         20 2014-10-27 19:04 /user/root/dir1/file1.txt
-rw-r--r--   1 root supergroup         20 2014-10-27 19:04 /user/root/dir1/file2.txt
[root@master ~]# hadoop fs -touchz dir1/empty
[root@master ~]# hadoop fs -lsr dir1
-rw-r--r--   1 root supergroup          0 2014-10-28 00:15 /user/root/dir1/empty
-rw-r--r--   1 root supergroup         20 2014-10-27 19:04 /user/root/dir1/file1.txt
-rw-r--r--   1 root supergroup         20 2014-10-27 19:04 /user/root/dir1/file2.txt
```

以上命令的执行结果显示了 touchz 命令执行前后 dir1 目录中文件列表的变化。

24. test 命令

test 命令的用法为：

```
hadoop fs - test -[ezd] <路径>
```

该命令用于检查指定文件的相关信息。选项-e 表示检查文件是否存在，-z 表示检查文件是否是 0 字节，-d 表示检查指定的路径是否为目录。

例如，要检查/user/<当前用户目录>/dir1 目录下 file1.txt 文件是否存在，可以使用下面命令：

```
hadoop fs -test -e dir1/file1.txt
```

25. stat 命令

stat 命令的用法是：

```
hadoop fs -stat [format] <路径>
```

该命令用于显示文件统计信息。选项 format 用来指定统计信息格式，如 '%b' 表示文件大小，'%n' 表示文件名称，'%o' 表示块大小，'%r' 表示副本数，'%y' 表示访问时间。

例如，要查看 HDFS 根目录下 install.log 文件的统计信息，可以使用下面的命令：

```
hadoop fs -stat '%b %n %o %r %y ' /install.log
```

命令执行结果为：

```
[root@master ~]# hadoop fs -stat '%b %n %o %r %y ' /install.log
37667 install.log 67108864 1 2014-10-28 02:50:08
```

命令执行后按照指定格式显示文件的统计信息，显示的信息依次为文件大小（37 667）、文件名（install.log）、文件块的大小（67 108 864）、文件副本数（1）和访问时间。

26. help 命令

help 命令的使用方法为：

```
hadoop fs -help [命令选项]
```

该命令用于查询指定 HDFS 命令的帮助信息。例如，要查询 mv 命令的用法，可以使用下列命令：

```
hadoop fs -help mv
```

命令执行结果显示 mv 命令的使用格式以及含义。

```
[root@master ~]# hadoop fs -help mv
-mv <src> <dst>:   Move files that match the specified file pattern <src>
                   to a destination <dst>. When moving multiple files, the
                   destination must be a directory.
```

7.1.3 HDFS 的 Web 接口

Hadoop 提供了可用的 Web 访问接口，用户可以通过 Web 页面查看集群的工作信息。常用的几个端口有：50070 端口，查看 NameNode 状态；50075 端口，查看 DataNode 状态；50030 端口，查看 JobTracker 状态；以及 50060 端口，查看 TaskTracker 状态。

用户通过 http://NameNodeIP:50070 访问 HDFS 的 Web 页面，这里提供了浏览文件系统的基本功能，点击页面中的"Browse the filesystem"链接，可以查看 HDFS 的目录结构，如图 7-2 所示。Web 页面只能浏览文件系统，不能创建或修改目录结构。该页面中还可以显示 NameNode 的日志列表，用户可以点击日志链接查看日志文件。

Contents of directory /

Goto: /   [go]

Name	Type	Size	Replication	Block Size	Modification Time	Permission	Owner	Group
dirtest	dir				2015-06-17 00:43	rwxr-xr-x	user	supergroup
input	dir				2015-01-09 00:29	rwxr-xr-x	root	supergroup
output	dir				2015-01-09 00:30	rwxrwxrwx	root	supergroup
user	dir				2015-01-09 00:12	rwxrwxrwx	root	supergroup
usr	dir				2015-06-15 19:00	rwxr-xr-x	root	supergroup

Go back to DFS home

图 7-2　HDFS 的目录结构

50070 端口和 50075 端口的默认配置信息在文件 hdfs-default.xml 中进行设置。配置信息为：

```xml
<property>
  <name>dfs.http.address</name>
  <value>0.0.0.0:50070</value>
  <description>
    The address and the base port where the dfs namenode web ui will listen on.
    If the port is 0 then the server will start on a free port.
  </description>
</property>

<property>
  <name>dfs.datanode.http.address</name>
  <value>0.0.0.0:50075</value>
  <description>
    The datanode http server address and port.
    If the port is 0 then the server will start on a free port.
  </description>
</property>
```

如果要修改端口的配置，需要在文件 hdfs-site.xml 中修改信息。

除了查看节点状态，Hadoop 也为用户提供了用以查看 Job 工作进程的 Web 界面。用户访问 http://JobTrackerHostIP:50030 可以打开 Jobtracker 的信息页面，访问 http://TaskTrackerHostIP:50060 可以查看 TaskTracker 的状态信息。本例的测试环境是单节点 Hadoop 平台，NameNode 承担 JobTracker 和 TaskTracke 的角色，所以使用 NameNode 节点的 IP 地址。

JobTracker 页面可以查看的信息如下：集群统计信息，包括提交的 Job 总数、map 任务容量、reduce 任务容量等；正在运行、已经成功执行以及失败的各个作业的信息列表；正在运行的作业调度信息；JobTracker 日志目录的地址链接和 Job Tracker History 的地址链接。TaskTracker 页面可以查看的信息包括处于运行和非运行状态的任务列表，运行作业对应的任务列表以及日志列表的链接。

50030 和 50060 端口的定义都在配置文件 mapred-default.xml 中进行设置，mapred-default.xml 文件在$HADOOP_HOME/src/mapred 目录下。文件配置信息为：

```
<property>
  <name>mapred.job.tracker.http.address</name>
  <value>0.0.0.0:50030</value>
  <description>
    The job tracker http server address and port the server will listen on.
    If the port is 0 then the server will start on a free port.
  </description>
</property>

<property>
  <name>mapred.task.tracker.http.address</name>
  <value>0.0.0.0:50060</value>
  <description>
    The task tracker http server address and port.
    If the port is 0 then the server will start on a free port.
  </description>
</property>
```

如果要修改以上两个端口的配置信息，需要在 mapred-site.xml 文件中修改。

7.1.4 HDFS 的 Java 访问接口

Hadoop 提供了 Java 接口来实现对文件系统的交互和操作，用户可以通过 Hadoop URL 方式读取文件，也可以通过 Hadoop 提供的文件系统的 API 进行文件读写。本节主要介绍 HDFS 常用的 Java 访问接口。

1. HDFS 开发环境设置

本例中的测试程序使用 Windows 下的 Eclipse 作为开发环境，用以访问虚拟机中运行的 HDFS。若要使用 Java 代码访问 HDFS，需要在 Java 工程中添加外部依赖。具体操作是：

1）打开 Eclipse，通过"文件"菜单创建一个 Java 工程，这里将工程命名为"hadoop_examples"。

2）在创建的工程上，单击鼠标右键，在弹出菜单中选择最后一项"属性"，打开该工程的属性设置窗口，如图 7-3 所示。在设置窗口的左侧选择"Java 构建路径"，右侧选择"库"标签栏，单击"添加外部 JAR(X)"按钮。

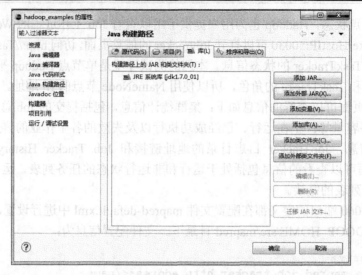

图 7-3 Java 工程的属性设置

3) 在弹出窗口中选择需要导入的所有 jar 包：包括 hadoop-1.1.2 文件夹下的所有 jar 包，（如图 7-4 所示）以及 hadoop-1.1.2/lib 目录下的所有 jar 包（如图 7-5 所示）。选择 jar 包后，单击"打开"按钮，即把外部 jar 包加入库。

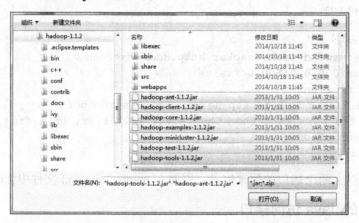

图 7-4 添加 hadoop-1.1.2 文件夹下的所有 jar 包

图 7-5 添加 hadoop-1.1.2/lib 目录下的所有 jar 包

2. 使用 Hadoop URL 读取 HDFS 文件

从 Hadoop 中读取文件的一个简单方法是，通过 java.net.URL 对象打开一个数据流，然后调用 IOUtils 类的静态方法 copyBytes()将 HDFS 数据流复制到标准输出流 System.out 中。

【例 7-1】假设在 HDFS 的根目录下存放了一个名为 Download 的文件，通过 URL 方式读取该文件的代码为：

```java
package hdfs;
import java.net.URL;
import java.io.InputStream;
import org.apache.hadoop.fs.FsUrlStreamHandlerFactory;
import org.apache.hadoop.io.IOUtils;
public class App1 {
    public static final String HDFS_PATH="hdfs://192.168.80.100:9000/Download";
    public static void main(String[] args)throws Exception{
        URL.setURLStreamHandlerFactory(new FsUrlStreamHandlerFactory());
        final URL url=new URL(HDFS_PATH);
        final InputStream in=url.openStream();
        IOUtils.copyBytes(in, System.out, 1024, true);
    }
}
```

程序中在使用 URL 对象打开一个数据流之前预先调用了它的静态方法 setURLStreamHandlerFactory()，设置为 FsUrlStreamHandlerFactory，由该 Factory 来解析 hdfs 协议，这个方法只能调用一次，所以写在静态块中。如果没有设置这个解析器，程序运行时会报错，显示无法识别 hdfs 协议。Hadoop 提供了一个 IOUtils 类（org.apache.hadoop.io.IOUtils），其方法 copyBytes()的功能是复制数据流，它的定义形式是 copyBytes（InputStream in，OutputStream out, int buffSize, boolean close），其中参数 in 表示输入流，out 表示输出流，buffsize 表示缓冲区大小，close 是布尔变量，表示复制完毕后是否关闭流。

上述代码运行后在 Eclipse 的控制台显示 Download 文件中的内容，执行结果如图 7-6 所示。

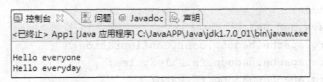

图 7-6　使用 URL 方式读取文件的执行结果

使用 URL 方式只能读取数据，不能写入数据。如果要对 HDFS 进行写操作，就需要使用 HDFS 提供的 API，通过使用 FileSystem 类来实现对数据的读写操作。

3. 使用 FileSystem API 读写数据

Hadoop 提供了一个 Java 抽象类 org.apache.hadoop.fs.FileSystem，用来定义分布式文件系统的接口，实现对文件的交互和操作。FileSystem 类封装了几乎所有的文件操作，例如创建目录、显示目录列表，读写 HDFS 文件，对 HDFS 文件的上传、下载以及删除等。用户通过以下两种静态 Factory 方法可以获取 FileSystem 实例：

```
public static FileSystem get(Configuration conf) throws IOException
public static FileSystem get(URI uri, Configuration conf) throws IOException
```

一个 Configuration 对象封装了客户端或服务器端的配置信息，这些配置信息是通过从 Hadoop 的配置文件（如 core-default.xml 或 core-site.xml）中读取出来的键值对来设置的。第一种方法返回默认的文件系统。默认的文件系统在配置文件 core-site.xml 中通过 fs.default.name 来指定，如果在配置文件中没有设置，则返回本地文件系统。第二种方法通过 URI 来指定要返回的文件系统。如果 URI 是以 hdfs 标识开头的，那么就返回一个 hdfs 文件系统，如果 URI 中没有相应的标识，则返回本地文件系统。

如果要使用一个本地文件系统，也可以使用以下方法：

```
public static LocalFileSystem getLocal(Configuration conf) throws IOException
```

使用 FileSystem API 操作文件的程序框架为：

```
operator()
{
    设置 Configuration 对象；
    获取 FileSystem 对象；
    进行文件操作；
}
```

下面介绍使用 FileSystem API 实现对 HDFS 文件的具体操作，包括创建目录、显示目录文件列表、创建文件、读取文件、上传文件、下载文件以及删除文件。

1）创建目录

FileSystem 提供了创建目录的方法：

```
public boolean mkdirs(Path f) throws IOException
```

该方法的作用是新建所有目录（包括父目录），参数 f 是完整的目录路径。mkdirs()方法返回布尔值，返回 true 表示创建成功，返回 false 表示创建失败。

【例 7-2】 以下代码用于实现在 HDFS 根目录下创建目录 dirtest。

```java
package hdfs;
import java.net.URI;
import org.apache.hadoop.conf.Configuration;
import org.apache.hadoop.fs.FileSystem;
import org.apache.hadoop.fs.Path;
public class App2 {
    public static final String HDFS_PATH="hdfs://192.168.80.100:9000";
    public static final String DIR_PATH="/dirtest";
    public static void main(String[] args)throws Exception{
        final FileSystem fs=FileSystem.get(new URI(HDFS_PATH) , new Configuration());
        /*调用 mkdirs()方法创建目录 */
        fs.mkdirs(new Path(DIR_PATH));
    }
}
```

我们知道，在同一个目录下不能有多个同名的子目录存在，所以为了保证创建操作能正确执行,在创建目录前可以使用 exits()方法判断该目录是否存在,如果不存在,再执行创建操作。exits()方法如下:

```
public boolean exists(Path f) throws IOException
```

指定目录由参数 f 传入,该方法返回一个布尔值。当指定目录存在时返回 true,不存在时返回 false。

调用 exits()方法的代码如下:

```
boolean exit=fs.exits(new Path(DIR_PATH))
if(!exit)
{
    fs.mkdirs(new Path(DIR_PATH));
}
```

程序运行后可以用 Shell 命令查看所创建的目录,以下的命令结果显示了该程序运行前后目录列表的变化。第一个"ls"命令的结果显示的是程序执行之前 HDFS 根目录下的文件列表,第二个"ls"命令的结果显示的是程序执行之后的文件列表。

```
[root@master ~]# hadoop fs -ls /
Found 2 items
drwxrwxrwx   - root supergroup          0 2014-10-30 00:12 /user
drwxr-xr-x   - root supergroup          0 2014-10-23 23:49 /usr
[root@master ~]# hadoop fs -ls /
Found 3 items
drwxr-xr-x   - user supergroup          0 2014-10-30 00:20 /dirtest
drwxrwxrwx   - root supergroup          0 2014-10-30 00:12 /user
drwxr-xr-x   - root supergroup          0 2014-10-23 23:49 /usr
```

2)显示目录文件列表

FileSystem 提供了浏览目录结构以及检索目录文件相关信息的功能。显示目录文件列表的方法是:

```
public FileStatus[] listStatus (Path f) throws IOExcertion
```

显示目录列表的路径由参数 f 指定,如果传给参数 f 的是一个文件,那么 listStatus()方法返回该文件的 FileStatus 对象;如果传给参数 f 的是一个目录,那么 listStatus()方法返回零个或多个 FileStatus 对象,表示该目录包含的文件和子目录。

FileStatus 类封装了文件系统中文件或目录的元数据,包括文件长度、块大小、备份、修改时间、所有者以及权限信息,并提供了获取这些信息的方法。常用的方法有:getReplication():获取文件的副本数;getPermission():获取文件或目录的访问权限;getLen():获取文件或目录的字节数;getPath():获取文件或目录的路径。FileStatus 对象由 FileSystem 的 getFileStatus()方法获得,调用该方法的时候要把文件的 Path 传进去。

【例 7-3】显示 HDFS 文件系统中根目录下的文件和子目录信息。

```
package hdfs;
import java.net.URI;
import org.apache.hadoop.conf.Configuration;
import org.apache.hadoop.fs.FileSystem;
import org.apache.hadoop.fs.Path;
import org.apache.hadoop.fs.FileStatus;
```

```java
public class App2{
    public static final String HDFS_PATH="hdfs://192.168.80.100:9000";
    public static void main(String[] args)throws Exception{
        final FileSystem fs=FileSystem.get(new URI(HDFS_PATH),new Configuration());
        /*pathString 表示要显示目录列表的路径，这里设为根目录*/
        final String pathString = "/";
        /*调用 listStatus()方法得到指定路径下的文件列表,列表信息用对象 fileStatus 表示*/
        final FileStatus[] listStatus = fs.listStatus(new Path(pathString));
        /*显示每个文件（子目录）的信息*/
        for (FileStatus fileStatus : listStatus) {
            /*定义显示的类型是目录或文件*/
            final String type = fileStatus.isDir()?"目录":"文件";
            /*调用 getReplication()方法得到文件（子目录）的副本数*/
            final short replication = fileStatus.getReplication();
            /*调用 getPermission()方法得到文件（子目录）的访问权限*/
            final String permission = fileStatus.getPermission().toString();
            /*调用 getLen()得到文件（子目录）字节数*/
            final long len = fileStatus.getLen();
            /*调用 getPath()得到文件（子目录）路径*/
            final Path path = fileStatus.getPath();
            /*输出列表信息到控制台*/
            System.out.println(type+"\t"+permission+"\t"+replication+"\t"+len+"\t"+path);
        }
    }
}
```

程序中通过调用 listStatus()方法得到指定路径下的文件和目录列表，每一个文件或目录的详细信息用对象 fileStatus 表示，这些信息包括类型、权限、副本数、字节数以及路径。程序中用 for 循环显示每一个 fileStatus 对象的详细信息。

程序运行后在控制台显示指定路径下的文件和目录列表及详细信息，如图 7-7 所示。

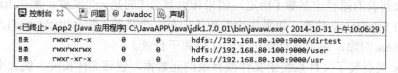

图 7-7 显示目录列表程序执行结果

3）HDFS 文件的写入

FileSystem 提供了创建 HDFS 文件的方法：

```
public FSDataOutputStream create(Path f) throws IOExcertion
```

参数 f 表示被创建文件的路径，该方法返回一个用以写入数据的输出流。create()方法会创建指定的文件名中包含的任何不存在的父目录，如果在父目录中存在其他数据，这些数据会被覆盖掉从而导致文件丢失。因此，在调用 create()方法之前可以先调用 exists()方法检查指定的父目录是否存在，如果存在则报错，让 create()操作失败，如果不存在则创建文件。

create()有多个重载版本，允许用户指定是否强制覆盖已有的文件、文件备份数量、写入文件缓冲区大小、文件块大小以及文件权限。

除了创建一个新文件以写入数据以外，FileSystem 还提供了 append()方法向一个已存在的文件添加数据：

```
public FSDataOutputStream append(Path f) throws IOException
```

有了这个函数，应用程序就可以对那些不限制大小的文件追加数据了，append()常用于对日志文件追加日志。

create()方法和 append()方法均返回 FSDataOutputStream 对象。FSDataOutputStream 是 Hadoop 对于写操作提供的一个类，这个类重载了很多 write()方法，用于写入多种类型的数据，如字节数组、long、int、char 等。FSDataOutputStream 有一个查询文件当前位置的方法：

```
public class FSDataOutputStream extends DataOutputStream implements Syncable {
    public long getPos() throws IOException;
}
```

但 FSDataOutputStream 类不允许在文件中定位，这是因为 HDFS 只允许对一个已打开的文件顺序写入，或在现有文件的末尾追加数据，不支持在其他位置进行写入。

【例 7-4】在 HDFS 的指定目录下创建一个文件。

```
package hdfs;
import java.io.ByteArrayInputStream;
import java.net.URI;
import org.apache.hadoop.conf.Configuration;
import org.apache.hadoop.fs.FSDataOutputStream;
import org.apache.hadoop.fs.FileSystem;
import org.apache.hadoop.fs.Path;
import org.apache.hadoop.io.IOUtils;
public class App2 {
    public static final String HDFS_PATH="hdfs://192.168.80.100:9000";
    public static void main(String[] args)throws Exception{
        final FileSystem fs=FileSystem.get(new URI(HDFS_PATH) , new Configuration());
/*pathString 表示创建的文件路径。文件在/dirtest 目录下，文件名为 filetest*/
        final String pathString = "/dirtest/filetest";
/*调用 create()方法创建一个输出流*/
        final FSDataOutputStream fsDataOutputStream=fs.create(new Path(pathString));
/*调用 copyBytes()方法把一个字符串发送到输出流*/
        IOUtils.copyBytes(new ByteArrayInputStream("This is a test for
        Writing".getBytes()),fsDataOutputStream, new Configuration(), true);
    }
}
```

程序中使用 IOUtils 类的静态方法 copyBytes()把一个给定的字符串发送给输出流，这个输出流是通过调用 create()方法得到的。这里 copyBytes()方法的调用形式为 copyBytes（InputStream in, OutputStream out,Configuration conf, boolean close），第一个参数表示输入流，第二个参数表示输出流，第三个参数表示配置对象，第四个参数是布尔值，表示在数据传输完后关闭流。

程序执行后使用 Shell 命令查看文件是否创建成功。以下是 Shell 命令查看的结果。

```
[root@master ~]# hadoop fs -lsr /dirtest
[root@master ~]# hadoop fs -lsr /dirtest
-rw-r--r--   3 user supergroup         26 2014-10-30 19:25 /dirtest/filetest
[root@master ~]# hadoop fs -cat /dirtest/filetest
This is a test for Writing[root@master ~]#
```

第一条"lsr"命令在程序执行之前操作，结果显示在"/dirtest"目录下没有文件；第二条"lsr"命令在程序执行后操作，结果显示在"/dirtest"目录下创建文件成功；第三条"cat"命令显示所创建的文件内容是程序中给定的字符串。

4) HDFS 文件的读取

通过 FileSystem 类的 get()方法实例化 FileSystem 对象后，我们可以调用该实例的 open()方法来打开给定文件的输入流：

```
public FSDataInputStream open(Path f) throws IOExcertion
```

该方法使用一个默认的 4KB 的输入缓冲区。与 URL 的 openStream()方法返回 InputStream 不同，FileSystem 的 open()方法返回的是一个 FSDataInputStream 对象。FSDataInputStream 类实现了 Closeable、DataInput、PositionedReadable、Seekable 等接口，Seekable 接口的 seek()和 getPos()方法允许跳转到流中的某个位置并获取其位置。FSDataInputStream 类支持从流的任何位置读取数据，这一点和 FSDataOutputStream 不同，FSDataOutputStream 不允许在除文件末尾以外的其他位置写入数据。

【例 7-5】 使用 FileSystem API 读取并显示 HDFS 文件的内容。

```java
package hdfs;
import java.net.URI;
import org.apache.hadoop.conf.Configuration;
import org.apache.hadoop.fs.FSDataInputStream;
import org.apache.hadoop.fs.FileSystem;
import org.apache.hadoop.fs.Path;
import org.apache.hadoop.io.IOUtils;
public class App2 {
    public static final String HDFS_PATH="hdfs://192.168.80.100:9000";
    public static void main(String[] args)throws Exception{
        final FileSystem fs=FileSystem.get(new URI(HDFS_PATH) , new Configuration());
/*pathString 表示要读取的文件*/
        final String pathString = "/dirtest/filetest";
/*调用 open()方法打开指定的文件*/
        final FSDataInputStream fsDataInputStream=fs.open(new Path(pathString));
/*调用 IOUtils.copyBytes()方法输出文件内容到控制台*/
        IOUtils.copyBytes(fsDataInputStream, System.out, new Configuration(), true);
    }
}
```

程序中使用 open()方法打开一个指定的文件，该方法的返回值是一个通向该文件的输入流，通过调用 copyBytes()方法把输入流复制到标准输出流 System.out，即把文件内容从控制台显示出来。图 7-8 所示是程序的执行结果。

```
🖳 控制台 ✕   🖳 问题   @ Javadoc   🖳 声明
<已终止> App2 [Java 应用程序] C:\JavaAPP\Java\jdk1.7.0_01\bin\javaw.exe
This is a test for Writing
```

图 7-8 使用 FileSystem API 读取 HDFS 文件的执行结果

5）上传文件

使用 FileSystem 提供的 create()方法和 IOUtils 类的 copyBytes()方法可以实现把本地文件上传到 HDFS 文件系统的功能。首先调用 create()方法创建一个通向 HDFS 的输出流，然后调用 FileInputStream() 读取本地文件中的字节数据，最后使用 IOUtils 类的 copyBytes()方法把本地文件发送到输出流形成一个 HDFS 文件。

【例 7-6】 从本地复制一个文件到 HDFS 的指定路径。

```java
package hdfs;
import java.io.FileInputStream;
import java.net.URI;
import org.apache.hadoop.conf.Configuration;
import org.apache.hadoop.fs.FSDataOutputStream;
import org.apache.hadoop.fs.FileSystem;
import org.apache.hadoop.fs.Path;
import org.apache.hadoop.io.IOUtils;
public class App2 {
    public static final String HDFS_PATH="hdfs://192.168.80.100:9000";
/*FILE_PATH表示上传到HDFS的文件名*/
    public static final String FILE_PATH="/dirtest/file";
    public static void main(String[] args)throws Exception{
        final FileSystem fs=FileSystem.get(new URI(HDFS_PATH) , new
                            Configuration());
/*调用create()方法创建一个通向HDFS的输出流*/
        final FSDataOutputStream out=fs.create(new Path(FILE_PATH));
/*读取本地文件生成输入流*/
        final FileInputStream in=new FileInputStream("e:/install.log");
/*调用IOUtils.copyBytes()方法把本地文件发送到输出流*/
        IOUtils.copyBytes(in, out, 1024, true);
    }
}
```

copyBytes()的调用语句中，参数 in 是输入流，表示本地源文件名称。out 是输出流，表示 HDFS 文件的路径。

程序执行后可以使用 HDFS Shell 命令查看文件列表，验证文件是否上传成功。查看结果为：

```
[root@master ~]# hadoop fs -lsr /dirtest
[root@master ~]# hadoop fs -lsr /dirtest
-rw-r--r--   3 user supergroup      37667 2014-10-30 01:14 /dirtest/file
```

第一条"lsr"命令在程序执行之前操作，结果显示在"/dirtest"目录下没有文件；第二条"lsr"命令在程序执行后操作，结果显示在"/dirtest"目录下存在上传的文件。

此外，FileSystem 提供了 copyFromLocalFile()方法用以把本地文件上传到 HDFS 文件系统：

```
public void copyFromLocalFile(Path src, Path dst) throws IOException
public void copyFromLocalFile(boolean delSrc, Path src, Path dst)
    throws IOException
public void copyFromLocalFile(boolean delSrc, boolean overwrite, Path src,
    Path dst) throws IOException
public void copyFromLocalFile(boolean delSrc, boolean overwrite, Path[]
    srcs, Path dst) throws IOException
```

上传的源文件路径和目的路径分别由参数 src 和 dst 指定,copyFromLocal()提供了一些重载方法,可以使用 boolean 型参数来设置把本地文件上传后是否删除源文件及是否覆盖已有文件,也可以设置上传多个源文件。

【例 7-7】使用 copyFromLocalFile()方法上传本地文件到 HDFS 文件系统。

```java
package hdfs;
import org.apache.hadoop.conf.Configuration;
import org.apache.hadoop.fs.FileSystem;
import org.apache.hadoop.fs.Path;
public class App2 {
    /* dst_Path 表示上传到 HDFS 的目标路径,UploadFile 是上传后的文件名 */
    public static String dst_HDFS_PATH= "hdfs://192.168.80.100:9000/
        dirtest/UploadFile";
    static Path dst_Path=new Path(dst_HDFS_PATH);
 /*src_Path 表示被上传的本地文件路径*/
    public static final String src_Path="e:/install.log";
    public static void main(String[] args)throws Exception{
        FileSystem fs=dst_Path.getFileSystem(new Configuration());
 /*调用 copyFromLocalFile()方法将本地文件上传到 HDFS*/
        fs.copyFromLocalFile (false,new Path(src_Path), dst_Path);
        }
}
```

程序中使用了 Path 类提供的 getFileSystem()方法获取 FileSystem 对象:

```
Public FileSystem getFileSystem (Configuration conf) throws IOExcertion
```

将 FileSystem 实例化后,通过调用 FileSystem 提供的 copyFromLocalFile()方法把本地文件上传到 HDFS 文件系统。copyFromLocalFile()方法的调用形式是:copyFromLocalFile(boolean delSrc,Path src,Path dst),其中参数 delSrc 是一个布尔量,这里传进的值是 false,表示在上传文件后不删除源文件,参数 src 和 dst 分别表示源文件和目的文件的路径。程序执行后可以使用 HDFS Shell 命令查看文件列表,验证文件是否上传成功。查看结果如下:

```
[root@master ~]# hadoop fs -ls /dirtest
[root@master ~]# hadoop fs -ls /dirtest
Found 1 items
-rw-r--r--   3 user supergroup      37667 2015-06-11 01:54 /dirtest/UploadFile
```

第一条 "ls" 命令在程序执行之前操作,结果显示在 "/dirtest" 目录下没有文件;第二条 "ls" 命令在程序执行后操作,结果显示在 "/dirtest" 目录下存在上传的文件。

6)下载文件

FileSystem 提供了 copytoLocalFile()方法用以把 HDFS 文件复制到本地文件系统:

```
Public void copyToLocalFile(Path src, Path dst) throws IOException
Public void copyToLocalFile(boolean delSrc , Path src, Path dst) throws
    IOException
```

copytoLocalFile()也有一个重载方法,通过设置 boolean 量来指定复制文件后是否把源文件删除。

【例 7-8】将 HDFS 的指定文件下载到本地文件系统。

```
package hdfs;
import org.apache.hadoop.conf.Configuration;
import org.apache.hadoop.fs.FileSystem;
import org.apache.hadoop.fs.Path;
public class App2 {
    /* src_Path 表示 HDFS 源文件的路径，其中 UploadFile 是待下载的文件名，
       dst_Path 表示下载到本地的目标路径，DownloadFile 是下载后的本地文件名*/
    public static String src_HDFS_PATH= "hdfs://192.168.80.100:9000/
        dirtest/UploadFile";
    public static final String dst="e:/DownloadFile";
    static Path src_Path=new Path(src_HDFS_PATH);
    static Path dst_Path=new Path(dst);
    public static void main(String[] args)throws Exception{
        FileSystem fs=src_Path.getFileSystem(new Configuration());
    /*调用 copyToLocalFile()方法将 HDFS 文件下载到本地的指定路径*/
        fs.copyToLocalFile(false, src_Path, dst_Path);
    }
}
```

7）删除文件

使用 FIleSystem 的 delete()方法可以永久删除一个文件或目录：

```
public boolean delete(Path f, boolean recursive) throws IOException
```

参数 f 表示被删除文件或目录的路径，recursive 表示是否递归删除。如果 f 是一个目录并且 recursive 值为 true，则删除整个目录；如果 f 是一个文件，recursive 值为 true 或 false，表示删除文件。该方法返回 boolean 类型，返回 true 表示删除成功，false 表示删除失败。

【例 7-9】 删除一个 HDFS 文件。

```
package hdfs;
import java.net.URI;
import org.apache.hadoop.conf.Configuration;
import org.apache.hadoop.fs.FileSystem;
import org.apache.hadoop.fs.Path;
public class App2 {
    public static final String HDFS_PATH="hdfs://192.168.80.100:9000";
    public static final String FILE_PATH="/dirtest/file";
    public static void main(String[] args)throws Exception{
        final FileSystem fs=FileSystem.get(new URI(HDFS_PATH) , new
            Configuration());
        /*调用 delete()方法删除指定目录或文件*/
        fs.delete(new Path(FILE_PATH), true);
    }
}
```

程序中调用 delete()方法删除指定的目录或文件，本例中被删除的是一个文件，可以将 recursive 值设为 true 或 false。

另外，如果删除的是一个文件，也可以使用 deleteOnExit()方法来实现，deleteonExit()是在退出 JVM 时删除文件。调用语句为：

```
            fs.deleteOnExit(new Path(FILE_PATH));
```

程序运行后可以用 Shell 命令查看文件列表，验证程序是否正确。以下的命令结果显示了程序运行前后目录列表的变化。第一个"lsr"命令的结果显示的是程序执行之前 HDFS 文件系统中/dirtest 目录下的文件列表，可以看到在/dirtest 目录中有一个文件，文件名为 file；第二个"lsr"命令的结果显示的是程序执行之后的文件列表，file 文件已被删除。

```
[root@master ~]# hadoop fs -lsr /dirtest
-rw-r--r--   3 user supergroup        37667 2014-10-30 01:14 /dirtest/file
[root@master ~]# hadoop fs -lsr /dirtest
```

为方便读者测试程序，我们将以上对 HDFS 进行操作的 Java 程序写成函数，读者在测试程序时可以根据需求选择调用某些函数，或者注释一些语句。完整程序如下：

```java
        package hdfs;
        import java.io.FileInputStream;
        import java.io.ByteArrayInputStream;
        import java.io.FileNotFoundException;
        import java.io.IOException;
        import java.net.URI;
        import org.apache.hadoop.conf.Configuration;
        import org.apache.hadoop.fs.FSDataOutputStream;
        import org.apache.hadoop.fs.FSDataInputStream;
        import org.apache.hadoop.fs.FileSystem;
        import org.apache.hadoop.fs.Path;
        import org.apache.hadoop.io.IOUtils;
        import org.apache.hadoop.fs.FileStatus;
        public class App2 {
            public static final String HDFS_PATH="hdfs://192.168.80.100:9000";
            public static final String DIR_PATH="/dirtest";
            public static final String FILE_PATH="/dirtest/file";
            public static void main(String[] args)throws Exception{
                final FileSystem fs=FileSystem.get(new URI(HDFS_PATH) , new
                    Configuration());

                makeDir(fs);          /*创建目录*/
                listDir(fs);          /*显示文件列表*/
                uploadFile(fs);       /*上传文件*/
                downloadFile(fs);     /*下载文件*/
                deleteFile(fs);       /*删除文件或目录*/
                writetoFile(fs);      /*写入文件*/
                readFile(fs);         /*读出文件*/

            }
            /*创建目录*/
            private static void makeDir(final FileSystem fs)throws IOException{
                fs.mkdirs(new Path(DIR_PATH));
            }
```

```java
/*上传文件*/
private static void uploadFile(final FileSystem fs) throws IOException,
    FileNotFoundException{
    final FSDataOutputStream out=fs.create(new Path(FILE_PATH));
    final FileInputStream in=new FileInputStream("e:/install.log");
    IOUtils.copyBytes(in, out, 1024, true);
}

/*下载文件*/
private static void downloadFile(final FileSystem fs) throws IOException{
    String src_HDFS_PATH= HDFS_PATH + FILE_PATH;
    String dst="e:/DownloadFile";
    Path src_Path=new Path(src_HDFS_PATH);
    Path dst_Path=new Path(dst);
    FileSystem fs1=src_Path.getFileSystem(new Configuration());
    fs1.copyToLocalFile(false, src_Path, dst_Path);
}

/*删除文件或目录*/
private static void deleteFile(final FileSystem fs) throws IOException{
    fs.delete(new Path(FILE_PATH), true);
}

/*显示文件列表*/
private static void listDir(final FileSystem fs) throws IOException{
    final String pathString = "/";
    final FileStatus[] listStatus = fs.listStatus(new Path(pathString));
    for (FileStatus fileStatus : listStatus) {
        final String type = fileStatus.isDir()?"目录":"文件";
        final short replication = fileStatus.getReplication();
        final String permission = fileStatus.getPermission().toString();
        final long len = fileStatus.getLen();
        final Path path = fileStatus.getPath();
        System.out.println(type+"\t"+permission+"\t"+replication+
            "\t"+len+"\t"+path);
    }
}

/*写入文件*/
private static void writetoFile(final FileSystem fs) throws IOException{
    final String pathString = "/dirtest/filetest";
    final FSDataOutputStream fsDataOutputStream = fs.create(new Path
        (pathString));
    IOUtils.copyBytes(new ByteArrayInputStream("This is a test for
        Writing".getBytes()),
    fsDataOutputStream, new Configuration(), true);
}
```

```
        /*读文件*/
        private static void readFile(final FileSystem fs) throws IOException{
            final String pathString = "/dirtest/filetest";
            final FSDataInputStream fsDataInputStream=fs.open(new Path(pathString));
            IOUtils.copyBytes(fsDataInputStream, System.out, new
                Configuration(), true);
        }
    }
```

7.2 MapReduce 编程

7.2.1 MapReduce 工作机制

MapReduce 是一种分布式计算模型，主要用于解决海量数据的计算问题。MapReduce 的架构是一种主从结构，主节点只有一个，称为 JobTracker，从节点可以有多个，称为 TaskTracker。JobTracker 主要负责接收客户提交的计算任务，把计算任务分配给 TaskTracker 执行，并监视 TaskTracker 的执行情况。TaskTracker 主要负责执行 JobTracker 分配的计算任务。

MapReduce 计算模式将数据的计算过程分为两个阶段：Map 和 Reduce。简单来讲，Map 阶段的操作就是对输入的原始数据列表的每个元素进行指定的转换，Reduce 阶段的操作是将 Map 输出的新数据列表按照某种方式进行合并处理，获得最终处理结果。Map 阶段和 Reduce 阶段都将键值对<key,value>作为输入和输出。一个 MapReduce 任务的执行过程可以表示为：

Map：<k1,v1>→[<k2,v2>]

Reduce: <k2,[v2]>→[<k3,v3>]

这里<…>表示键值对，[...]表示列表。

MapReduce 的基本处理过程是：

1）MapReduce 处理模块接收输入的原始数据列表，将列表拆分成单独的<k1,v1>键值对，发送给 Map 对应的函数进行处理。

2）Map 函数按照定义的处理方法对<k1,v1>进行处理，生成<k2,v2>列表。

3）<k2,v2>列表中键值相同的数据对被排序合并成一个新的键值对<k2,[v2]>，这个过程称为 Shuffle。Reduce 对应的函数对新的键值对<k2,[v2]>进行处理，生成最终结果，表示为<k3,v3>列表。

在 Hadoop 中，Map 和 Reduce 两个阶段对应的处理函数分别为 map()函数和 reduce()函数，它们分别在类 Mapper 和类 Reducer 中定义。MapReduce 在运行时，首先通过 Mapper 任务读取 HDFS 中的文件，将输入文件按照数据块（Block）的大小分片，形成若干个输入片（split），每个输入片由一个 Mapper 进程处理；然后 Mapper 进程将输入片中的数据按一定规则解析成键值对<k1,v1>，对每一个键值对调用一次 map()方法，生成新的键值对<k2,v2>；最后对输出的<k2,v2>进行分区，对不同分区的数据，按照 k2 进行排序、分组，key 相同的 value 放到一个集合中，形成<k2,[v2]>。在 Reduce 阶段，对多个 Mapper 任务的输出，按照不同的分区复制到不同的 reduce 节点；按照键值将分散的键值对进行排序合并，再对排序后的键值对调用 reduce()方法，键相同的键值对调用一次 reduce()方法，产生新的键值对<k3,v3>，最后把这些键值对写入到 HDFS 文件。MapReduce 的处理流程如图 7-9 所示。

第 7 章 Hadoop 应用与实践

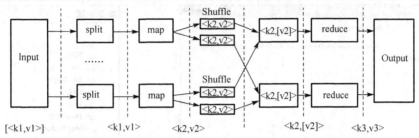

图 7-9 MapReduce 处理流程

7.2.2 在 Eclipse 中配置开发环境

MapReduce 程序可以使用 Java 语言来编写，Java 代码可以通过命令行运行，也可以在 Eclipse 开发工具中运行。本例中的测试程序是使用本地 Windows 下的 Eclipse 作为开发环境，来访问在虚拟机中运行的 Hadoop 平台，也就是通过在本地的 Eclipse 中的 Java 代码访问远程 Linux 中的 HDFS。在 Eclipse 中运行 Mapreduce 程序，需要对开发环境进行一些配置。这里介绍两种常用的配置方法。

1. 插件配置

Hadoop-Eclipse 插件在 Hadoop 的开发环境中嵌入了 Eclipse，为实现 Hadoop 开发环境的图形化提供了支持。在安装插件并配置 Hadoop 的相关信息之后，如果用户创建 Hadoop 程序，插件会自动导入 Hadoop 编程接口的 JAR 文件，这样用户就可以在 Eclipse 的图形化界面中编写、调试和运行 Hadoop 程序，也可以在其中查看自己程序的实时状态、错误信息和运行结果，还可以查看、管理 HDFS 以及文件。Hadoop-Eclipse 插件安装简单，使用方便，编写的 Hadoop 程序在 Eclipse 环境中可以直接运行，无须打包，是程序调试过程中非常适用的工具。

1）下载 Hadoop-Eclipse 插件。

本例使用的 Eclipse 版本是 eclipse SDK 3.7.0 中文版，Hadoop 版本是 hadoop-1.1.2。Hadoop 源码中没有自带 Eclipse 的插件，需要下载与 Hadoop 版本对应的插件 hadoop-eclipse-plugin1.1.2.jar，把该文件解压放置在 Eclipse 安装目录下的 plugins 文件夹中。

2）使用 "start-all.sh" 命令启动 Hadoop。

3）重启 Eclipse 应用程序，在 "窗口" 菜单中选择 "首选项" 菜单项，如果 Eclipse 的插件解压安装正确，在打开的窗口中会出现 "Hadoop Map/Reduce" 选项，如图 7-10 所示。在这里配置 Hadoop 安装目录后，单击 "确定" 按钮。

4）配置 Map/Reduce Locations 视图。

在 "窗口" 菜单中选择 "显示视图"，选择 "其他" 菜单项，打开 "显示视图" 窗口，如图 7-11 所示。在列表中选择 "Map/Reduce Locations"，单击 "确定" 按钮。配置完成后，在 Eclipse 窗口中会显示 "Map/Reduce Locations" 视图，如图 7-12 所示。

5）在 "Map/Reduce Locations" 视图中单击鼠标右键，选择 "New Hadoop Location" 菜单项，在弹出对话框中进行配置，填写 Location name、Map/Reduce Master 和 DFS Master 的端口。这里 Map/Reduce Master 的端口是在配置文件 mapred-site.xml 中配置的，端口为 9001；DFS Master 的端口是在 core-site.xml 中配置的，端口为 9000，如图 7-13 所示。

6）配置完成后，将在 Eclipse 窗口左侧的 DFS Locations 下显示 Hadoop 的文件目录，说明配置正确，如图 7-14 所示。

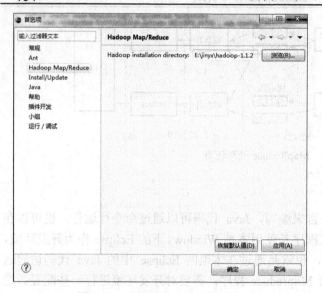

图 7-10　配置 Hadoop 安装目录　　　　图 7-11　配置 Map/Reduce Locations 视图

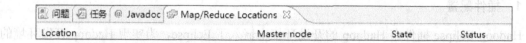

图 7-12　显示 Map/Reduce Locations 视图

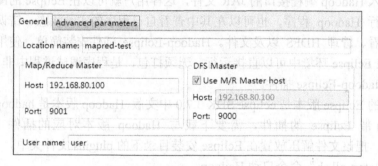

图 7-13　配置 Hadoop Location

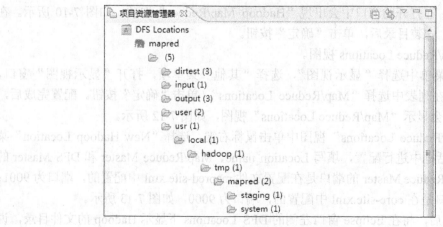

图 7-14　DFS Locations 文件目录

7）新建 MapReduce 项目。

在 Eclipse 的"文件"菜单中选择"新建"->"其他"，在打开的列表中选择"Map/Reduce Project"，单击"下一步"按钮，打开新建 MapReduce 项目的向导窗口，在窗口中输入项目名称及项目存放位置。

8）在新建的 MapReduce 项目下创建包和类，编写 MapReduce 程序。

9）设置运行配置。在项目名称上单击鼠标右键，在弹出菜单中选择"运行方式"->"运行配置"，打开运行配置窗口。在窗口中选择"Java 应用程序"，单击鼠标右键，选择"新建"。在"程序自变量"中设置程序输入数据和输出结果的存放路径，如图 7-15 所示。

图 7-15　设置运行配置

10）在运行配置窗口中单击"运行"按钮运行程序，在控制台将会显示程序运行过程。

2. 引用外部 JAR 包配置

1）解压 hadoop-1.1.2.tar.gz 包。

2）创建 Java 项目。打开 Eclipse 应用程序，在"文件"菜单中选择"新建"->"项目"，在打开的列表中选择"Java 项目"，将打开创建 Java 项目的向导窗口，在窗口中输入项目名称，选择项目存放位置和 JRE（Java Runtime Environment，Java 执行环境）。

3）在创建的工程名称上单击鼠标右键，在弹出菜单中选择"属性"，打开该工程的属性设置窗口。在属性设置窗口的左侧栏选择"java 构建路径"，右侧选择"库"标签栏，单击"添加外部 JAR(X)"按钮。

4）在弹出窗口中导入 hadoop-1.1.2 根目录下的所有 jar 包以及 hadoop-1.1.2/lib 目录下的所有 jar 包，单击"打开"按钮，即把所需的外部 JAR 加入库。添加外部 JAR 包窗口如图 7-16 所示。

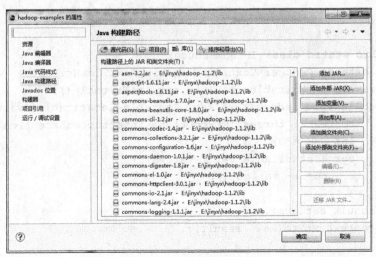

图 7-16　添加外部 JAR 包

5）在创建的 Java 项目下新建类（使用默认包），编写 MapReduce 程序。本例以 Hadoop 自带的 WordCount 程序为例来说明 MapReduce 程序的运行过程。

把 Hadoop 安装目录下的/src/examples/org/apache/hadoop/examples/WordCount.java 的内容复制到新建的类中，并对程序做如下修改：将第一行代码 package org.apache.hadoop.examples; 删除，并将输入路径和输出路径写入程序。程序代码如下：

```java
import java.io.IOException;
import java.util.StringTokenizer;
import org.apache.hadoop.conf.Configuration;
import org.apache.hadoop.fs.Path;
import org.apache.hadoop.io.IntWritable;
import org.apache.hadoop.io.Text;
import org.apache.hadoop.mapreduce.Job;
import org.apache.hadoop.mapreduce.Mapper;
import org.apache.hadoop.mapreduce.Reducer;
import org.apache.hadoop.mapreduce.lib.input.FileInputFormat;
import org.apache.hadoop.mapreduce.lib.output.FileOutputFormat;

public class MyWordCount {

    public static class TokenizerMapper
        extends Mapper<Object, Text, Text, IntWritable>{
        private final static IntWritable one = new IntWritable(1);
        private Text word = new Text();
        public void map(Object key, Text value, Context context ) throws
            IOException, InterruptedException {
            StringTokenizer itr = new StringTokenizer(value.toString());
            while (itr.hasMoreTokens()) {
                word.set(itr.nextToken());
                context.write(word, one);
            }
        }
    }

    public static class IntSumReducer
        extends Reducer<Text,IntWritable,Text,IntWritable> {
        private IntWritable result = new IntWritable();
        public void reduce(Text key, Iterable<IntWritable> values, Context
            context ) throws IOException, InterruptedException {
            int sum = 0;
            for (IntWritable val : values) {
                sum += val.get();
            }
            result.set(sum);
            context.write(key, result);
        }
    }
```

第 7 章 Hadoop 应用与实践

```java
public static void main(String[] args) throws Exception {
    Configuration conf = new Configuration();
    Job job = new Job(conf, "word count");
    job.setJarByClass(MyWordCount.class);
    job.setMapperClass(TokenizerMapper.class);
    job.setCombinerClass(IntSumReducer.class);
    job.setReducerClass(IntSumReducer.class);
    job.setOutputKeyClass(Text.class);
    job.setOutputValueClass(IntWritable.class);
    FileInputFormat.addInputPath(job, new Path("hdfs://192.168.80.100:9000/input"));
    FileOutputFormat.setOutputPath(job, new Path("hdfs://192.168.80.100:9000/output"));
    System.exit(job.waitForCompletion(true) ? 0 : 1);
    }
}
```

6）导出 MapReduce 程序的 jar 文件。在"文件"菜单中选择"导出"，在"导出"窗口中选择导出目标"JAR 文件"，单击"下一步"按钮，在打开的"JAR 导出"窗口中选择要导出的资源 src，定义导出的 JAR 文件的路径，本例将 jar 文件命名为"WordCount.jar"，单击"完成"按钮。

7）将导出的 jar 包从本地宿主机传送到远程 Linux 客户机，如使用远程文件传输软件 WinSCP 把 jar 包复制到客户机，或者使用 scp 命令远程复制文件。

8）在 HDFS 文件系统中建立程序运行所需的输入目录和输入数据。依次执行下列命令：

```
echo "Hello World"> file1          //创建输入文件 file1
echo "Hello Hadoop"> file2         //创建输入文件 file2
hadoop fs -mkdir /input            //在 HDFS 文件系统上创建输入目录/input
hadoop fs -put file* /input        //把输入文件 file1 和 file2 上传到 HDFS 文件
                                     系统的输入目录
```

9）使用"hadoop jar"命令运行程序，命令如下：

```
hadoop jar WordCount.jar MyWordCount /input /output
```

10）程序运行后生成输出目录/output，使用 Hadoop 命令查看运行结果：

```
hadoop fs -cat /output/part-r-00000
```

在 Hadoop 中执行 MapReduce 任务的机器有两个角色：JobTracker 和 TaskTracker，JobTracker 负责管理和调度工作，TaskTracker 负责执行分配到的任务。本例中程序的执行过程是：首先读入输入文件，由 Map 程序将输入文件中的单词切分出来，并将单词的出现次数标记为 1，形成<word,1>形式的键值对，交由 Reduce 程序处理；Reduce 程序把 key 相同的 value 放到一个集合中，形成<word,list of 1>，并将这些"1"值相加，即为同一个单词的出现次数；最后将表示单词及其出现次数的键值对<key,value>输出到 HDFS 文件系统。

7.2.3 MapReduce 程序结构

大多数 MapReduce 程序的编写都可以依赖于一个简单的模板，典型 MapReduce 程序包括三个部分，分别是 Mapper、Reducer 和作业执行。使用 Java 语言编写 MapReduce 程序非常简单,因为 Hadoop 的 API 提供了 Mapper 和 Reducer 抽象类,对于开发人员来说,只要继承这两个抽象类,然后实现抽象类里面的方法就可以了。

1. Mapper

Mapper 负责数据处理阶段,它将输入的一个<key,value>对映射到 0 个或多个中间格式的<key,value>形式。它采用形式为 Mapper< KEYIN, VALUEIN, KEYOUT, VALUEOUT >的 Java 泛型,Mapper 类中只有一个 map()方法,用于处理一个单独的键值对。map()方法的默认实现是:

```
protected void map(KEYIN key, VALUEIN value,Context context) throws
    IOException, InterruptedException {
    context.write((KEYOUT) key, (VALUEOUT) value);
}
```

其中 KEYIN, VALUEIN 是 map()函数输入参数的类型,KEYOUT, VALUEOUT 是 map()函数输出结果的类型,也就是说 map()函数输入和输出的数据都是键值对,这里的键类和值类分别实现了 WritableComparable 接口和 Writable 接口。默认的 map()函数没有处理输入的 key, value,直接通过 context.write()方法将 key 和 value 输出,开发者编写 MapReduce 程序时需要对 map()函数进行覆盖,编写 map()函数来处理一个<key,value>对,从而生成一批中间的<key,value>对。

2. Reducer

Reducer 任务接收来自各个 Mapper 的输出,它根据<key,value>对中的 key 对输入数据进行排序,并且把具有相同 key 的 value 进行归并,然后调用 reduce()函数,通过迭代处理那些与指定 key 相关联的值,生成一个列表<k3, v3>,当然列表也可能为空。

reduce()函数在类 Reducer<KEYIN,VALUEIN,KEYOUT,VALUEOUT> 中定义,类 Reducer 也有 4 个泛型,KEYIN 和 VALUEIN 是 reduce()函数输入参数的类型,KEYOUT 和 VALUEOUT 是 reduce()函数输出结果的类型。reduce()函数的默认实现是:

```
protected void reduce(KEYIN key, Iterable<VALUEIN> values, Context context )
    throws IOException, InterruptedException {
    for(VALUEIN value: values) {
        context.write((KEYOUT) key, (VALUEOUT) value);
    }
}
```

reduce()函数有两个参数 key 和 values,分别是 KEYIN 类型和 VALUEIN 类型,这里的 Iterable<VALUEIN>是一个用来遍历集合的迭代器接口,表示 values 是一个集合。reduce()函数的默认实现是将 key 和 value 输出,输出数据的类型分别为 KEYOUT 和 VALUEOUT。开发者编写 MapReduce 程序时需要对 reduce()函数进行覆盖。

3. 作业执行

map()方法和 reduce()方法写好之后,需要写驱动代码使程序运行起来,即执行作业。这时需要配置并传递一个名为 JobConf 对象的作业给 JobClient.runJob()以启动 MapReduce 作业,JobConf 对象将保持作业运行所需的全部配置参数。每个作业定制的基本参数包括输入路径、输出路径、Mapper 类和 Reducer 类,也可以重置默认的作业属性,如 InputFormat、OutputFormat 等,还可以通过调用 JobConf 对象的 set()方法来设置配置参数。作业执行的驱动代码为:

第 7 章　Hadoop 应用与实践

```
Configuration conf = new Configuration();   //读取 Hadoop 配置
Job job = new Job(conf, "作业名称");  //创建一个 job 对象
job.setJarByClass(类的名称);             //如果要把程序打成 jar 包运行,需要这条语句
job.setMapperClass(Mapper 类型);        //设置自定义的 Mapper 类
job.setCombinerClass(Combiner 类型);    //设置 Combiner 类
job.setReducerClass(Reducer 类型);       //设置自定义的 Reducer 类
job.setOutputKeyClass(输出 Key 的类型);       //设置输出的 key 类型
job.setOutputValueClass(输出 value 的类型);   //设置输出的 value 类型
//设置 job 作业执行时输入文件的路径
FileInputFormat.addInputPath(job,输入 HDFS 路径);
//设置 job 作业执行时输出文件的路径
FileOutputFormat.setOutputPath(job,输出 HDFS 路径);
System.exit(job.waitForCompletion(true) ? 0 : 1);  //设置直到作业运行结束,
                                                    程序退出
```

在 Hadoop 中，MapReduce 的输入部分由输入文件格式化类 InputFomat 负责处理，InputFomat 类主要作用体现在三个方面：验证作业的输入是否规范；把输入文件切分成 InputSplit；提供 RecordReader 的实现类，把输入片读到 Mapper 中进行处理。驱动程序中使用的是 InputFormat 的子类 FileInputFormat，FileInputFormat 保存作为 job 输入的所有文件，并实现对输入文件计算 splits 的方法。而获得记录的方法是由不同的子类 TextInputFormat 实现的。

综上所述，一个典型的 MapReduce 程序的基本结构如下：

```
public class MyJob extends Configured implements Tool {
    /* 自定义 Mapper*/
    public static class MapClass extends Mapper< KEYIN, VALUEIN, KEYOUT,
        VALUEOUT > {
    public void map(KEYIN key, VALUEIN value,Context context) throws
        IOException {
            //添加 Mapper 内处理代码
            }
    }
    /*自定义 Reducer*/
    public static class ReducerClass extends Reducer<KEYIN,VALUEIN,
        KEYOUT, VALUEOUT > {
            public void reduce<KEYIN key, Iterable<VALUEIN>values,Context
                context) throws IOException {
            //添加 Reducer 内处理代码
            }
    }
    /*MapReduce 程序中的作业执行*/
    public static void main(String[] args) throws IOException {
            //添加作业执行的驱动代码
            }
}
```

7.2.4　MapReduce 应用实例

MapReduce 被广泛应用于日志分析、对海量数据所包含信息的挖掘等应用场景中，其分布式处理的框架大大提高了海量数据的处理速度。本节介绍几个常用的 MapReduce 编程实例，

读者可以使用或组合这些设计模式来实现一些能够解决具体问题的代码。这里所有给出的代码使用 Java 语言实现，均在伪分布式 Hadoop 集群环境下测试通过。除了使用 Java 语言，用户也可以使用 Python、Ruby、C++ 等其他语言来编写 MapReduce 程序。

1. 单词计数

1）问题描述

单词计数的目标任务是统计给定文件中所有单词的出现次数。例如，输入文件中的内容是：

```
Hello world
Hello hadoop
```

输出结果为：

```
Hello 2
hadoop 1
world 1
```

2）设计思路

根据 MapReduce 的工作原理，在 Map 阶段需要将 HDFS 文件中的数据按照一定的规则解析成键值对<key,value>。Hadoop 针对文本文件默认的规则是，将文件中每一行文本内容解析成一个键值对，即一行一个<key,value>，其中 key 是每一行的起始位置在文件中的偏移量，value 是本行的文本内容。对每一个<key,value>调用一次 map()方法，在 map()方法中把读取的每一行文本中的单词分割出来，并以单词作为 key，以整数 1（单词出现的次数）作为 value，形成<word,1>的形式进行输出。

Map 的输出经过一个名为 Shuffle 的过程交给 Reduce 处理。在 Shuffle 过程中，Map 输出的键值对将按照 key 值进行合并排序，把 key 值相同的 value 放到一个集合中，形成<word,list of 1>的形式交给 Reduce。在 Reduce 阶段，键相等的键值对调用一次 reduce()方法，在 reduce()方法中把 value 列表中所有的 "1" 值相加，结果就是该单词总的出现次数。最后将单词及其总的出现次数作为新的键值对输出。

针对本例的样本数据，共有两行文本内容，在 Map 阶段将文本解析成两个键值对，对每个键值对调用一次 map()方法。

map1 的输入数据表示为 <0，Hello world>

map2 的输入数据表示为 <11，Hello hadoop>

map()方法的主要工作是把每行的单词切分出来，并将单词的出现次数标记为 1，生成新的键值对<word,1>。

map1 的输出数据是两个键值对，分别是

  <Hello，1>

  <world，1>

map2 的输出数据也是两个键值对，分别是

  <Hello，1>

  <hadoop，1>

接下来是 MapReduce 的 Shuffle 过程，对 Map 输出的<key,value>按照 key 把 value 进行合并排序，即把 key 相同的 value 并到一个集合中，形成<key,list of value>的形式，将结果交给 Reduce。合并后的结果可以表示为：

<Hello, [1, 1]>

<hadoop, [1]>

<world, [1]>

在 Reduce 阶段，键相等的键值对调用一次 reduce()方法，在 reduce()方法中对同一个单词的所有"1"值相加，即为该单词的出现次数，并形成新的键值对输出，输出的结果为：

<Hello, 2>

<hadoop, 1>

<world, 1>

3）代码实现

继承 Mapper 抽象类，自定义一个 MyMapper 类，在自定义的类中实现 map()方法。map()方法的输入和输出均是键值对，输入的第一个形参 key 表示文本行的起始位置，类型是 LongWritable，第二个形参 value 表示文本行的内容，类型是 Text。map()方法实现的功能是：以空格为分割符，把文本内容中的单词拆分出来，把每个单词作为"键"，单词出现次数（常量 1）作为"值"，形成一个键值对<word,1>，写入 context 中。

以 Reducer 抽象类为基础定义一个新类 MyReducer，这里 Reducer 抽象类的 4 个泛型是 Hadoop 的数据类型 Text、IntWritable、Text、IntWritable，分别表示输入的键值对和输出的键值对的类型。在自定义的 MyReducer 类中实现 reduce()方法，reduce()方法的功能是：遍历 map()方法输出的 value 的集合，将所有的 value（也就是 1）相加，即为某单词出现的总次数，最后将该单词和它出现的总次数作为新的<key,value>写入 context。reduce()方法输入的第一个形参 key 就是 map()方法输出的单词，类型是 Text；第二个形参 values 表示 map()方法输出的"值"为 1 的集合，类型是 java.lang.Iterable，该迭代器迭代的是"键"相同的所有"值"，也就是相同单词的出现次数 1 的集合。

单词计数的完整程序为：

```java
import java.io.IOException;
import org.apache.hadoop.conf.Configuration;
import org.apache.hadoop.fs.Path;
import org.apache.hadoop.io.IntWritable;
import org.apache.hadoop.io.LongWritable;
import org.apache.hadoop.io.Text;
import org.apache.hadoop.mapreduce.Job;
import org.apache.hadoop.mapreduce.Mapper;
import org.apache.hadoop.mapreduce.Reducer;
import org.apache.hadoop.mapreduce.lib.input.FileInputFormat;
import org.apache.hadoop.mapreduce.lib.input.TextInputFormat;
import org.apache.hadoop.mapreduce.lib.output.FileOutputFormat;

public class MyWordCount {
/*自定义 Mapper*/
    static class MyMapper extends Mapper<LongWritable, Text, Text, IntWritable>{
        final Text k2 = new Text();  //k2 存放一行中的单词
//v2 表示单词在该行中的出现次数
        final IntWritable v2 = new IntWritable(1);
```

```java
/*定义map()方法，主要功能是分割文本行中的单词，将单词及其在该行中的出现次
数1写入context。形参value表示一行文本*/
protected void map(LongWritable key, Text value, Context context)
                    throws IOException ,InterruptedException {
    //以空格分割文本
    final String[] splited = value.toString().split(" ");
    for (String word : splited) {
        k2.set(word);
        context.write(k2,v2);   //把k2、v2写入到context中
    }
}
/*自定义Reducer*/
static class MyReducer extends Reducer<Text, IntWritable, Text, IntWritable>{
    //v3表示单词出现的总次数
    final IntWritable v3 = new IntWritable(0);
/*定义reduce()方法，主要功能是遍历map()方法输出的"值"的集合，将所有的"值"相加，
得到单词的总出现次数。*/
    protected void reduce(Text key, Iterable<IntWritable> values,
        Context context) throws IOException ,InterruptedException {
        int sum = 0;     //sum存放该单词出现的总次数
        for (IntWritable count : values) {
            sum += count.get();
        }
        final Text k3 = key;        //k3表示单词，是最后输出的"键"
        v3.set(sum);                //v3表示单词的总次数，是最后输出的"值"
        context.write(k3, v3);      //将单词及其总次数作为<key,value>写入
                                    context
    }
}
/*驱动程序*/
public static void main(String[] args) throws IOException,
InterruptedException, ClassNotFoundException {
final Job job = new Job(new Configuration(),"MyWordCount");//创建一个job对象

    job.setJarByClass(MyWordCount.class);//将程序打成jar包运行
    //设置把输入文件处理成键值对的类
    job.setInputFormatClass(TextInputFormat.class);
    //设置自定义的Mapper类和Reducer类
    job.setMapperClass(MyMapper.class);
    job.setReducerClass(MyReducer.class);
    //设置map()方法输出的k2和v2的类型
    job.setMapOutputKeyClass(Text.class);
    job.setMapOutputValueClass(IntWritable.class);
    //设置输出的key和value的类型
    job.setOutputKeyClass(Text.class);
    job.setOutputValueClass(IntWritable.class);
    //设置job作业执行时输入文件的路径和输出路径
```

```
                FileInputFormat.addInputPath(job, new Path("hdfs://192.168.80.
                                    100:9000/data/WordCount/input"));
                FileOutputFormat.setOutputPath(job, new Path("hdfs://192.168.80.
                                    100:9000/data/WordCount/output"));
                //使作业运行，直到运行结束，程序退出
                job.waitForCompletion(true);
            }
        }
```

实践练习：参考单词计数的算法思想，实现求学生平均成绩的程序。

1）问题描述

某课程的成绩报告单中包含学生的姓名和成绩，编写 MapReduce 程序，要求根据给出的多门课程成绩单，计算出每个学生的平均成绩。如有三个输入文件，分别代表三门课程的成绩单，文件中每行数据包含姓名和成绩。样例输入如下。

Chinese 文件：
    Sam 78
    Sunny 89
    Wu 96
    Liu 67

Math 文件：
    Sam 88
    Sunny 99
    Wu 66
    Liu 77

English 文件：
    Sam 80
    Sunny 82
    Wu 84
    Liu 86

输出结果是：
    Liu 76.666664
    Sam 82.0
    Sunny 90.0
    Wu 82.0

2）设计思路

参考单词计数的算法思想，在采用 Hadoop 默认的作业输入方式后，Map 阶段将读入的每行数据进行分割，得到姓名和成绩，并以姓名作为 key，以成绩作为 value 输出。按照 MapReduce 的工作机制，对 Map 输出的键值对将按照 key 进行排序合并，把 key 相同的 value 放到一个集合中，形成<key,list of value>的形式，即每个学生的成绩都合并到集合中。在 Reduce 阶段，对 value 集合进行解析，把集合中所有的 value 值相加，再除以课程门数，可得每个学生的平均成绩。最后的输出结果是以姓名为 key，平均成绩为 value 的键值对。对样例数据的分析可参考单词计数实例。

3）代码实现

在自定义的 Mapper 类中实现 map()方法：把读入的每行数据分割为姓名和成绩两个数据，把姓名设置为 key，成绩设置为 value 并输出。在自定义的 Reducer 类中实现 reduce()方法：将输入的 key 复制为输出的 key，将每个 key 所对应的 value 集合中的 value 值相加再除以课程门数，即可得到平均成绩，平均成绩就是输出的 value。

求平均成绩的完整代码为：

```java
import java.io.IOException;
import java.util.StringTokenizer;
import org.apache.hadoop.conf.Configuration;
import org.apache.hadoop.fs.Path;
import org.apache.hadoop.io.FloatWritable;
import org.apache.hadoop.io.IntWritable;
import org.apache.hadoop.io.LongWritable;
import org.apache.hadoop.io.Text;
import org.apache.hadoop.mapreduce.Job;
import org.apache.hadoop.mapreduce.Mapper;
import org.apache.hadoop.mapreduce.Reducer;
import org.apache.hadoop.mapreduce.lib.input.FileInputFormat;
import org.apache.hadoop.mapreduce.lib.output.FileOutputFormat;
import org.apache.hadoop.util.GenericOptionsParser;

public class AverageGrade {
    /*自定义 Mapper*/
    private static class AverageGradeMapper extends Mapper<LongWritable,
            Text, Text, IntWritable> {
        @Override
        protected void map(LongWritable key,Text value,Context context)
                        throws IOException, InterruptedException {
            //获取每行数据的值
            String lineValue = value.toString();
            //将文件分成多行
            StringTokenizer stringTokenizer = new StringTokenizer
                                        (lineValue, "\n");
            while(stringTokenizer.hasMoreElements()){
                //将一行数据进行分割
                StringTokenizer tokenizer = new StringTokenizer
                                    (stringTokenizer.nextToken());
                //得到学生姓名
                String strName = tokenizer.nextToken();
                //得到学生成绩
                String strScore = tokenizer.nextToken();
                //将学生姓名作为 key
                Text name = new Text(strName);
                //将学生成绩作为 value
                IntWritable score = new IntWritable(Integer.valueOf
                                    (strScore));
                //将 key、value 写回到 context
                context.write(name, score);
```

```java
            }
        }
    }

    /*自定义Reducer*/
    private static class AverageGradeReducer extends Reducer<Text,
        IntWritable, Text, FloatWritable> {
        @Override
        protected void reduce(Text key, Iterable<IntWritable> values,
            Context context) throws IOException, InterruptedException {
            float sum = 0;          //sum用来存放每个学生的总成绩
            float counter = 0;   //counter表示课程门数
            for(IntWritable intWritable : values){
                sum += intWritable.get();  //计算每个学生的总成绩
                counter ++;
            }
            /*将姓名及其平均成绩作为<key,value>写入context*/
            context.write(key, new FloatWritable(sum / counter));
        }
    }

    /* 驱动代码*/
    private int run(String[] args) throws Exception {
        //获取配置信息
        Configuration configuration = new Configuration();
        //优化程序
        String[] otherArgs = new GenericOptionsParser(configuration, args).
                            getRemainingArgs();
        if(otherArgs.length != 2) {
            System.err.println("Usage:SortData <in> <out>");
            System.exit(2);
        }
        //创建Job，设置配置信息和Job名称
        Job job = new Job(configuration, "AverageGrade");
        job.setJarByClass(AverageGrade.class);//如果要把程序打成jar包运行,
                                              则需要这条语句
        //设置输入路径
        Path inputDir = new Path(args[0]);
        FileInputFormat.addInputPath(job, inputDir);
        //设置Mapper类和map()方法输出的key和value类型
        job.setMapperClass(AverageGradeMapper.class);
        job.setMapOutputKeyClass(Text.class);
        job.setMapOutputValueClass(IntWritable.class);
        //设置Reducer类以及输出的key和value的类型
        job.setReducerClass(AverageGradeReducer.class);
        job.setOutputKeyClass(Text.class);
        job.setOutputValueClass(FloatWritable.class);
        //设置输出路径
```

```
            Path OutputDir = new Path(args[1]);
            FileOutputFormat.setOutputPath(job, OutputDir);
            //执行作业
            boolean isSuccess = job.waitForCompletion(true);
            return isSuccess ? 0 : 1;
        }
        /*主函数*/
        public static void main(String[] args) throws Exception{
            args = new String[] { "hdfs://192.168.80.100:9000/data/
                AverageGrade/input",
            "hdfs://192.168.80.100:9000/data/AverageGrade/output" };
            //使作业运行,直到运行结束,程序退出
            System.exit(new AverageGrade().run(args));
        }
    }
```

思考题:设通信话单中包含手机号码和每次网络访问的数据流量,编写 **MapReduce** 程序计算每个手机号对应的数据流量总和。

2. 数据去重

1)问题描述

所谓**数据去重**,就是对输入文件中出现次数超过一次的数据进行筛选,使其在输出文件中只出现一次。实际应用中对海量数据集的数据种类个数、对网站日志文件访问地等有意义的数据进行统计等案例都会涉及数据去重的算法。

例如,输入文件中的内容如下所示,其中每一行是一个数据:

```
hello
world
hello
you
hello
hadoop
```

数据去重后的输出结果是:

```
hadoop
hello
world
you
```

2)设计思路

数据去重的目标是让输入文件中多次出现的数据在输出文件中只出现一次。按照 MapReduce 的工作机制,在 Shuffle 过程中会对 Map 阶段输出的键值对按照 key 进行合并排序,即把 key 相同的 value 放到一个集合中,形成<key,list of value>的形式。因此,如果我们在 Map 阶段把生成的<key,value>中的 key 设置为数据,value 为任意值,那么在把这些结果交给 Reduce 后,在 Reduce 阶段不管每个 key 所对应的 value 列表是什么,对每个键值对调用一次 reduce() 方法,在 reduce()方法中直接将输入的 key 复制为输出的 key,将输出的 value 设置为空并输出,就可以实现每个数据只出现一次的目标。

针对本例的样本数据，在采用 Hadoop 默认的文本文件解析方式之后，文件的每一行内容作为 value，每一行的起始位置在文件中的偏移量作为 key，在 Map 阶段的输入就有 6 个键值对。可得 map1 的输入数据是<0，hello >，map2 的输入数据是<5，world>，map3 的输入数据是<10，hello >，map4 的输入数据是<15，you>，map5 的输入数据是<18，hello >，map6 的输入数据是<23，hadoop>。

对每个键值对调用一次 map()方法，在 map()方法中把要输出的数据设置为 key，把 value 设置为空，形成新的键值对<word, >。可以得到 map1 的输出数据是键值对<hello, >，map2 的输出数据是键值对<world, >，map3 的输出数据是键值对<hello, >，map4 的输出数据是键值对<you, >，map5 的输出数据是键值对<hello, >，map6 的输出数据是键值对<hadoop, >。

在 Shuffle 过程中，对 Map 输出的<key,value>按照 key 把 value 合并排序，即把 key 相同的 value 并到一个集合中。由于 value 集合为空，所以结果可以表示为：

```
<hadoop, >
<hello, >
<world, >
<you, >
```

在 Reduce 阶段，对于键相等的键值对调用一次 reduce()方法，在 reduce()方法中直接将输入的 key 复制为输出的 key，将输出的 value 设置为空。输出的结果为：

```
<hadoop, >
<hello, >
<world, >
<you, >
```

3）代码实现

数据去重的完整代码如下：

```
import java.io.IOException;
import org.apache.hadoop.conf.Configuration;
import org.apache.hadoop.fs.Path;
import org.apache.hadoop.io.LongWritable;
import org.apache.hadoop.io.NullWritable;
import org.apache.hadoop.io.Text;
import org.apache.hadoop.mapreduce.Job;
import org.apache.hadoop.mapreduce.Mapper;
import org.apache.hadoop.mapreduce.Reducer;
import org.apache.hadoop.mapreduce.lib.input.FileInputFormat;
import org.apache.hadoop.mapreduce.lib.output.FileOutputFormat;
import org.apache.hadoop.util.GenericOptionsParser;

/*去重程序*/
public class DuplicateData {
    /*自定义 Mapper*/
    private static class DuplicateMapper extends Mapper<LongWritable, Text,
        Text, NullWritable> {
        private NullWritable nullWritable = NullWritable.get();
```

```java
        private Text word = new Text();
        @Override
        protected void map(LongWritable key,Text value,Context context) throws
            IOException, InterruptedException {
                //获取每行数据的值
                String lineValue = value.toString();
                //设置每一行的值
                word.set(lineValue);
                //将 key 设置为每行数据,将 value 置为空,写回到 context 中
                context.write(word, nullWritable);
        }
    }

    /* 自定义 Reducer */
    private static class DuplicateReducer extends Reducer<Text, NullWritable,
        Text, NullWritable> {
        private NullWritable nullWritable = NullWritable.get();
        @Override
        protected void reduce(Text key, Iterable<NullWritable> values,Context
            context) throws IOException, InterruptedException {
                //将输入的 key 作为输出的 key,将输出的 value 设置为空,写回到 context 中
                context.write(key, nullWritable);
        }
    }

    //驱动代码
    private int run(String[] args) throws Exception {
        //获取配置信息
        Configuration configuration = new Configuration();
        //优化程序
        String[] otherArgs = new GenericOptionsParser(configuration, args).
            getRemainingArgs();
        if(otherArgs.length != 2) {
                System.err.println("Usage:DuplicateData <in> <out>");
                System.exit(2);
        }
        //创建 Job,设置配置信息和 Job 名称
        Job job = new Job(configuration, "DuplicateData");
        job.setJarByClass(DuplicateData.class);  //把程序打成 jar 包运行
        //设置输入路径
        Path inputDir = new Path(args[0]);
        FileInputFormat.addInputPath(job, inputDir);
        //设置 Mapper 类和 map()方法输出的 key 和 value 类型
        job.setMapperClass(DuplicateMapper.class);
        job.setMapOutputKeyClass(Text.class);
        job.setMapOutputValueClass(NullWritable.class);
        //设置 Reducer 类以及输出的 key 和 value 的类型
        job.setReducerClass(DuplicateReducer.class);
        job.setOutputKeyClass(Text.class);
```

```java
        job.setOutputValueClass(NullWritable.class);
        //设置输出路径
        Path OutputDir = new Path(args[1]);
        FileOutputFormat.setOutputPath(job, OutputDir);
        //提交作业
        boolean isSuccess = job.waitForCompletion(true);
        return isSuccess ? 0 : 1;
    }
    //主函数
    public static void main(String[] args) throws Exception{
        args = new String[] { "hdfs://192.168.80.100:9000/data/
            DuplicateData/input",
          "hdfs://192.168.80.100:9000/data/DuplicateData/output" };
        //使作业运行,直到运行结束,程序退出
        System.exit(new DuplicateData().run(args));
    }
}
```

3. 数据排序

1)问题描述

在实际应用中经常需要将原始数据按照一定规则排序后输出,例如,话单文件中每个手机的网络访问数据流量按要求进行统计,对学生成绩进行评优,对数据建立索引等应用场景,都需要先对原始数据进行初步处理,这里就需要用到排序算法。

本例的测试数据是由随机数组成的输入文件,文件中每行是一个数据,如输入文件中的内容如下。

file1 文件:

2013985588154714980
1682224938952858622
4130380678571976729
6194933605175572592

file2 文件:

165407862826767615
-8834506626748072685
2641049030909510153
2218239802972650058
-4324777389631599675
3214268041303990153

file3 文件:

-5806444328689270272
-7691183514866337311
7099490561311347547
1700913855558226173
-2230470655248595263

-8964733938334739656
6719707957806765643
3225130894457879582
7701884723942631888
9057811104296018733

排序后把数据按照由小到大的顺序输出,输出文件中每行包括两部分内容:原始数据在数据集中的位次以及原始数据本身。样例数据的输出结果是:

1　-8964733938334739656
2　-8834506626748072685
3　-7691183514866337311
4　-5806444328689270272
5　-4324777389631599675
6　-2230470655248595263
7　1654078628267676615
8　9057811104296018733
9　1682224938952858622
10　1700913855558226173
11　2013985588154714980
12　2218239802972650058
13　2641049030909510153
14　3214268041303990153
15　3225130894457879582
16　4130380678571976729
17　6194933605175572592
18　6719707957806765643
19　7099490561311347547
20　7701884723942631888

2)设计思路

在 MapReduce 的工作机制中有默认的排序过程,可以考虑利用这个默认的排序而不需要自己实现具体的排序算法。MapReduce 默认的排序规则是按照 key 进行排序的,如果 key 是 IntWritable 或 LongWritable 类型,则按照数字从小到大对 key 排序;如果 key 是 Text 类型,则按照字典顺序对 key 排序。采用 Hadoop 默认的文本文件输入方式后,在 Map 阶段将读入的数据转化成 IntWritable 或 LongWritable 类型,并把数据作为 key 输出,value 为任意值(可以置为空)。在 Reduce 阶段获得 Map 输出的<key,value>后,将相同 key 值的 value 合并排序,形成<key,list of value>格式,然后将 value 列表中元素的个数作为输出次数,依次输出 key 值(即数据)作为输出键值对中的 value,另外设置一个计数器用来统计当前输出 key 值(即数据)的位次,这个位次就是输出键值对中的 key。

3)代码实现

在自定义的 Mapper 类中实现 map()方法:获取每一行数据并转化为 LongWritable 类型,把 LongWritable 类型的数据作为 key 值输出,输出的 value 为空。在自定义的 Reducer 类中实现 reduce()方法：以 value 列表中元素的个数为输出次数，将输入的 key 值（数据）作为输出的 value，同时设置一个全局变量用以统计当前输出数据的位次，并将位次作为输出的 key。

排序程序的完整代码如下：

```java
import java.io.IOException;
import org.apache.hadoop.conf.Configuration;
import org.apache.hadoop.fs.Path;
import org.apache.hadoop.io.LongWritable;
import org.apache.hadoop.io.NullWritable;
import org.apache.hadoop.io.Text;
import org.apache.hadoop.mapreduce.Job;
import org.apache.hadoop.mapreduce.Mapper;
import org.apache.hadoop.mapreduce.Reducer;
import org.apache.hadoop.mapreduce.lib.input.FileInputFormat;
import org.apache.hadoop.mapreduce.lib.output.FileOutputFormat;
import org.apache.hadoop.util.GenericOptionsParser;

/* 排序程序 */
public class SortData {
    //自定义 Mapper
    private static class SortMapper extends Mapper<LongWritable, Text,
        LongWritable, NullWritable> {
    private NullWritable mNullWritable = NullWritable.get();
    private LongWritable mWord = new LongWritable();
    @Override
    protected void map(LongWritable key,Text value,Context context) throws
        IOException, InterruptedException {
        //获取每行数据的值，并转换成 LongWritable 类型
        String lineValue = value.toString();
        long longValue = Long.valueOf(lineValue);
        //设置每一行的值
        mWord.set(longValue);
        //将 key 设置为每行数据，将 value 置为空，写回到 context 中
        context.write(mWord, mNullWritable);
        }
    }
    //自定义 Reducer
    private static class SortReducer extends Reducer<LongWritable,
    NullWritable, LongWritable, LongWritable> {
        //mCounter 是全局变量，表示输出的位次
        private LongWritable mCounter = new LongWritable(1);
        @SuppressWarnings("unused")
        @Override
        protected void reduce(LongWritable key, Iterable<NullWritable>
            values,Context context) throws IOException, InterruptedException {
            //以 value 列表中元素的个数为循环次数
            for(NullWritable nullWritable : values){
```

```java
            //以位次作为输出的 key，以输入的 key 作为输出的 value
            context.write(mCounter, key);
            mCounter.set(mCounter.get() + 1);   //位次增加 1
        }
    }
}

//驱动代码
private int run(String[] args) throws Exception {
    //获取配置信息
    Configuration configuration = new Configuration();
    //优化程序
    String[] otherArgs = new GenericOptionsParser(configuration, args).
                    getRemainingArgs();
    if(otherArgs.length != 2) {
        System.err.println("Usage:SortData <in> <out>");
        System.exit(2);
    }
    //创建 Job，设置配置信息和 Job 名称
    Job job = new Job(configuration, "SortData");
    job.setJarByClass(SortData.class);  //把程序打成 jar 包运行
    //设置输入路径
    Path inputDir = new Path(args[0]);
    FileInputFormat.addInputPath(job, inputDir);
    //设置 Mapper 类和 map()方法输出的 key 和 value 类型
    job.setMapperClass(SortMapper.class);
    job.setMapOutputKeyClass(LongWritable.class);
    job.setMapOutputValueClass(NullWritable.class);
    //设置 Reducer 类以及输出的 key 和 value 的类型
    job.setReducerClass(SortReducer.class);
    job.setOutputKeyClass(LongWritable.class);
    job.setOutputValueClass(LongWritable.class);
    //设置输出路径
    Path OutputDir = new Path(args[1]);
    FileOutputFormat.setOutputPath(job, OutputDir);
    //提交作业
    boolean isSuccess = job.waitForCompletion(true);
    return isSuccess ? 0 : 1;
}

//主函数
public static void main(String[] args) throws Exception{
    args = new String[] { "hdfs://192.168.80.100:9000/data/sort/input",
    "hdfs://192.168.80.100:9000/data/sort/output" };
    //使作业运行，直到运行结束，程序退出
    System.exit(new SortData().run(args));
}
}
```

4. 单表关联

1）问题描述

单表关联就是对输入文件中的原始数据进行挖掘，找出用户所关心的数据。由于原始数据在一张表里，很多情况下需要对同一个数据表进行连接操作，因此称为单表关联。例如，输入文件中的内容描述的是 child-parent 关系，文件中每一行数据包括两列，第一列表示 child，第二列表示 parent。样例输入为：

```
Tom     Lucy
Tom     Jack
Jone    Lucy
Jone    Jack
Lucy    Mary
Lucy    Ben
Jack    Alice
Jack    Jesse
Terry   Alice
Terry   Jesse
Philip  Terry
Philip  Alma
Mark    Terry
Mark    Alma
```

要求从原始数据中找出 grandchild-grandparent 关系，输出文件中每一行数据也包括两列，第一列表示 grandchild，第二列表示 grandparent。样例输出为：

```
Tom     Alice
Tom     Jesse
Jone    Alice
Jone    Jesse
Tom     Mary
Tom     Ben
Jone    Mary
Jone    Ben
Philip  Alice
Philip  Jesse
Mark    Alice
Mark    Jesse
```

2）设计思路

原始数据表描述的是 child-parent 关系，要想得到 grandchild-grandparent 关系，就需要对同一个数据表进行自连接操作，也就是把左表的 parent 列和右表的 child 列连接起来（这里的左表和右表是同一张表）。在连接得到的新表中把连接的两列（左表的 parent 列和右表的 child 列）删除就可以得到需要的结果，即 grandchild-grandparent 关系。由于在 MapReduce 的工作过程中会将相同 key 值的 value 合并，因此，如果把 Map 阶段输出结果中的 key 设置成需要连接的列，那么列相等的 value 就会合并连接在一起。

由于要连接的左表和右表是同一张表，所以在 Map 阶段将读入的文本分割成 child 和 parent 后，还要利用这些数据设置左表和右表。左表和右表中除了包含 parent 和 child，还需设置一个整数用来区别左、右表，这里用 1 表示左表，2 表示右表，形成<parent,child,1>和

<parent,child,2>的形式分别表示左表和右表。在 map()方法中将分割出的 child 和 parent 中的 parent 设置为 key，将左表设置为 value 进行输出，同时将同一对 child 和 parent 中的 child 设置成 key，将右表设置为 value 进行输出。在 Shuffle 过程中将 key 值相同的 value 合并在一起，那么 value 列表中就包含了能够形成 grandchild-grandparent 关系的左、右表。

在 Reduce 阶段，将 value 列表中左表的 child 和右表的 parent 分别组成数组，对两个数组计算笛卡儿积，即可得到最后的结果。

为简单起见，下面结合部分样例数据进行分析。例如，输入数据为：

```
Tom     Lucy
Lucy    Mary
Lucy    Ben
```

在 Map 阶段对每行数据进行分割，分割得到的第一个数据是 child，第二个数据是 parent，用这些数据设置左表和右表。左表表示为(parent,child,1)，右表表示为(parent,child,2)，本例中左表和右表的具体内容是：

```
(Lucy,Tom,1)      (Lucy,Tom,2)
(Mary,Lucy, 1)    (Mary,Lucy, 2)
(Ben, Lucy, 1)    (Ben, Lucy, 2)
```

Map 将 parent 设置为 key，将左表设置为 value 进行输出，同时将同一对 child 和 parent 中的 child 设置成 key，将右表设置为 value 进行输出，Map 的输出结果是：

```
< Lucy , (Lucy,Tom,1) >        <Tom, (Lucy,Tom,2)>
< Mary, (Mary,Lucy, 1) >       < Lucy , (Mary,Lucy, 2)>
< Ben , (Ben, Lucy, 1)>        < Lucy , (Ben, Lucy, 2)>
```

在 Shuffle 过程中将 key 值相同的 value 合并在一起，得到<key,list of value>形式的键值对，结果如下：

```
< Lucy ,{(Lucy,Tom,1)  (Mary,Lucy, 2)  (Ben, Lucy, 2) }>
<Tom,{ (Lucy,Tom,2)}>
< Mary,{ (Mary,Lucy, 1)} >
< Ben , {(Ben, Lucy, 1)}>
```

在 Reduce 阶段，对每个 key 对应的 value 列表进行解析，将左表的 child 提取出来组成一个数组，把右表的 parent 提取出来组成一个数组，对两个数组计算笛卡儿积。如：对 key 值为 Lucy 的 value 列表进行解析后，得到 child 数组为[Tom]，parent 数组为[Mary，Ben]，对两个数组求笛卡儿积后的输出结果为：

```
< Tom , Mary >
< Tom , Ben >
```

3）代码实现

为了更清楚地描述对 parent 与 child 的操作，这里首先定义一个抽象类 GrandparentWritable，用于描述 parent 与 child 之间的关系，形成左表和右表。对 GrandparentWritable 类进行定义的代码如下：

```
package generation.io;
import java.io.DataInput;
```

```java
import java.io.DataOutput;
import java.io.IOException;
import org.apache.hadoop.io.Writable;
/* 用于表示父母与孩子之间的关系 */
public class GrandparentWritable implements Writable {
    /* parentName 表示父母的名字 */
    private String parentName;
    /* childName 表示孩子的名字 */
    private String childName;
    /* generation 用以表示左表或右表 */
    private int generation;
    public GrandparentWritable() {
        super();
    }
    public GrandparentWritable(String parentName, String childName,
        Integer generation) {
        super();
        set(parentName, childName, generation);
    }
    /*设置数据表中的信息*/
    public void set(String parentName, String childName, Integer generation) {
        this.parentName = parentName;
        this.childName = childName;
        this.generation = generation;
    }
    /*获取数据表中的parent信息*/
    public String getParentName() {
        return parentName;
    }
    /*获取数据表中的child信息*/
    public String getChildName() {
        return childName;
    }
    /*获取左表或右表的标识信息*/
    public Integer getGeneration() {
        return generation;
    }

    @Override
    public void write(DataOutput out) throws IOException {
        out.writeUTF(parentName);
        out.writeUTF(childName);
        out.writeInt(generation);
    }

    @Override
    public void readFields(DataInput in) throws IOException {
```

```java
        parentName = in.readUTF();
        childName = in.readUTF();
        generation = in.readInt();
    }
}
```

单表关联的完整代码如下：

```java
import java.io.IOException;
import java.util.ArrayList;
import java.util.List;
import java.util.StringTokenizer;
import org.apache.hadoop.conf.Configuration;
import org.apache.hadoop.fs.Path;
import org.apache.hadoop.io.LongWritable;
import org.apache.hadoop.io.Text;
import org.apache.hadoop.mapreduce.Job;
import org.apache.hadoop.mapreduce.Mapper;
import org.apache.hadoop.mapreduce.Reducer;
import org.apache.hadoop.mapreduce.lib.input.FileInputFormat;
import org.apache.hadoop.mapreduce.lib.output.FileOutputFormat;
import org.apache.hadoop.util.GenericOptionsParser;
import generation.io.GrandparentWritable;
/* 单表关联 */
public class Generation {
    //自定义 Mapper
    private static class GenerationMapper extends Mapper<LongWritable, Text,
        Text, GrandparentWritable> {
    private GrandparentWritable mLeftTable = new GrandparentWritable();
    private GrandparentWritable mRightTable = new GrandparentWritable();
    @Override
    protected void map( LongWritable key,Text value,Context context)
        throws IOException, InterruptedException {
        //获取每行数据的值
        String lineValue = value.toString();
        //分割数据，第一个数据是孩子的姓名，第二个数据是父母的姓名
        StringTokenizer stringTokenizer = new StringTokenizer(lineValue);
        while(stringTokenizer.hasMoreElements()){
            String childName = stringTokenizer.nextToken();
            String parentName = stringTokenizer.nextToken();
            //设置左表和右表的信息，这里用 1 表示左表，2 表示右表
            mLeftTable.set(parentName, childName, 1);
            mRightTable.set(parentName, childName, 2);
            //将 parent 设置为 key，左表信息设置为 value，写回到 context 中
            context.write(new Text(parentName), mLeftTable);
            //将 child 设置为 key，右表信息设置为 value，写回到 context 中
            context.write(new Text(childName), mRightTable);
        }
```

```java
        }
    }

    //自定义Reducer
    private static class GenerationReducer extends Reducer<Text,
        GrandparentWritable, Text, Text> {
        List<GrandparentWritable> mGrandParent ;
        List<GrandparentWritable> mGrandChild ;
        @Override
        protected void reduce(Text key, Iterable<GrandparentWritable> values,
            Context context) throws IOException, InterruptedException {
            mGrandParent = new ArrayList<GrandparentWritable>();
            mGrandChild = new ArrayList<GrandparentWritable>();
            for(GrandparentWritable value : values){
                //实例化一个对象,用于保存需要的数据
                GrandparentWritable contentValue = new GrandparentWritable();
                String parentName = value.getParentName();
                String childName = value.getChildName();
                int generation = value.getGeneration();
                contentValue.set(parentName, childName, generation);
                //右表存放在mGrandParent中,之后会使用它的parent数据参与计算
                if(contentValue.getGeneration() == 2){
                    mGrandParent.add(contentValue);
                }
                //左表存放在mGrandChild中,之后会使用它的child数据参与计算
                else if(contentValue.getGeneration() == 1){
                    mGrandChild.add(contentValue);
                }
            }
            if(!mGrandChild.isEmpty() && !mGrandParent.isEmpty()){
                int childSize = mGrandChild.size();
                int parentSize = mGrandParent.size();
                //计算笛卡儿积
                for(int i = 0 ; i < childSize ; i ++){
                    for(int j = 0 ; j < parentSize ; j++){
                        String childName = mGrandChild.get(i).getChildName();
                        String parentName = mGrandParent.get(j).getParentName();
                        context.write(new Text(childName), new Text(parentName));
                    }
                }
            }
        } //reduce()
    } //reducer class

    //驱动代码
    private int run(String[] args) throws Exception {
        //获取配置信息
```

```java
Configuration configuration = new Configuration();
//优化程序
String[] otherArgs = new GenericOptionsParser(configuration, args).
                getRemainingArgs();
if(otherArgs.length != 2) {
    System.err.println("Usage:Geration <in> <out>");
    System.exit(2);
}
//创建Job，设置配置信息和Job名称
Job job = new Job(configuration, "Generation");
job.setJarByClass(Generation.class); //把程序打成jar包运行
//设置输入路径
Path inputDir = new Path(args[0]);
FileInputFormat.addInputPath(job, inputDir);
//设置Mapper类和map()方法输出的key和value类型
job.setMapperClass(GenerationMapper.class);
job.setMapOutputKeyClass(Text.class);
job.setMapOutputValueClass(GrandparentWritable.class);
//设置Reducer类以及输出的key和value的类型
job.setReducerClass(GenerationReducer.class);
job.setOutputKeyClass(Text.class);
job.setOutputValueClass(Text.class);
//设置输出路径
Path OutputDir = new Path(args[1]);
FileOutputFormat.setOutputPath(job, OutputDir);
//提交作业
boolean isSuccess = job.waitForCompletion(true);
return isSuccess ? 0 : 1;
}
//主函数
public static void main(String[] args) throws Exception{
    args = new String[] { "hdfs://192.168.80.100:9000/data/Generation/
        input","hdfs://192.168.80.100:9000/data/Generation/output" };
    //使作业运行，直到运行结束，程序退出
    System.exit(new Generation().run(args));
    }
}
```

5. 多表关联

1) 问题描述

多表关联和单表关联类似，也是对原始数据进行挖掘，找出用户所关心的数据，不同的是原始数据存放在多张表中。例如输入两个文件，一个文件表示工厂信息，文件中每行为一个数据，内容包括工厂名称和工厂所在城市的编号；另一个文件表示地址信息，每行为一个数据，内容包括城市编号和城市名称。样例输入：

```
Factoryname 文件：
    factoryname  addressed
    Beijing Red Star    1
```

```
        Shenzhen Thunder      3
        Guangzhou Honda 2
        Beijing Rising  1
        Guangzhou Development Bank  2
        Tencent 3
        Bank of Beijing 1

Address 文件:
        addressID       addressname
            1           Beijing
            2           Guangzhou
            3           Shenzhen
            4           Xian
```

要求从输入数据中找出工厂和其所在城市名称之间的对应关系,输出文件中每一行数据包括两列,第一列是工厂名称,第二列是工厂所在城市的名称。输出文件的内容为:

```
        factoryName:Beijing Red Star       location:Beijing
        factoryName:Beijing Rising         location:Beijing
        factoryName:Bank of Beijing        location:Beijing
        factoryName:Guangzhou Honda location:Guangzhou
        factoryName:Guangzhou Development Bank location:Guangzhou
        factoryName:Shenzhen Thunder       location:Shenzhen
        factoryName:Tencent    location:Shenzhen
```

2) 设计思路

多表关联的左、右表和连接列比单表关联更加清楚,它的处理方式和单表关联的处理方式相同。Map 阶段对读入的每行数据进行分割,如果这行数据属于工厂信息表,那么把第二列数据 addressid 作为 key,把第一列数据 factoryname 和标志参数 1 作为 value,形成左表并输出;如果这行数据属于地址信息表,那么把第一列数据 addressID 作为 key,把第二列数据 addressname 和标志参数 2 作为 value,形成右表并输出。在 Shuffle 阶段,把相同 key 值的 value 进行合并排序,每个 key 所对应的 value 列表中就包含了同一个城市编号所对应的工厂名和城市名。在 Reduce 阶段,对每个 key 所对应的 value 列表进行解析,将左表中的工厂名 factoryname 和右表中的城市名 addressname 分别放在两个数组中,并对两个数组计算笛卡儿积,输出结果。多表关联的实例分析参考单表关联。

3) 代码实现

多表关联的完整程序如下:

```java
import java.io.IOException;
import java.util.ArrayList;
import java.util.List;
import java.util.StringTokenizer;
import org.apache.hadoop.conf.Configuration;
import org.apache.hadoop.fs.Path;
import org.apache.hadoop.io.LongWritable;
import org.apache.hadoop.io.Text;
import org.apache.hadoop.mapreduce.Job;
import org.apache.hadoop.mapreduce.Mapper;
import org.apache.hadoop.mapreduce.Reducer;
```

```java
import org.apache.hadoop.mapreduce.lib.input.FileInputFormat;
import org.apache.hadoop.mapreduce.lib.output.FileOutputFormat;
import org.apache.hadoop.util.GenericOptionsParser;
/* 多表关联*/
public class FactoryAddress {
    //自定义 Mapper
    private static class FactoryAddressMapper extends Mapper<LongWritable,
        Text, Text, Text> {
        private boolean toggle = true;
        @Override
        protected void map(LongWritable key,Text value,Context context)
            throws IOException, InterruptedException {
            //获取每行数据的值
            String lineValue = value.toString();
            //分割数据，将每行分割为两个数据
            StringTokenizer stringTokenizer = new StringTokenizer
                (lineValue,"\t");
            String row1Data = stringTokenizer.nextToken();
            String row2Data = stringTokenizer.nextToken();
            //如果是地址信息表，则开关变量 toggle 置为 false
            if (lineValue.contains("addressID") || lineValue.contains
                ("addressname")){
                toggle = false;
                return ;
            }
            //如果是工厂信息表，则开关变量 toggle 置为 true
else if(lineValue.contains("factoryname")|| lineValue.contains("addressid")){
                toggle = true ;
                return ;
            }
            if (toggle) {
//如果开关为 true，则表示提取的是工厂信息表中的数据，此时用第 2 列的数据也就是 addressid
    作为 key，用第一列数据 factoryname 作为 value，并带了一个参数 1 用于表示左表
                context.write(new Text(row2Data), new Text(row1Data + "1"));
            }
else {
//如果开关为 false，则表示提取的是地址信息表中的数据，此时用第 1 列的数据也就是 addressID
    作为 key，用第二列数据 addressname 作为 value，并带了一个参数 2 用于表示右表
                context.write(new Text(row1Data), new Text(row2Data + "2"));
            }
        }
    }

    //自定义 Reducer
    private static class FactoryAddressReducer extends Reducer<Text, Text,
        Text, Text> {
        @Override
```

```java
        protected void reduce(Text key, Iterable<Text> values, Context
            context) throws IOException, InterruptedException {
            //初始化两个集合，分别存储工厂名和城市名
            List<String> factoryNameList = new ArrayList<String>();
            String addressName = "";
            //循环遍历当前 key 下的 list 集合内容
            for (Text value : values) {
                //取出当前集合的数据
                String lineValue = value.toString();
                //分割数据
                StringTokenizer stringTokenizer = new StringTokenizer
                                                    (lineValue, "\t");
                String name = stringTokenizer.nextToken();
                String flag = stringTokenizer.nextToken();
                //当前 value 的值是左表的值，即工厂名
                if ("1".equals(flag)) {
                    factoryNameList.add(name);
                }
                //当前 value 的值是右表的值，即工厂所在城市名
                else if ("2".equals(flag)) {
                    addressName = name;
                }
            }
            //得到工厂名集合的元素个数
            int size = factoryNameList.size();
            for (int i = 0; i < size; i++) {
            //以左表的值（即工厂名）作为 key，以右表的值（即工厂所在城市名）为 value
 context.write(new Text("factoryName:" + factoryNameList.get(i)),
 new Text("location:" + addressName));
            }
        }
    }

    //驱动代码
    private int run(String[] args) throws Exception {
        //获取配置信息
        Configuration configuration = new Configuration();
        //优化程序
        String[] otherArgs = new GenericOptionsParser(configuration, args).
                        getRemainingArgs();
        if (otherArgs.length != 2) {
            System.err.println("Usage:FactoryAddress <in> <out>");
            System.exit(2);
        }
        //创建 Job，设置配置信息和 Job 名称
        Job job = new Job(configuration, "FactoryAddress");
        job.setJarByClass(FactoryAddress.class);   //把程序打成 jar 包运行
        //设置输入路径
```

```java
            Path inputDir = new Path(args[0]);
            FileInputFormat.addInputPath(job, inputDir);
            //设置Mapper类和map()方法输出的key和value类型
            job.setMapperClass(FactoryAddressMapper.class);
            job.setMapOutputKeyClass(Text.class);
            job.setMapOutputValueClass(Text.class);
            //设置Reducer类以及输出的key和value的类型
            job.setReducerClass(FactoryAddressReducer.class);
            job.setOutputKeyClass(Text.class);
            job.setOutputValueClass(Text.class);
            //设置输出路径
            Path OutputDir = new Path(args[1]);
            FileOutputFormat.setOutputPath(job, OutputDir);
            //提交作业
            boolean isSuccess = job.waitForCompletion(true);
            return isSuccess ? 0 : 1;
        }

        //主函数
        public static void main(String[] args) throws Exception {
            args = new String[] {
                    "hdfs://192.168.80.100:9000/data/FactoryAddress/input",
                    "hdfs://192.168.80.100:9000/data/FactoryAddress/output"
                    };
            //使作业运行,直到运行结束,程序退出
            System.exit(new FactoryAddress().run(args));
        }
    }
```

6. 大矩阵乘法

在海量数据处理中,回归、聚类、决策树等数据挖掘算法常常涉及大规模矩阵运算。其中,大矩阵乘法具有较大的时间消耗,是算法的瓶颈。当所操作的矩阵维度达到百万、千万级时,就需要设计分布式方法才能高效解决矩阵相乘的基本运算。

1)问题描述

大矩阵乘法的目标任务是,给定 $M \times N$ 矩阵 A 和 $N \times L$ 矩阵 B,将 A 和 B 两个矩阵相乘得到 $M \times L$ 的新矩阵 C。为方便描述,以下面两个矩阵作为示例:

$$A = \begin{bmatrix} 1,2 \\ 3,4 \\ 5,6 \end{bmatrix} \quad B = \begin{bmatrix} 1,2,3 \\ 4,5,6 \end{bmatrix} \quad C = AB = \begin{bmatrix} 9,12,15 \\ 19,26,33 \\ 29,40,51 \end{bmatrix}$$

数据文件 matrixmultA、matrixmultB 分别用来存放矩阵 A 和矩阵 B。文件中一行表示一个元素,表示方式为"行号 列号 值",一行中各个数据之间以空格为分隔符。样例输入:

matrixmultA 文件:

```
1 1 1
1 2 2
2 1 3
```

    2   2   4
    3   1   5
    3   2   6

matrixmultB 文件：
    1   1   1
    1   2   2
    1   3   3
    2   1   4
    2   2   5
    2   3   6

矩阵相乘后得到一个输出文件，文件中每一行数据也以"行号 列号 值"的形式来表示。样例输出为：

    1   1   9
    1   2   12
    1   3   15
    2   1   19
    2   2   26
    2   3   33
    3   1   29
    3   2   40
    3   3   51

2）设计思路

采用稀疏矩阵的存储方式，只存储矩阵中那些非零的数值，存储的数据包括矩阵元素的行号、列号和值。具体来讲，存储矩阵的文件每一行对应一个矩阵元素，存储结构为 $(i,j,A[i,j])$，其中，第一个字段 i 为行号，第二个字段 j 为列号，第三个字段为矩阵元素 $A[i,j]$ 的值。

设 $A=(a_{ik})_{m\times n}$ $B=(b_{kj})_{n\times l}$ 两个矩阵相乘表示为：$C=AB=(c_{ij})_{m\times l}$

其中 $c_{ij}=(a_{i1}b_{1j}+a_{i2}b_{2j}+a_{i3}b_{3j}+\cdots+a_{in}b_{nj})=\sum_{k=1}^{n}a_{ik}b_{kj}$

从计算公式可以看出，C 中各个元素的计算都是相互独立的，在 Map 阶段，可以把计算 c_{ij} 所需要的元素都集中到同一个 key 中，然后，在 Reduce 阶段从中解析出各个元素来计算 c_{ij}。比如：a_{11} 要参与计算 $c_{11},c_{12},\ldots,c_{1l}$ 的值，b_{11} 要参与计算 $c_{11},c_{21},\cdots,c_{m1}$ 的值，那么，在 Map 阶段，把 a_{11} 对应的那一行文本处理后，生成 l 个<key, value>对，key 互不相同，表示的是 a_{11} 参与计算得到的矩阵 C 元素的行、列值，即$(1,1),(1,2),\cdots,(1,l)$。类似地，把 b_{11} 对应的那一行文本生成 m 个<key, value>对，key 表示的是 b_{11} 参与计算得到的矩阵 C 元素的行、列值，即$(1,1),(2,1),\cdots,(m,1)$。而<key, value>中的 value 记录参与计算的元素属于哪个矩阵以及在矩阵中的位置和值。这样，key 为$(1,1)$的<key, value>对就是参与计算 c_{11} 的所有元素，在 Reduce 阶段通过调用一次 reduce()方法，对 value 列表进行解析，把矩阵 A 中列号与矩阵 B 中行号相等的两个元素相乘累加即 $\sum_{k=1}^{n}a_{1k}b_{k1}$，可以计算出 c_{11} 元素。

这样，在 Map 阶段，对于矩阵 A 的元素输出 l 个<key, value>对，其中 key 表示的是该元素参与计算得到的矩阵 C 元素的行、列号，value 表示的是该元素所在的矩阵 A、在矩阵中的列号和值。对于矩阵 B 的元素，则输出 m 个<key, value>对，其中 key 表示的是该元素参与计算得到的矩阵 C 元素的行、列号，value 表示的是该元素所在的矩阵 B、在矩阵中的行号和值。例如在本例中，a_{11} 解析为 3 个<key, value>对，分别表示为：<(1,1), (A,1,1)>, <(1,2), (A,1,1)>, <(1,3), (A,1,1)>；b_{11} 解析为 3 个<key, value>对，分别表示为：<(1,1), (B,1,1)>, <(2,1), (B,1,1)>, <(3,1), (B,1,1)>。这样，把 key 相同的 value 合并后，形成<key, list of value>对，由 key 可以确定对哪一个矩阵 C 元素进行计算，由 value 列表中的 value 可知参与计算的元素有哪些。在 Reduce 阶段，key 相同的键值对调用一次 reduce()方法，对 value 列表分析得到参与计算的矩阵 A、B 的元素，对矩阵 A 中列号与矩阵 B 中行号相同的元素相乘求和，得到矩阵 C 的元素。

采用 Hadoop 默认的文件输入方式后，每一行文本解析成一个<key, value>对，key 是每一行的起始位置在文件中的偏移量，value 是本行的文本内容，记为<key1, value1>，矩阵 A 相应的<key1, value1>表示为：

```
<0, (1, 1, 1)>
<5, (1, 2, 2)>
<10, (2, 1, 3)>
<15, (2, 2, 4)>
<20, (3, 1, 5)>
<25, (3, 2, 6)>
```

矩阵 B 相应的<key1, value1>表示为：

```
<0, (1, 1, 1)>
<5, (1, 2, 2)>
<10, (1, 3, 3)>
<15, (2, 1, 4)>
<20, (2, 2, 5)>
<25, (2, 3, 6)>
```

对每个<key1, value1>调用一次 map()方法，对于矩阵 A 的元素，生成 l 个<key2, value2>，对于矩阵 B 的元素，生成 m 个<key2, value2>。矩阵 A 元素对应的<key2, value2>表示如图 7-17 所示。

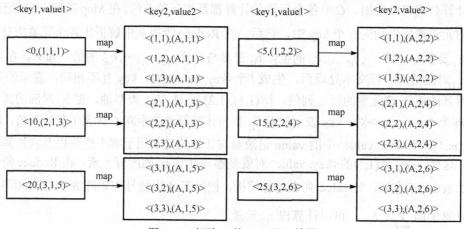

图 7-17 矩阵 A 的 map 处理结果

矩阵 **B** 元素对应的<key2, value2>表示如图 7-18 所示。

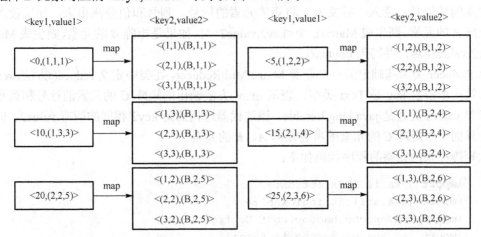

图 7-18　矩阵 **B** 的 map 处理结果

对 map 输出的<key2, value2>列表，按 key2 进行排序合并，把 key2 相同的 value2 放到一个集合中，形成<key2, list of value2>对，并将结果交给 Reduce，这由 MapReduce 的 Shuffle 过程自动完成。合并后的结果如图 7-19 所示。

在 Reduce 阶段，对每一个 key2 对应的 value2 列表进行解析，得到参与计算的矩阵 **A**、**B** 的元素，把矩阵 **A** 中列号与矩阵 **B** 中行号相同的两个元素相乘求和得到矩阵 **C** 的元素，并以输入的 key2 作为输出的 key，以计算得到的矩阵 **C** 的元素作为输出的 value。输出结果如图 7-20 所示。

<(1,1),[(A,1,1), (A,2,2), (B,1,1), (B,2,4)]>	<(1,2),[(A,1,1), (A,2,2), (B,1,2), (B,2,5)]>	<(1,3),[(A,1,1), (A,2,2), (B,1,3), (B,2,6)]>
<(2,1),[(A,1,3), (A,2,4), (B,1,1), (B,2,4)]>	<(2,2),[(A,1,3), (A,2,4), (B,1,2), (B,2,5)]>	<(2,3),[(A,1,3), (A,2,4), (B,1,3), (B,2,6)]>
<(3,1),[(A,1,5), (A,2,6), (B,1,1), (B,2,4)]>	<(3,2),[(A,1,5), (A,2,6), (B,1,2), (B,2,5)]>	<(3,3),[(A,1,5), (A,2,6), (B,1,3), (B,2,6)]>

图 7-19　按 key2 合并 value2 的结果

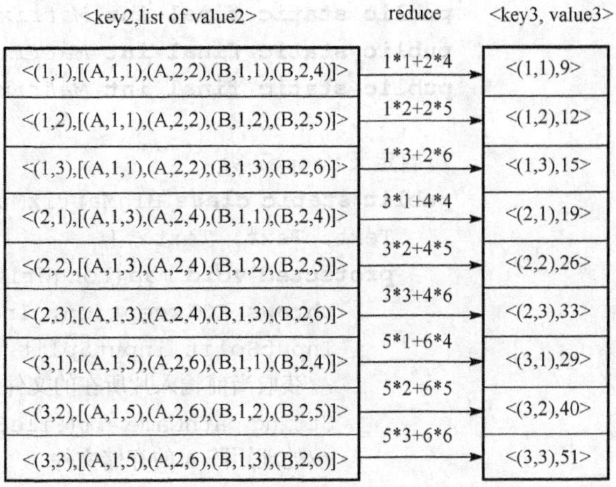

<key2,list of value2>	reduce	<key3, value3>
<(1,1),[(A,1,1),(A,2,2),(B,1,1),(B,2,4)]>	1*1+2*4	<(1,1),9>
<(1,2),[(A,1,1),(A,2,2),(B,1,2),(B,2,5)]>	1*2+2*5	<(1,2),12>
<(1,3),[(A,1,1),(A,2,2),(B,1,3),(B,2,6)]>	1*3+2*6	<(1,3),15>
<(2,1),[(A,1,3),(A,2,4),(B,1,1),(B,2,4)]>	3*1+4*4	<(2,1),19>
<(2,2),[(A,1,3),(A,2,4),(B,1,2),(B,2,5)]>	3*2+4*5	<(2,2),26>
<(2,3),[(A,1,3),(A,2,4),(B,1,3),(B,2,6)]>	3*3+4*6	<(2,3),33>
<(3,1),[(A,1,5),(A,2,6),(B,1,1),(B,2,4)]>	5*1+6*4	<(3,1),29>
<(3,2),[(A,1,5),(A,2,6),(B,1,2),(B,2,5)]>	5*2+6*5	<(3,2),40>
<(3,3),[(A,1,5),(A,2,6),(B,1,3),(B,2,6)]>	5*3+6*6	<(3,3),51>

图 7-20　reduce 的处理结果

3）代码实现

定义变量 MatrixM，MatrixN 分别表示矩阵 **A** 的行数和列数，定义变量 MatrixL 表示矩阵 **B** 的列数，矩阵 **B** 的行数和矩阵 **A** 的列数相等。

以 Mapper 类为基础定义一个新类 MatrixMultMapper，在 MatrixMultMapper 类中定义 map() 方法，map() 方法的输入是<key,value>，key 表示文本行的起始位置在文件中的偏移量，类型是 LongWritable，value 是文本行内容，包括矩阵元素的行号、列号和值，类型是 Text。map()方法实现的功能是：读入一行文本，将矩阵元素的行号、列号和值分离出来，如果读入的数据是矩阵 *A* 的元素，则生成 MatrixL 个<key2,value2>对，如果是矩阵 *B* 的元素，则生成 MatrixM 个<key2,value2>对，并写入 context。

以 Reducer 类为基础定义一个新类 MatrixMultReducer，在类中定义 reduce()方法，reduce()方法的第一个形参 key 是 Text 类型，表示 map()方法输出的矩阵 *C* 的元素的行号和列号；第二个形参 values 类型是 java.lang.Iterable，该迭代器迭代的是 key2 相同的所有 value2，也就是参与计算同一个矩阵 *C* 的元素的所有矩阵 *A*、*B* 的元素。

大矩阵相乘的完整的程序代码如下：

```java
import java.io.IOException;
import java.util.StringTokenizer;
import org.apache.hadoop.conf.Configuration;
import org.apache.hadoop.fs.Path;
import org.apache.hadoop.io.LongWritable;
import org.apache.hadoop.io.Text;
import org.apache.hadoop.mapreduce.InputSplit;
import org.apache.hadoop.mapreduce.Job;
import org.apache.hadoop.mapreduce.Mapper;
import org.apache.hadoop.mapreduce.Reducer;
import org.apache.hadoop.mapreduce.lib.input.FileInputFormat;
import org.apache.hadoop.mapreduce.lib.input.FileSplit;
import org.apache.hadoop.mapreduce.lib.output.FileOutputFormat;

public class BigMatrixMult {
    public static final int Matrix_M = 3;    //第一个矩阵的行数
    public static final int Matrix_N = 2;    //第一个矩阵的列数
    public static final int Matrix_L = 3;    //第二个矩阵的列数，第二个矩阵的
                                             //  行数和第一个矩阵的列数相等

    //自定义 Mapper 类
    public static class BigMatrixMultMapper extends Mapper<LongWritable,
        Text, Text, Text> {
        protected void map(LongWritable key, Text value,Context context)
            throws IOException, InterruptedException {
            InputSplit inputSplit = context.getInputSplit();
            //获取当前输入片所在的文件路径
            String pathName = ((FileSplit) inputSplit).getPath().toString();
            //处理矩阵 A 的存储文件
            if (pathName.contains("matrixmultA")) {
                String line = value.toString();
                if (line == null || line.equals("")) return;
                String[] values = line.split(" ");    //文本行内容用空格分割
                if (values.length < 3) return;        //处理缺失值，过滤掉
                String rowindex = values[0];          //获取矩阵元素的行号
                String colindex = values[1];          //获取矩阵元素的列号
                String elevalue = values[2];          //获取矩阵元素的值
```

```java
                /*矩阵A的每个元素需要复制的次数等于矩阵B的列数，也即乘积矩阵的列数*/
                for (int i = 1; i <= Matrix_L; i ++) {
                    context.write(new Text(rowindex + "\t"+ i), new Text
                        ("a#"+colindex+"#"+elevalue));
                } //形成<key2,value2>，写入context，用Tab键作为分隔符
            }

            //处理矩阵B的存储文件
            if (pathName.contains("matrixmultB")) {
                String line = value.toString();
                if (line == null || line.equals("")) return;
                String[] values = line.split(" ");    //文本行内容用空格分割
                if (values.length < 3) return;  //处理缺失值，过滤掉
                String rowindex = values[0];        //获取矩阵元素的行号
                String colindex = values[1];        //获取矩阵元素的列号
                String elevalue = values[2];        //获取矩阵元素的值
                //矩阵B的每个元素需要复制的次数等于矩阵A的行数，也即乘积矩阵的行数
                for (int i = 1; i <= Matrix_M; i ++) {
                    //形成<key2,value2>，写入context，以Tab键分隔
                    context.write(new Text(i + "\t" + colindex), new
                        Text("b#"+rowindex+"#"+elevalue));
                }
            }
        }
    }
    //自定义Reducer类
    public static class BigMatrixMultReducer extends Reducer<Text, Text,
        Text, Text> {
        protected void reduce(Text key, Iterable<Text> values,Context context)
            throws IOException, InterruptedException {
            int[] valA = new int[Matrix_N];//valA用于存放矩阵A中某一行元素
            int[] valB = new int[Matrix_N];//valB用于存放矩阵B中某一列元素
            int i;
            for (i = 0; i < Matrix_N; i ++) {
                valA[i] = 0;
                valB[i] = 0;
            }
            //解析value2列表
            for(Text it : values)
            {
                String value = it.toString();
                if (value.startsWith("a#")) {
                    //将矩阵A元素的值放入valA数组
                    StringTokenizer token = new StringTokenizer(value, "#");
                    String[] temp = new String[3];
                    int k = 0;
                    while(token.hasMoreTokens()) {
```

```java
                        temp[k] = token.nextToken();
                        k++;
                    }
                    valA[Integer.parseInt(temp[1])-1] = Integer.parseInt(temp[2]);
                } else if (value.startsWith("b#")) {
                    //矩阵B的元素放入valB数组
                    StringTokenizer token = new StringTokenizer(value, "#");
                    String[] temp = new String[3];
                    int k = 0;
                    while(token.hasMoreTokens()) {
                        temp[k] = token.nextToken();
                        k++;
                    }
                    valB[Integer.parseInt(temp[1])-1] = Integer.parseInt
                        (temp[2]);
                }
            }
            /*两个数组对应下标位置上的数相乘累加,即可算出乘积矩阵的元素*/
            int result = 0;
            for (i = 0; i < Matrix_N; i ++) {
                result += valA[i] * valB[i];
            }
            //以输入key作为输出key,以乘积矩阵的元素值为value,写入context
            context.write(key, new Text(Integer.toString(result)));
        }
    }
    //驱动代码
    public static void main(String[] args) throws Exception {
        //创建一个job对象
        Configuration conf=new Configuration();
        Job job=new Job(conf,"matrix multiply");
        //把程序打成jar包运行
        job.setJarByClass(BigMatrixMult.class);
        //设置输出的key和value的类型
        job.setOutputKeyClass(Text.class);
        job.setOutputValueClass(Text.class);
        //设置map()方法输出的key和value的类型
        job.setMapperClass(BigMatrixMultMapper.class);
        job.setReducerClass(BigMatrixMultReducer.class);
        //设置输入输出路径
        FileInputFormat.addInputPath(job, new Path("hdfs://192.168.80.
            100:9000/data/BigMatrixMult/input"));
        FileOutputFormat.setOutputPath(job, new Path("hdfs://192.168.80.
            100:9000/data/BigMatrixMult/output"));
        //使作业运行,直到运行结束,程序退出
        job.waitForCompletion(true);
    }
}
```

7.3 HBase 的基本操作

7.3.1 HBase 安装部署

安装 HBase 的前提是本机或集群环境下 Hadoop 已经安装成功，此外，HBase 还依赖于 ZooKeeper，可以选择使用 HBase 安装包内嵌的 ZooKeeper，也可以安装独立的 ZooKeeper 集群。本例在伪分布模式下搭建 HBase，伪分布式 Hadoop 的搭建过程参考本书 6.3.1 节。

1）把 hbase-0.94.7-security.tar.gz 复制到/usr/local。
2）使用下面的命令解压 hbase-0.94.7-security.tar.gz，并重命名为 hbase。

```
cd /usr/local
tar -zxvf hbase-0.94.7-security.tar.gz
mv hbase-0.94.7-security hbase
```

3）使用"vi /etc/profile"命令修改/etc/profile 文件，在文件中增加以下环境变量配置：

```
export HBASE_HOME=/usr/local/hbase
export PATH=.:$HADOOP_HOME/bin:$JAVA_HOME/bin:$PATH:$HBASE_HOME/bin
```

4）保存退出，使用命令 "source /etc/profile" 使配置生效。
5）修改$HBASE_HOME/conf/hbase-env.sh 文件，使用命令：

```
vi /usr/local/hbase/conf/hbase-env.sh
```

在文件中设置 JAVA_HOME 为 JDK 安装目录，并指定采用 HBase 内嵌的 ZooKeeper 管理集群，配置内容如下：

```
export JAVA_HOME=/usr/local/jdk
export HBASE_MANAGES_ZK=true
```

6）修改$HBASE_HOME/conf/hbase-site.xml 文件，使用命令：

```
vi /usr/local/hbase/conf/hbase-site.xml
```

在文件中配置如下内容：

```
<configuration>
 <property>
   <name>hbase.rootdir</name>
   <value>hdfs://master:9000/hbase</value>
 </property>
 <property>
   <name>hbase.cluster.distributed</name>
   <value>true</value>
 </property>
 <property>
   <name>hbase.zookeeper.quorum</name>
   <value>master</value>
 </property>
 <property>
```

```xml
        <name>dfs.replication</name>
        <value>1</value>
    </property>
</configuration>
```

在配置时要注意，hbase.rootdir 是一个文件目录，指向 RegionServer 的共享目录，用以持久化 HBase，它的主机和端口号与$HADOOP_HOME/conf/core-site.xml 的 fs.default.name 的主机和端口号要一致。由于在 6.3.1 节配置 core-site.xml 文件时，fs.default.name 的主机和端口号是 hdfs://master:9000，因此这里 hbase.rootdir 也配置相同的主机和端口号。hbase.cluster.distributed 表示 HBase 的运行模式，false 表示单机模式，true 表示分布式模式。hbase.zookeeper.quorum 表示 ZooKeeper 集群的地址列表，在伪分布模式下只有一台机器，如果是完全分布模式则要填写所有机器的主机名。dfs.replication 指定 HLog 和 HFile 的副本数，由于伪分布模式下 DataNode 只有一台，所以参数值设为 1。

7）在$HBASE_HOME/conf/regionservers 文件中写入 regionserver 主机名：master
编辑文件的命令为：

```
vi /usr/local/hbase/conf/regionservers
```

8）先使用命令 "start-all.sh" 启动 Hadoop，然后启动 HBase。启动 HBase 使用如下命令：

```
cd /usr/local/hbase/bin
./start-hbase.sh
```

启动成功后显示如下信息：

```
[root@master bin]# ./start-hbase.sh
master: starting zookeeper, logging to /usr/local/hbase/bin/../logs/hbase-root-zookeeper-master.out
starting master, logging to /usr/local/hbase/logs/hbase-root-master-master.out
localhost: starting regionserver, logging to /usr/local/hbase/bin/../logs/hbase-root-regionserver-master.out
```

9）使用 jps 命令查看系统的 Java 进程，如下所示：

```
[root@master bin]# jps
3065 JobTracker
3658 HMaster
3176 TaskTracker
2980 SecondaryNameNode
2878 DataNode
2772 NameNode
3601 HQuorumPeer
3788 HRegionServer
4045 Jps
```

HBase 启动成功后，此时通过命令 "hadoop fs -ls /" 查看 HDFS 目录，显示在 HDFS 的根目录下多了一个 HBase 的目录。通过 http://masterIP:60010/master-status 可以查看 HBase 当前状态及 RegionServer 的信息，如图 7-21 所示。（注：在 HBase 中，Master 的 Web 界面端口号默认配置是 60010，Master 的端口号默认配置是 60000。要查看 Master 的状态信息需要在地址中指明 Master Web 界面的端口号 60010，在 HBase 状态查看页面中显示的是 Master 的端口号。）

10）停止 HBase，使用以下命令：

```
cd /usr/local/hbase/bin
./stop-hbase.sh
```

第 7 章 Hadoop 应用与实践

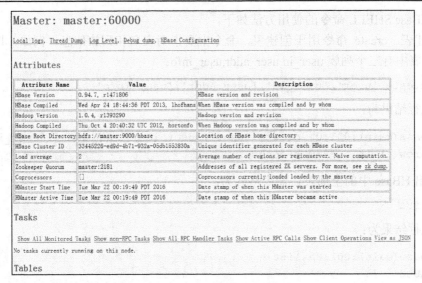

图 7-21 HBase 状态查看

7.3.2 HBase 的 SHELL 操作

管理 HBase，可以通过 HBase SHELL 操作来实现。HBase SHELL 提供了对数据库的操作命令，包括创建、删除表，添加、删除、查看数据等。使用下面的命令可以启动 HBase SHELL：

```
/usr/local/hbase/bin/hbase shell
```

启动 HBase SHELL 后，进入 SHELL 环境，显示如下信息：

```
[root@master hbase]# /usr/local/hbase/bin/hbase shell
HBase Shell; enter 'help<RETURN>' for list of supported commands.
Type "exit<RETURN>" to leave the HBase Shell
Version 0.94.7, r1471806, Wed Apr 24 18:44:36 PDT 2013

hbase(main):001:0>
```

表 7-2 是常用的 HBase SHELL 命令，命令的帮助信息可以通过 "help" 查看。

表 7-2 常用的 HBase SHELL 命令

命令	命令表达式	功能
create	create '表名', '列族名 1' [, '列族名 2'],…[, '列族名 n']	创建表
list	list	列出所有表
put	put '表名', '行名', '列名', '值'	添加一条记录
get	get '表名', '行名'	查看记录
count	count '表名'	查看表中记录总数
delete	delete '表名', '行名', '列名'	删除记录
deleteall	deleteall '表名', '行名'	删除整行
disable	disable '表名'	禁用表
drop	drop '表名'	删除表
scan	scan '表名' [, '列族名']	查看表中某列的所有数据，省略列族名表示查看所有记录
truncate	truncate '表名'	清空表
exit	exit	退出 HBase SHELL

常用 HBase SHELL 命令的使用方法如下。

1）创建表。create 命令用于创建表，命令中要指明表名和列族信息，例如，以下命令创建表 user，表中有三个列族 user_id,user_addr,user_info：

```
>create 'user','user_id','user_addr','user_info'
```

命令执行结果为：

```
hbase(main):001:0> create 'user','user_id','user_addr','user_info'
0 row(s) in 1.7270 seconds
```

2）列出 HBase 中的全部表，命令格式为：

```
>list
```

命令执行结果为：

```
hbase(main):001:0> list
TABLE
user
1 row(s) in 0.0270 seconds
```

3）得到表的描述，命令格式为 describe '表名'，例如，利用以下操作获取'user'表的描述：

```
>describe 'user'
```

4）添加记录。put 命令用于向指定表添加值，例如，以下几条命令分别表示向'user'表的'm001'行和'f001'行的各个列添加相应的值：

```
put 'user','m001','user_info:birthday','1996-06-17'
put 'user','m001','user_info:name','zhao'
put 'user','m001','user_addr: province ','jiangsu'
put 'user','m001','user_addr:city','changzhou'
put 'user','f001','user_info:birthday','1997-4-17'
put 'user','f001','user_info:favorite','sports'
put 'user','f001','user_addr: province ','jiangsu'
put 'user','f001','user_addr: city ','nanjing'
put 'user','f001','user_addr:town','jianye'
```

5）查看记录。get 命令用于获取行或单元的值，需要指定行名，也可以通过指定列名来获取某列的信息。例如，利用以下操作取得'user'表中'f001'行的所有数据：

```
hbase(main):001:0> get 'user','f001'
COLUMN                    CELL
 user_addr: city          timestamp=1458636166303, value=nanjing
 user_addr: province      timestamp=1458636158662, value=jiangsu
 user_addr:town           timestamp=1458636173652, value=jianye
 user_info:birthday       timestamp=1458636127274, value=1997-4-17
 user_info:favorite       timestamp=1458636151692, value=sports
5 row(s) in 0.4460 seconds
```

例如，利用以下操作获取'user'表中'f001'行'user_info'列族的所有数据：

```
hbase(main):002:0> get 'user','f001','user_info'
```

```
COLUMN                   CELL
 user_info:birthday      timestamp=1458636127274, value=1997-4-17
 user_info:favorite      timestamp=1458636151692, value=sports
2 row(s) in 0.0080 seconds
```

例如，利用以下操作获取'user'表中'f001'行' user_info:favorite '列的数据：

```
hbase(main):004:0> get 'user','f001','user_info:favorite'
COLUMN                   CELL
 user_info:favorite      timestamp=1458636151692, value=sports
1 row(s) in 0.0060 seconds
```

6）扫描全表。scan 命令用于获取表中的数据，可以通过指定列族名来查看某列的信息。例如，利用以下操作获取'user'表的所有信息：

```
hbase(main):011:0> scan 'user'
ROW        COLUMN+CELL
 f001      column=user_addr: city , timestamp=1458636166303, value=nanjing
 f001      column=user_addr: province , timestamp=1458636158662, value=jiangsu
 f001      column=user_addr:town, timestamp=1458636173652, value=jianye
 f001      column=user_info:birthday, timestamp=1458636127274, value=1997-4-17
 f001      column=user_info:favorite, timestamp=1458636151692, value=sports
 m001      column=user_addr: province , timestamp=1458635636376, value=jiangsu
 m001      column=user_addr:city, timestamp=1458635655262, value=changzhou
 m001      column=user_info:birthday, timestamp=1458635437433, value=1996-06-17
 m001      column=user_info:name, timestamp=1458637009755, value=zhao
2 row(s) in 0.0300 seconds
```

例如，利用以下操作获取'user'表中'user_info'列族的所有信息：

```
hbase(main):012:0> scan 'user',{COLUMNS=>'user_info'}
ROW        COLUMN+CELL
 f001      column=user_info:birthday, timestamp=1458636127274, value=1997-4-17
 f001      column=user_info:favorite, timestamp=1458636151692, value=sports
 m001      column=user_info:birthday, timestamp=1458635437433, value=1996-06-17
 m001      column=user_info:name, timestamp=1458637009755, value=zhao
2 row(s) in 0.0270 seconds
```

例如，利用以下操作获取'user'表中'user_info'列族的前一行的信息：

```
hbase(main):013:0> scan 'user',{COLUMNS=>'user_info',LIMIT=>1}
ROW        COLUMN+CELL
 f001      column=user_info:birthday, timestamp=1458636127274, value=1997-4-17
 f001      column=user_info:favorite, timestamp=1458636151692, value=sports
1 row(s) in 0.4400 seconds
```

7）删除记录。delete 命令用于删除表中指定列的相关数据，例如，要删除'user'表'm001'行的'user_info:name'列，可以使用以下命令：

```
>delete 'user','m001','user_info:name'
```

删除数据后，使用 gct 命令查看'm001'的记录：

```
>get 'user','m001'
```

8）删除整行。deleteall 命令用于删除整行数据，例如，要删除'user'表'm001'行，可以使用以下命令：

>deleteall 'user,'m001'

9）统计表的行数，命令格式为 count'表名'，例如，利用以下操作统计'user'表的行数：

>count 'user'

10）清空表，命令格式为 truncate '表名'，例如，利用以下操作清空'user'表：

>truncate 'user'

11）删除表，命令格式为 drop '表名'，在删除表之前先执行 disable '表名'命令使表失效。例如，利用以下操作删除'user'表：

>disable 'user'
>drop 'user'

7.3.3 HBase 的 Java API

HBase 没有提供类 SQL 的查询语言，但提供了一系列的 Java API 供用户开发程序使用，所涉及的内容包括 HBase 的基本信息和配置 API，实现 HBase 客户端编程的 API，HBase 对 MapReduce 的支持，HBase 数据类型和工具的定义等。本节主要介绍与 HBase 数据操作相关的 API，如：对 HBase 进行配置的类 HBaseConfiguration，管理 HBase 数据库表信息的类 HBaseAdmin，维护列族信息的类 HColumnDescriptor，读取数据的类 Get，写入数据的类 Put，获取数据结果集的类 Result，以及对 HTable 进行浏览的类 Scan 等。

1. Eclipse 开发环境配置

在 Eclipse 下开发 HBase 程序需要配置 Eclipse 环境，主要是添加必需的 JAR 包并设置 HBase 配置文件 hbase-site.xml 的位置。

1）添加 JAR 包

打开 Eclipse 应用程序，通过"文件"菜单创建一个 java 工程，我们将工程命名为"hbase-example"。在创建的工程名称上用鼠标单击右键，在弹出菜单中选择最后一项"属性"，打开该工程的属性设置窗口。在窗口的左侧栏选择"java 构建路径"，在右侧选择"库"标签栏，单击"添加外部 JAR(X)"按钮。在弹出窗口中导入 hbase-0.94.7-security 根目录下的两个 jar 包：hbase-0.94.7-security.jar，hbase-0.94.7-security-tests.jar。单击"打开"按钮。

按相同的步骤继续导入 hbase-0.94.7-security/lib 目录下的 jar 包：zookeeper-3.4.5.jar，hadoop-core-1.0.4.jar，log4j-1.2.16.jar，commons-lang-2.5.jar，commons-logging-1.1.1.jar，commons-configuration-1.6.jar，slf4j-api-1.4.3.jar，slf4j-log4j12-1.4.3.jar。单击"打开"按钮，即把所需的外部 JAR 包加入库。添加外部 JAR 包的窗口如图 7-22 所示。

2）设置 hbase-site.xml 文件的位置

在工程根目录下创建文件夹 conf，把$HBASE_HOME/conf/hbase-site.xml 文件复制到该文件夹。在创建的工程名称上用鼠标单击右键，在弹出菜单中选择最后一项"属性"，打开该工程的属性设置窗口。在窗口的左侧栏选择"java 构建路径"，在右侧选择"库"标签栏，单击"添加类文件夹"按钮，在打开的窗口中勾选 conf 文件夹，这样就把配置文件添加进来了。接下来就可以在创建的工程中新建包和类，编写 Java 程序了。

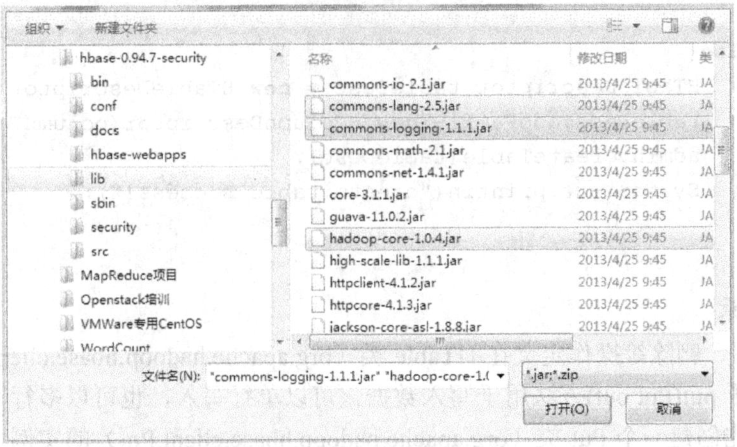

图 7-22 添加外部 JAR 包

2. HBase 客户端编程

1)配置 HBase

要管理 HBase 首先要通过 HBaseConfiguration 类(org.apache.hadoop.hbase.HBaseConfiguration)对 HBase 进行配置,HBaseConfiguration 类提供了 create()方法通过默认的 HBase 配置文件来创建 Configuration,程序会从 classpath 中查找 hbase-site.xml 文件来初始化 Configuration。在程序中配置 HBase 主要是指定 HBase 的数据存放位置和 ZooKeeper 集群位置。配置 HBase 的程序代码如下:

```
private static Configuration getConfiguration() {
    Configuration conf = HBaseConfiguration.create();
    conf.set("hbase.rootdir", "hdfs://master:9000/hbase");
    conf.set("hbase.zookeeper.quorum", "master");
    return conf;
}
```

2)创建表

HBase 中表的创建由 HBaseAdmin 类(org.apache.hadoop.hbase.client.HBaseAdmin)实现,HBaseAdmin 类提供了对表信息进行管理的方法,如创建表,删除表、列表项,设置表的无效或有效,添加或删除列族成员等。HBaseAdmin 类提供了 createTable(HTableDescriptor desc)方法来创建一个新表,创建时要指定表的信息和表内列族的信息。表信息是通过 HTableDescriptor 类(org.apache.hadoop.hbase.HTableDescriptor)来描述的,在实例化 HTableDescriptor 时,由 name 参数指明要创建的表的名称。设置表名称后,使用 HTableDescriptor 实例的 addFamily(HColumnDescriptor family)方法添加表中的列族,该方法需要传递一个列族描述实例 HColumnDescriptor。通常在创建或删除一张表之前,先要确定该表是否存在,HBaseAdmin 类提供了 tableExists(String tableName)方法来检查指定的表是否存在。创建表的代码如下:

```
public static void create(String tableName, String columnFamily) throws IOException{
    HBaseAdmin admin = new HBaseAdmin(getConfiguration());
    if (admin.tableExists(tableName)) {
        System.out.println("table exists!");
```

```
        }
        else{
            HTableDescriptor tableDesc = new HTableDescriptor(tableName);
            tableDesc.addFamily(new HColumnDescriptor(columnFamily));
            admin.createTable(tableDesc);
            System.out.println("create table success!");
        }
    }
```

3）添加记录

对表的读写、删除等操作定义在 HTable 类（org.apache.hadoop.hbase.client.HTable）中，HTable 类提供了 put(Put put)方法用于写入数据，可以单行写入，也可以多行写入。在实例化 HTable 后，首先创建一个 Put 类（org.apache.hadoop.hbase.client.Put）的实例，指明待插入行的行关键字，然后通过 Put 实例的 add(byte[] family, byte[] qualifier,byte[] value)方法将要写入的数据传入 Put 实例，即插入指定行的"列族名：标签"及单元格的值。最后调用 HTable 的 put 方法添加一条记录，在 put 方法中传递 Put 实例作为参数。添加一条记录的代码如下：

```
    public static void put(String tableName, String row, String columnFamily,
                           String column, String data) throws IOException{
        HTable table = new HTable(getConfiguration(), tableName);
        Put p1 = new Put(Bytes.toBytes(row));
        p1.add(Bytes.toBytes(columnFamily), Bytes.toBytes(column), Bytes.toBytes(data));
        table.put(p1);
        System.out.println("put'"+row+"','"+columnFamily+":"+column+"','"+data+"'");
    }
```

4）读取记录

HTable 类提供了 get(Get get)方法来获取表中特定行的数据。和 put(Put put)方法类似，在调用 get(Get get)方法时需要一个 Get 类（org.apache.hadoop.hbase.client.Get）的实例作为参数，Get 实例中指明了要获取的数据位置，可以是一行，也可以是一个确定列族的所有数据，还可以是精确获取某个单元格的数据。在创建 Get 实例时，要指明待获取的数据的行关键字，如果要获取某一列族或某一列的数据，则需要使用 Get 实例的 addFamily(byte[] family)或 addColumn(byte[] family, byte[] qualifier)方法设置具体的位置。调用 get 方法查询后的返回结果是一个 Result 类（org.apache.hadoop.hbase.client.Result）的实例。读取一行数据的代码如下：

```
    public static void get(String tableName, String row) throws IOException{
        HTable table = new HTable(getConfiguration(), tableName);
        Get get = new Get(Bytes.toBytes(row));
        Result result = table.get(get);
        System.out.println("Get: "+result);
    }
```

5）显示所有数据

HTable 类提供了 getScanner(Scan scan)方法用以扫描全表，该方法需要传递一个 Scan 类（org.apache.hadoop.hbase.client.Scan）的实例作为参数。此外，getScanner()还有两种重载方法，分别是 getScanner(byte[] family)和 getScanner(byte[] family, byte[] qualifier)，可以直接指定列族

或者列来查找,而不需要通过 Scan 实例来传递参数。Scan 类的构造方法允许用户指定一个起始行关键字和一个终止行关键字作为扫描区间,如果没有指定终止行关键字,则会扫描至表的最后一行,如果没有指定区间则会扫描全表。在设置完 Scan 实例的参数后,调用 HTable 实例的 getScanner(Scan scan)方法检索数据表,得到 ResultScanner 数据集,最后对 ResultScanner 数据集解析获取数据。

```java
public static void scan(String tableName) throws IOException{
    HTable table = new HTable(getConfiguration(), tableName);
    Scan scan = new Scan();
    ResultScanner scanner = table.getScanner(scan);
    for (Result result : scanner) {
        System.out.println("Scan: "+result);
    }
}
```

6)删除数据

HTable 类提供了 delete(Delete delete)方法用以删除表中特定行的数据,可以删除单行数据,也可以删除多行数据。在调用 delete 方法时需要一个 Delete 类的实例作为参数,Delete 实例中指明了要删除哪些行。Delete 类(org.apache.hadoop.hbase.client.Delete)有两种构造方法,一种是指定行关键字的删除操作,另一种是指定行关键字和时间戳的删除操作。如果 Delete 实例只指定了行关键字,则 delete 方法使用的结果是删除该行的所有列的数据。如果要删除某一列族的数据,则需要通过 Delete 实例的 deleteFamily(byte[] family)方法来指定列族。如果要删除某一列的数据,则需要通过 deleteColumn(byte[] family, byte[] qualifier)方法来指定列族及其某一列,该方法还可以通过指定时间戳来删除该列某一特定时间戳版本的值。删除某一行数据的代码为:

```java
public static void delete(String tableName, String row) throws IOException{
    HTable table = new HTable(getConfiguration(), tableName);
    Delete del = new Delete(Bytes.toBytes(row));
    table.delete(del);
    System.out.println("delete: "+row);
}
```

7)删除表

HBaseAdmin 类提供了 deleteTable(String tableName)方法来删除一张表,但在删除之前需要通过 disableTable(String tableName)方法先使该表失效。如果想把失效的表重新启用,则可以调用 enableTable(String tableName)方法。删除表的代码为:

```java
public static void delete(String tableName) throws IOException{
    HBaseAdmin admin = new HBaseAdmin(getConfiguration());
    if(admin.tableExists(tableName)){
        try {
            admin.disableTable(tableName);
            admin.deleteTable(tableName);
        } catch (IOException e) {
            e.printStackTrace();
            System.out.println("Delete "+tableName+" 失败");
        }
```

```
        }
        System.out.println("Delete "+tableName+" 成功");
}
```

本 章 小 结

本章介绍了 HDFS、MapReduce 和 HBase 的实践操作。HDFS 是一种分布式文件管理系统，通过 HDFS SHELL 命令可以实现对文件系统的基本操作，包括文件或文件夹的创建、检索、查看、修改、删除、重命名和修改权限等，还可以在本地文件系统和 HDFS 文件系统之间传递文件。此外，Hadoop 还提供了 Java 接口来实现对文件系统的交互和操作，用户可以编写程序，通过 Hadoop URL 方式读取文件，也可以通过 API 进行文件读/写。本章通过一些实例程序展示了 HDFS 的 Java 访问接口的应用。

大多数 MapReduce 程序的编写都可以依赖于一个简单的模板，典型 MapReduce 程序包括 3 个部分，分别是 Mapper、Reducer 和作业执行。本章介绍了几个常用的 MapReduce 编程实例，包括单词计数、数据去重、数据排序、单表关联、多表关联和大矩阵乘法。这些实例展示了分布式处理框架的设计思想和实现方法，广泛应用于对海量数据进行分析挖掘的应用场景中。读者通过使用或组合这些代码，可以设计程序解决一些实际问题。

HBase SHELL 提供了对数据库的操作命令，包括创建、删除表，添加、删除、查看数据等。HBase 没有提供类 SQL 的查询语言，但提供了一系列的 Java API 供用户开发程序使用，本章介绍了与 HBase 数据操作相关的 API。程序的编写和运行建议使用本地 Windows 下的 Eclipse 作为开发环境，需要对开发环境进行一些配置。

思 考 题

1. 试描述 HDFS 分布式文件系统的架构。
2. HDFS 的 Web 访问接口可以对文件系统实现哪些操作？
3. 简述使用 Hadoop URL 读取 HDFS 文件的基本流程，试编写程序使用 URL 方式从 HDFS 读取一个文件。
4. 试编写程序，要求在 HDFS 文件系统中建立一个目录 test，在 test 目录下创建文本文件 file，并将该文件从 HDFS 下载到本地文件系统。
5. 描述 MapReduce 的编程模型，并举出一个实例来解释 MapReduce 的处理流程。
6. 设通信话单中包含手机号码和每次网络访问的数据流量，试编写 MapReduce 程序计算每个手机号对应的数据流量总和。
7. 设气象单中记录了历年来每天的温度，数据格式包含日期和当天的温度，如 2012030415 表示在 2012 年 03 月 04 日的气温为 15 度。试编写 MapReduce 程序求出每一年出现过的最高气温。
8. 提出一个大数据应用的场景并进行描述，比如计算两个阶数超过 50 000 的矩阵并行乘法、大型在线个人家庭数据（相片、视频、音乐等）备份存储等，要体现用户数量巨大、存储量巨大、计算量巨大、同时访问数量巨大等大数据应用特点。为以上场景设计一个分布式存储（文件存储、数据库存储等）的系统方案或算法，画出系统框架图、MapReduce 算法流程图等。
9. 描述 HBase 的结构，它与传统的 RDBMS 有什么区别？
10. 使用 HBase SHELL 命令实现对数据库的操作，如创建、删除表，添加、删除、查看数据。

第8章 OpenStack 环境下 Hadoop 的应用

IaaS 云平台提供基础架构服务，大数据应用在这个平台上运行，这是目前比较高效的处理大数据的方法之一。目前 Hadoop 基本上已成为 MapReduce 实现的产业标准，并为众多机构采用，OpenStack 作为主流的 IaaS 云平台，提供了有效管理各类计算、存储、网络资源的服务能力，将 OpenStack 云平台和 Hadoop 环境结合在一起将会产生显著的协作效应，如提升 Hadoop 集群的部署速度，合理利用 Hadoop 环境资源，提供高可用性等。OpenStack 的 H 版本提供了对大数据的基本支持，通过安装 Savanna 项目并进行配置，可建立起基本的大数据处理平台。Savanna 项目提供了 OpenStack 云平台与 Hadoop 大数据应用的整合方案，让用户可以在 OpenStack 环境中快速部署 Hadoop 集群，更充分利用 OpenStack 云平台中未被利用的计算资源，最大限度地提高服务器资源利用率。

8.1 Savanna 简介

Savanna 为用户提供了一个可以在 OpenStack 上运行和管理 Hadoop 集群的方式，用户通过指定一些参数，如 Hadoop 版本、集群拓扑结构、节点硬件详细信息等，就可以快速创建一个 Hadoop 集群，还可以根据需要通过增减节点来调整已有集群的规模。

Savanna 作为 OpenStack 的组件出现，可以与 OpenStack 的 Horizon、Keystone、Nova、Glance 和 Swift 几个组件进行通信，如图 8-1 所示。

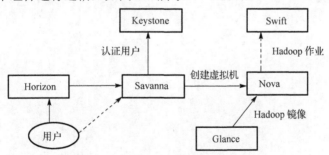

图 8-1 Savanna 与 OpenStack 的通信

1）Horizon：为用户使用 Savanna 提供图形化界面。

2）Keystone：认证用户并提供安全令牌，用以与 OpenStack 通信，给用户分配特定的 OpenStack 权限。

3）Nova：为 Hadoop 集群配置虚拟机。

4）Glance：存储 Hadoop 虚拟机镜像，每个镜像都包含了已安装的操作系统和 Hadoop。

5）Swift：存储 Hadoop 作业将要处理的数据。

Savanna 快速建立集群的基本流程是：1）选择 Hadoop 版本；2）选择包含预安装 Hadoop 的基础镜像；3）定义集群配置，包括集群的大小和拓扑，并且设置不同的 Hadoop 参数；

4）配置集群：Hadoop 集群的众多节点被部署在 OpenStack 管理的虚拟机上，这些虚拟机承担 Hadoop 集群的不同角色和任务；5）操作集群：如添加或删除节点；6）终止集群。

Savanna 提供了多种 Hadoop 集群拓扑，如 JobTracker 和 NameNode 进程可以在一个虚拟机上运行，也可以在两个独立的虚拟机上运行。同样集群可以包含多种类型的工作节点，工作节点可以同时运行 TaskTracker 和 DataNode，也可以扮演一个角色。Savanna 允许用户以这些选项的任意组合去建立集群，但不允许建立一个 Hadoop 无法工作的拓扑集群，如包含若干个 DataNode 节点但没有 NameNode 节点。

8.2　Savanna 应用与实践

Savanna 被设计为 OpenStack 的一个组件，用户通过安装 Savanna 包就可建立起一个 Hadoop 集群的管理平台，并通过 OpenStack 的 Web 管理界面进行操作和管理。Savanna 可以使用 RDO（远程数据对象）安装,用户通过 OpenStack 安装工具 PackStack 快速安装 OpenStack 后，只需安装 savanna-api 服务，并对其进行一些配置（配置文件/etc/savanna/savanna.conf），启动服务后即可完成安装（安装过程详见 https://savanna.readthedocs.org/en/0.3/userdoc/installation.guide.html）。Savanna 也可以在虚拟环境下安装，支持 Ubuntu、CentOS 等操作系统。

Savanna 的用户界面是 OpenStack Dashboard 的一个插件，Savanna 安装后，在 OpenStack 的管理界面中就出现了 Savanna 的控制面板，如图 8-2 所示。

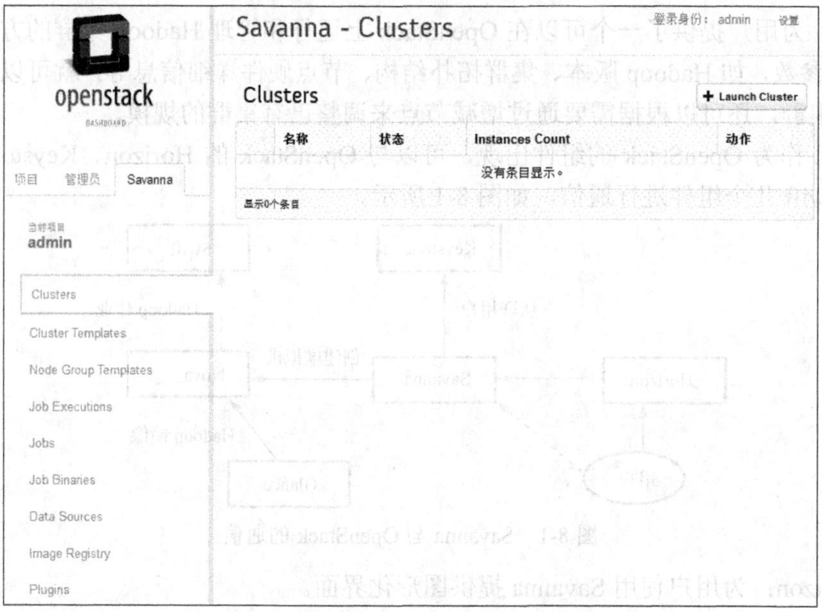

图 8-2　Savanna 界面

1. Savanna 界面说明

下面简单介绍 Savanna 界面中常用的几个功能。

1）Image Registry（镜像注册）：Savanna 通过存储在 Glance 中的镜像来部署集群虚拟机，在 Savanna 开始工作之前，需要将 Glance 里的镜像注册到 Savanna。Savanna 的镜像需求依赖于插件和 Hadoop 版本,每个插件有其自己对镜像内容的要求。有些插件只需要基本的云镜像并在虚拟机中从头开始安装 Hadoop,有些插件则需要包含预安装 Hadoop 的镜像。

2)Node Group Templates(节点组模板):描述了集群中的一组节点。节点的类型是节点组模板的属性之一,它决定了节点在 Hadoop 集群中的角色和在节点上运行的任务。节点类型可以是 NameNode、DataNode、JobTracker 或 TaskTracker,也可以将执行同一类计算任务的节点组合在一起。如 Hadoop 的 NameNode/JobTracker 是同一类任务,可以定义为一个 Node Group;而 DataNode/TaskTracker 是同一类任务,可以定义为另一个 Node Group。Node 在运行时就代表一个执行同类计算任务的虚拟机。节点组模板中还包含节点虚拟机的硬件参数(Flavor)和在节点上运行的 Hadoop 进程的配置。

3)Cluster Templates(集群模板):将一些节点组模板进一步组合成一个集群模板,形成更加复杂的计算任务。集群模板定义了所包含的节点组以及每个集群所创建的实例个数,用户通过集群模板可以把 Hadoop 的配置应用于整个集群的节点。

4)Cluster(集群):将集群模板实例化,即根据集群模板创建虚拟机,共同完成一些复合的计算任务。

2. 注册镜像

1)上传 Savanna 镜像。

本例采用一个已经配置好的镜像 savanna-0.3-vanilla-1.2.1-ubuntu-13.04.qcow2,其中已安装了 Apache Hadoop 1.2.1,将该镜像上传 Glance 并命名为 Savanna(镜像的下载地址:http://savanna-files.mirantis.com/savanna-0.3-vanilla-1.2.1-ubuntu-13.04.qcow2)。当然用户也可以自己制作镜像,用户文档详情参阅 https://savanna.readthedocs.org/en/0.3/userdoc/ diskimagebuilder.html。

2)用户登录 OpenStack 后,在管理页面(如图 8-2 所示)的"Savanna"标签中选择"Image Registry",然后在页面右上角单击"Register Image"按钮,出现注册镜像的页面,如图 8-3 所示。在页面中选择需要注册的镜像,本例选择在 1)中所上传的镜像 Savanna;用户名必须填写为 ubuntu;单击"add all"按钮添加标签"vanilla 1.2.1";单击"Done"按钮完成注册。

一个注册的镜像必须包含两个属性:用户名(username)和标签(tags),用户名是默认的云初始化(cloud-init)用户,标签是对镜像的标记,需要和特定的插件相匹配。Savanna 提供了两种插件:Vanilla Plugin 和 Hortonworks Data Platform Plugin(HDP)。

Vanilla 插件是一个可以对 Apache Hadoop 集群进行配置的插件,需要在 Savanna 的镜像注册中标记为两个标签:"vanilla"和 Hadoop 版本(如"1.2.1"),并且指定默认的云用户名称。针对不同操作系统,对应不同的云用户名(如:Ubuntu13.04 对应的用户名为 ubuntu,Fedora 19 对应的用户名为 fedora,CentOS 6.4 对应的用户名为 cloud-user)。使用 Vanilla 插件部署集群具有一定的局限性:如果 NameNode 和 JobTracker 在一台机器上运行,那么 DataNode 和 TaskTracker 也必须同时运行在一个集群节点上;集群只能包含一个 NameNode 和一个 JobTracker;不能创建包含从节点进程但不包含对应的主节点进程的集群(如,集群中包含 TaskTracker 但不包含 JobTracker,则集群不能创建)。

Hortonworks 插件提供了一个通过 Ambari 模板在 OpenStack 上部署 HDP 集群的方法。Ambari 模板提供了对 Hadoop 集群的完整定义,包括集拓扑结构、组件、服务和对它们的配置,具有更强的集群操作能力。HDP 插件需要在 Savanna 的镜像注册中标记为两个标签:"hdp"和 hdp 版本,并且为镜像指定云用户名称。

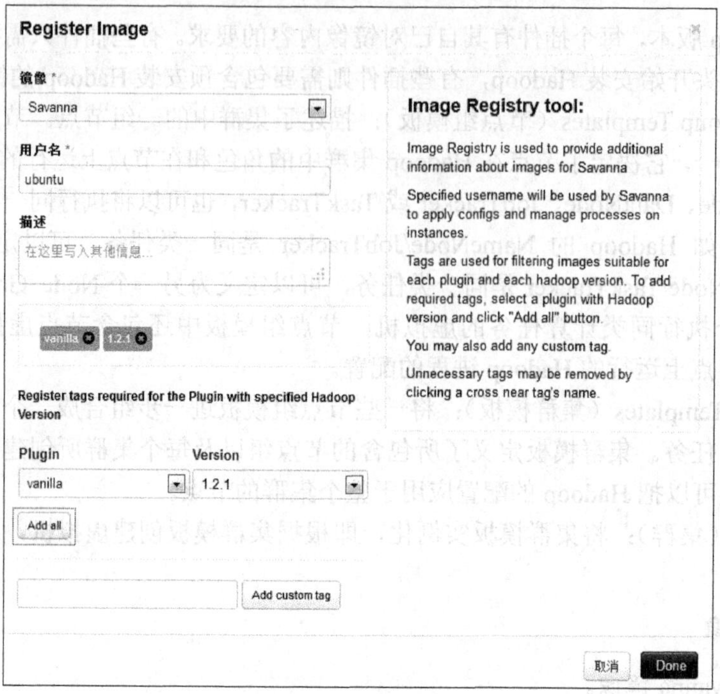

图 8-3 注册镜像页面

3. 创建节点组模板 Node Group Templates

在"Savanna"标签中选择"Node Group Templates",然后在页面右上角单击"Create Templates"按钮,打开创建节点组模板的页面,如图 8-4 所示,在页面中为创建的节点组模板选择插件和 Hadoop 版本。单击"Create"按钮开始创建模板。

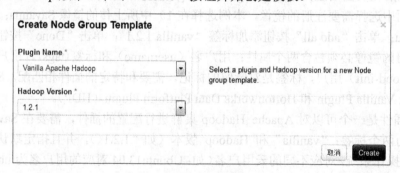

图 8-4 创建节点组模板

Hadoop 的集群中分主节点(master)和从节点(worker)两类节点,所以要分别创建两种模板。图 8-5 所示是创建 master 模板的界面,这里将模板名称命名为"hadoop-master",在创建页面必须勾选 namenode 和 jobtracker 两个复选框。图 8-6 所示是创建 worker 模板的界面,模板名称命名为"hadoop-worker",在创建页面必须勾选 datanode 和 tasktracker 两个复选框。在创建这两种模板时,页面中的"OpenStack Flavor"最少选择 m1.medium(2CPU,4GB 内存,40GB 磁盘容量)。单击"Create"按钮完成创建。

两种模板创建成功后显示节点组模板的列表信息,包括模板名称、插件、Hadoop 版本以及在节点上运行的进程,如图 8-7 所示。其中 master 节点承担 NameNode 角色,运行 JobTracker 进程;worker 节点承担 DataNode 角色,运行 TaskTracker 进程。

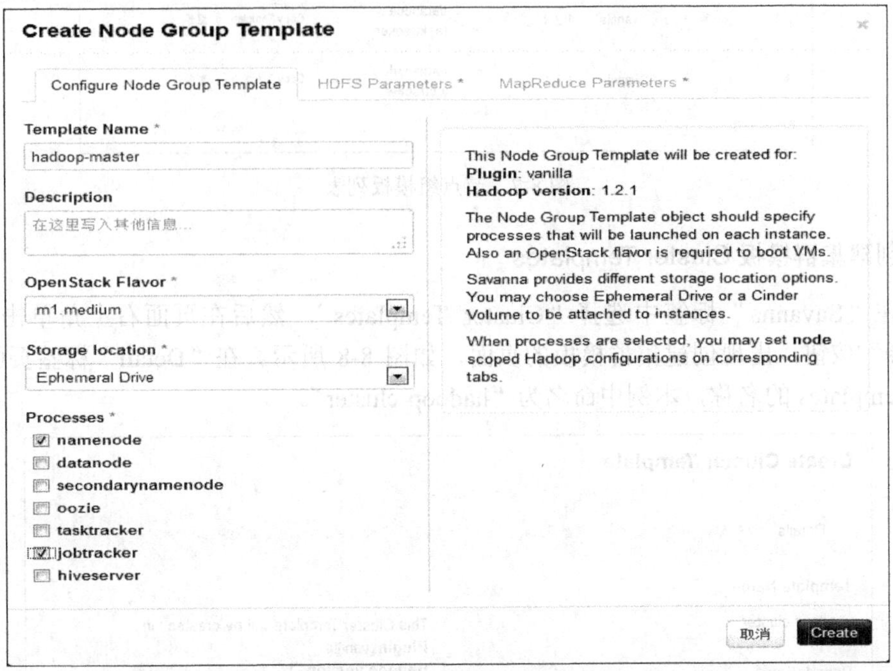

图 8-5 创建 master 模板

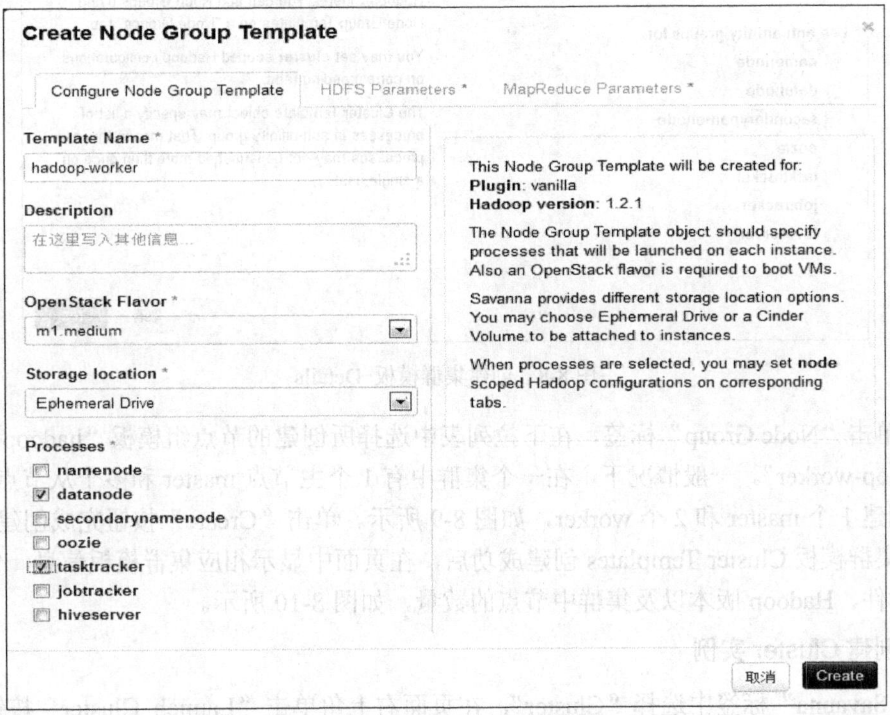

图 8-6 创建 worker 模板

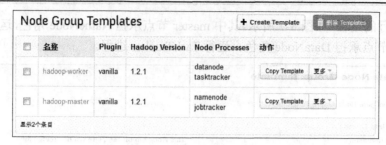

图 8-7 节点组模板列表

4. 创建集群模板 Cluster Templates

1）在"Savanna"标签中选择"Cluster Templates",然后在页面右上角单击"Create Templates"按钮,出现创建集群模板的页面,如图 8-8 所示。在"Detail"标签页面中填写 Cluster Templates 的名称,本例中命名为"hadoop-cluster"。

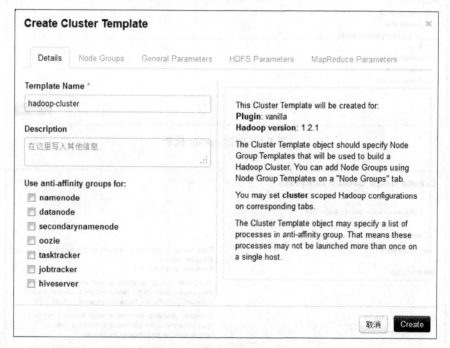

图 8-8 创建集群模板-Details

2）单击"Node Group"标签,在下拉列表中选择所创建的节点组模板"hadoop-master"和"hadoop-worker"。一般情况下,在一个集群中有 1 个主节点 master 和多个从节点 worker,本例中创建 1 个 master 和 2 个 worker,如图 8-9 所示。单击"Create"按钮完成创建。

3）集群模板 Cluster Templates 创建成功后,在页面中显示相应集群模板信息,包括模板名称、插件、Hadoop 版本以及集群中节点的数量,如图 8-10 所示。

5. 创建 Cluster 实例

在"Savanna"标签中选择"Cluster",在页面右上角单击"Launch Cluster"按钮,出现创建集群实例的页面,如图 8-11 所示。在页面中选择插件 Vanilla Apache Hadoop 和 Hadoop版本,单击"Create"按钮打开"启动集群"页面,如图 8-12 所示。

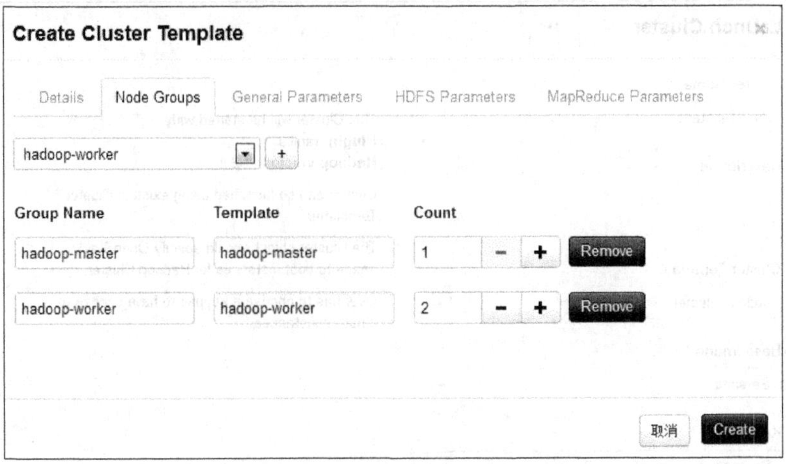

第 8 章 OpenStack 环境下 Hadoop 的应用

图 8-9 创建集群模板-Node Groups

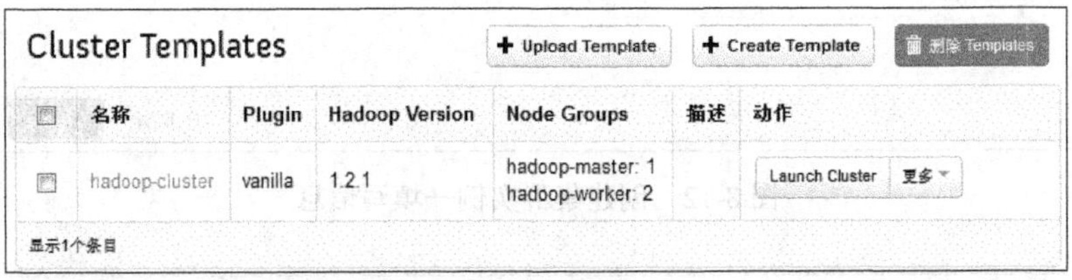

图 8-10 集群模板列表

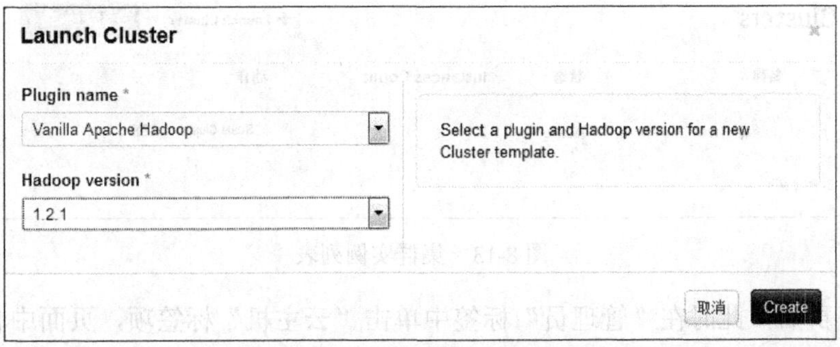

图 8-11 创建集群实例-选择插件

在"启动集群"页面中填写启动集群实例所需的信息。在"Cluster Name"文本框输入集群实例名称，本例命名为"cluster-instance"；在"Cluster Template"列表中选择已创建的集群模板 hadoop-cluster；在"Base Image"列表中选择已注册的镜像 Savanna；在"Keypair"列表中选择事先创建好的密钥对；在"Neutron Management Network"中选择事先创建好的网络；单击"Create"按钮完成创建。

本例中创建了三个虚拟机（1 个 master 节点，2 个 worker 节点），如图 8-13 所示。页面中的"Scale Cluster"按钮的功能是调整集群规模：当一个集群在运行时计算能力不够时，可以单击"Scale Cluster"按钮调整集群里的节点数目，通常可以增加几个节点来提供更强的计算能力，但是也要考虑整个云平台的最高负载能力。

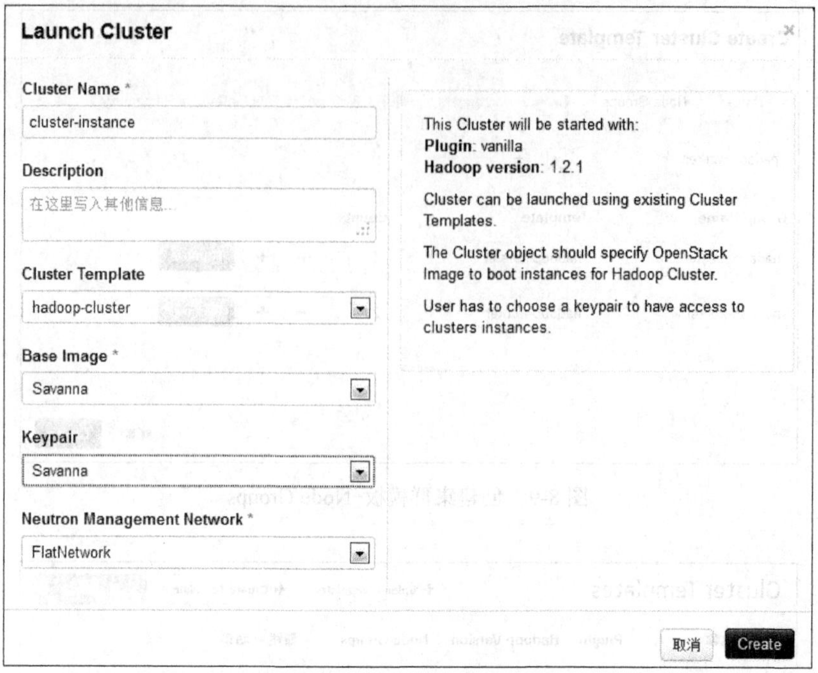

图 8-12　创建集群实例—填写信息

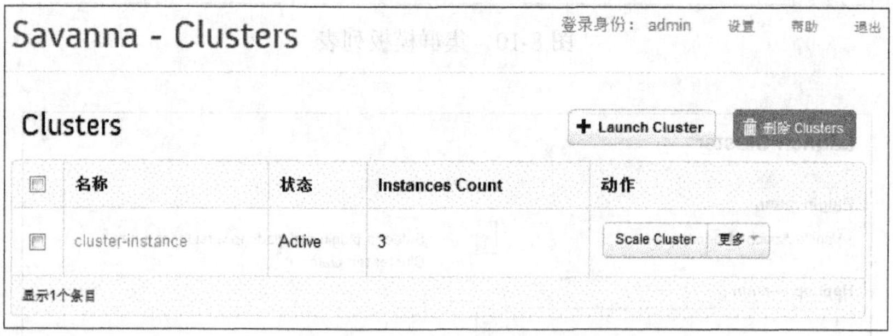

图 8-13　集群实例列表

启动了集群后，此时在"管理员"标签中单击"云主机"标签项，页面中将列出集群中所有虚拟机的信息，在这里可以查看到虚拟机所在的宿主机。

集群中虚拟机的名称是以"集群实例名-节点组模板名-序号"格式命名的，如 master 节点的名称为"cluster-instance-hadoop-master-001"，两个 worker 节点的名称分别为"cluster-instance-hadoop-worker-001"、"cluster-instance-hadoop-worker-002"。

在虚拟机列表中单击任何一个虚拟机的名称，可以获取该虚拟机的相关信息，包括概况信息（名称、ID 号、状态、创建日期、已运行时间），规格信息（云主机类型、内存、虚拟内核、磁盘大小），IP 地址，安全组，以及元数据（键名称、镜像名称）等。

这时登录到其中一台虚拟机所在的宿主机，在虚拟机所对应的目录（/var/lib/nova/instances/<虚拟机 id>）下查看虚拟机实例的日志文件"console.log"，根据日志内容可以检查虚拟机是否创建成功，若日志中出现以下内容则说明虚拟机实例获得了 IP 地址并且正确执行了 cloud-init。

```
ci-info: ++++++++++++++++++++++++++++Net device info++++++++++++++++++++++++++++
ci-info: +--------+------+---------------+---------------+------------------+
ci-info: | Device | Up   |    Address    |     Mask      |    Hw-Address    |
ci-info: +--------+------+---------------+---------------+------------------+
ci-info: |   lo   | True |   127.0.0.1   |   255.0.0.0   |         .        |
ci-info: |  eth0  | True | 192.168.10.69 | 255.255.255.0 | fa:16:3e:f7:43:1f|
ci-info: +--------+------+---------------+---------------+------------------+
ci-info: +++++++++++++++++++++++++++++++Route info++++++++++++++++++++++++++++++++
ci-info: +-------+-----------------+---------------+-----------------+-----------+-------+
ci-info: | Route |   Destination   |    Gateway    |     Genmask     | Interface | Flags |
ci-info: +-------+-----------------+---------------+-----------------+-----------+-------+
ci-info: |   0   | 169.254.169.254 | 192.168.10.60 | 255.255.255.255 |   eth0    |  UGH  |
ci-info: |   1   |   192.168.10.0  |    0.0.0.0    |  255.255.255.0  |   eth0    |   U   |
ci-info: +-------+-----------------+---------------+-----------------+-----------+-------+
```

日志文件显示虚拟机实例获得了 DHCP 的 IP 地址（192.168.10.69）；虚拟机实例添加了 metadata 服务的路由 169.254.169.254；cloud-init 开始为 ubuntu 用户生成 SSH 文件。

6．执行作业

使用远程登录软件登录到集群的 master 节点，远程登录软件可以选择 putty 或虚拟桌面云系统的客户端软件。连接到 master 虚拟机后，切换到 hadoop 用户执行作业。现以执行 Hadoop 自带的 wordcount 作业为例，说明一个作业的执行过程。依次执行下列命令。

1）切换到 hadoop 用户：　　　　　　su hadoop
2）进入 /home/hadoop 目录：　　　　cd /home/hadoop
3）在 hadoop 目录下创建子目录 file：　mkdir file
4）进入 /home/hadoop/file 目录：　　　cd file
5）在 file 目录下建立两个文本文件 file1.txt 和 file2.txt：

```
echo "This is a hadoop test">file1.txt
echo "This is a test about savanna">file2.txt
```

用户也可以通过使用 scp 命令或文件传输软件（如 WinSCP），将客户端机器上的文件传输到 master 虚拟机的 file 目录下。如下列命令的作用是，把客户端机器上指定路径下的 file1.txt 文件传输到 master 虚拟机的 /home/hadoop/file 目录下，这里 master 虚拟机的 IP 地址是 192.168.10.69。

```
scp /hohai/file1.txt 192.168.10.69:/home/hadoop/file/file1.txt
```

6）返回 /home/hadoop 目录：　　　　cd /home/hadoop
7）在 HDFS 上创建输入目录 input：　　hadoop fs -mkdir input
命令执行后，使用 hadoop fs -ls 命令查看目录，结果如下，说明成功创建目录 input：

```
hadoop@cluster-instance-hadoop-master-001:~$ hadoop fs -ls
Found 1 items
drwxr-xr-x   - hadoop supergroup          0 2014-12-22 09:30 /user/hadoop/input
```

8）上传 master 虚拟机的本地文件 file1.txt 和 file2.txt 到集群的 HDFS：

```
hadoop fs -put ~/file/file*.txt input
```

9）查看上传到 HDFS 的文件列表：　　hadoop fs -ls input
命令执行结果如下：

```
hadoop@cluster-instance-hadoop-master-001:~$ hadoop fs -ls input
Found 2 items
-rw-r--r--   3 hadoop supergroup         28 2014-12-22 09:34 /user/hadoop/input/file1.txt
-rw-r--r--   3 hadoop supergroup         36 2014-12-22 09:34 /user/hadoop/input/file2.txt
```

10）运行 wordcount 程序：

```
hadoop jar /usr/share/hadoop/hadoop-examples-1.2.1.jar wordcount input output
```

程序运行成功后显示执行任务的相关信息，部分信息如下所示：

```
hadoop@cluster-instance-hadoop-master-001:~$ hadoop jar /usr/share/hadoop/hadoop
-examples-1.2.1.jar wordcount input output
14/12/22 09:39:26 INFO input.FileInputFormat: Total input paths to process : 2
14/12/22 09:39:26 INFO util.NativeCodeLoader: Loaded the native-hadoop library
14/12/22 09:39:26 WARN snappy.LoadSnappy: Snappy native library not loaded
14/12/22 09:39:26 INFO mapred.JobClient: Running job: job_201412220927_0002
14/12/22 09:39:27 INFO mapred.JobClient:  map 0% reduce 0%
14/12/22 09:39:32 INFO mapred.JobClient:  map 100% reduce 0%
14/12/22 09:39:39 INFO mapred.JobClient:  map 100% reduce 33%
14/12/22 09:39:41 INFO mapred.JobClient:  map 100% reduce 100%
14/12/22 09:39:42 INFO mapred.JobClient: Job complete: job_201412220927_0002
14/12/22 09:39:43 INFO mapred.JobClient: Counters: 29
14/12/22 09:39:43 INFO mapred.JobClient:   Job Counters
14/12/22 09:39:43 INFO mapred.JobClient:     Launched reduce tasks=1
14/12/22 09:39:43 INFO mapred.JobClient:     SLOTS_MILLIS_MAPS=7165
```

11）查看输出目录 output 的列表：hadoop fs -ls output

命令执行结果为：

```
hadoop@cluster-instance-hadoop-master-001:/root$ hadoop fs -ls output
Found 3 items
-rw-r--r--   3 hadoop supergroup          0 2014-12-22 09:55 /user/hadoop/output
/_SUCCESS
drwxr-xr-x   - hadoop supergroup          0 2014-12-22 09:55 /user/hadoop/output
/_logs
-rw-r--r--   3 hadoop supergroup         50 2014-12-22 09:55 /user/hadoop/output
/part-r-00000
```

12）查看存放程序输出结果的文件 part-r-00000，程序执行结果是统计两个文本文件中每个单词出现的次数：

```
hadoop fs -cat /user/hadoop/output/part-r-00000
```

命令执行结果如下：

```
hadoop@cluster-instance-hadoop-master-001:~$ hadoop fs -cat /user/hadoop/output/
part-r-00000
This    2
a       2
about   1
hadoop  1
is      2
savanna 1
test    2
```

7. 通过 Web 界面查看集群信息

1）查看 Hadoop 节点的相关信息，Web 用户界面地址为：
http://192.168.10.69: 50070

这里 192.168.10.69 是 master 虚拟机的 IP 地址。用户可以执行的操作包括：统计集群中的 DFS 使用情况，查看文件系统，显示 NameNode 日志链接并查看日志和统计集群中的文件和目录数、数据块数量以及节点中的存储情况等。

2）查看集群中的 MapReduce 监控情况，Web 用户界面地址为：

http://192.168.10.69:50030

用户可以查看的 MapReduce 相关信息包括：集群统计信息（如提交总数、map 任务容量、reduce 任务容量等），调度信息，已经成功执行的各个作业的信息列表，内容包括作业 ID、开始时间、用户、作业名、map 和 reduce 的总数、完成率和完成数，以及作业调度信息和诊断信息。

此外页面中还显示了 JobTracker 日志目录的地址链接，用户可查阅日志文件和文件内容，显示 Job Tracker History 的地址链接，用户可以查阅已运行的作业信息，如作业提交时间、作业的 ID、作业名、用户名（hadoop），每个作业在对应各阶段（Setup、Map、Reduce、Cleanup）任务的执行情况和该作业的统计信息。

本 章 小 结

本章介绍了 OpenStack 云平台与 Hadoop 大数据应用的整合方案 Savanna 项目，以及通过 Savanna 项目在 OpenStack 环境中快速部署 Hadoop 集群的配置过程。在 IaaS 云平台下运行大数据应用是目前比较高效的处理大数据的方法之一，Savanna 被设计为 OpenStack 的一个组件，用户通过安装 Savanna 包就可建立起一个 Hadoop 集群的管理平台。在 OpenStack 的 Web 管理界面中通过指定一些参数，如 Hadoop 版本、集群拓扑结构、节点硬件详细信息等，就可以快速创建一个 Hadoop 集群。Hadoop 集群的众多节点被部署在 OpenStack 管理的虚拟机上，能够充分利用 OpenStack 云平台中未被利用的计算资源。创建并使用 Hadoop 集群的基本步骤是：注册镜像、创建节点组模板、创建集群模板、启动集群实例、执行作业。

思 考 题

1. 查阅相关文献，试述在 IaaS 云平台下运行大数据计算的优势。
2. 简述 Savanna 与 OpenStack 核心组件（如 Horizon、Keystone、Nova、Glance、Swift）的交互关系。
3. 结合一个实例描述 Savanna 快速建立 Hadoop 集群的基本流程。

附录 A 常用 Linux 命令

OpenStack 和 Hadoop 是运行在 Linux 操作系统上的云计算平台，它们的安装和使用都要用到 Linux 命令。Linux 提供了大量的命令，利用它们可以有效地完成磁盘操作、文件存取、目录操作、进程管理和文件权限设定等工作，因此在 Linux 系统上安装或使用云计算平台，离不开系统提供的命令。不同的 Linux 发行版其命令数量也不一样，这里介绍一些比较重要和使用频率较多的命令，供读者在实验过程中查阅和参考。

1．安装和登录命令

1）login

login 命令的作用是登录系统，它的使用权限是所有用户。命令格式：

```
login [name][-p ][-h 主机名称]
```

主要参数如下。

name：登录的用户名。

-p：通知 login 保持现在的环境参数。

-h：用来向远程登录的用户之间传输用户名。

如果选择用命令行模式登录 Linux 的话，那么看到的第一个 Linux 命令就是登录系统。

2）logout&exit

logout 命令的作用是注销用户，退出一个登录的 Shell。它的使用权限是所有用户。

exit 命令的作用是退出控制台，对于多层 Shell 用于逐层退出。它的使用权限是所有用户。

这两个命令都没有参数。如果没有切换过用户，这两个命令执行后都将退出控制台；如果切换过用户，这两个命令执行后将注销当前用户，返回上一个用户。

3）reboot

reboot 命令的作用是重新启动系统，它的使用权限是系统管理者。命令格式：

```
reboot [-n] [-w] [-d] [-f] [-i]
```

主要参数如下。

-n：在重启前不执行把记忆体资料写回硬盘的操作。

-w：不会真的重启动，只是把记录写到/var/log/wtmp 文件里。

-d：不把记录写到/var/log/wtmp 文件里（-n 这个参数包含了-d）。

-i：在重开机之前先把所有与网络相关的装置停止。

4）install

install 命令的作用是安装或升级软件，也用于备份数据，它的使用权限是所有用户。命令格式：

（1）`install [选项]... [-T]源文件 目的文件`

（2）`install [选项]... 源文件... 目录`

（3）`install [选项] -d... 目录...`

在前两种格式中，会将源文件复制到目标文件或将多个源文件复制到一个已存在的目录，同时设定权限模式及所有者/所属组。在第三种格式中，会创建所有指定的目录及它们的主目录。

主要选项如下。

--backup[=CONTROL]：对每个已存在的目标文件进行备份。

-b：类似 --backup，但不接受任何参数。

-d 或--directory：所有参数都作为目录处理，而且会创建指定目录的所有主目录。

-D：创建目标目录的所有主目录，然后把源文件复制至该目录。在第一种使用格式中有用。

-g 或--group=组：自行设定所属组，而不是进程目前的所属组。

-m 或--mode=模式：自行设定权限模式（类似 chmod 命令的作用），而不是 rwxr−xr−x。

-o 或--owner=所有者：自行设定所有者（只适用于超级用户）。

-p 或--reserve-timestamps：以文件的访问/修改时间作为相应的目标文件的时间属性。

-s 或--strip：用 strip 命令删除 symbol table，只适用于第一种和第二种使用格式。

-S 或--suffix=后缀：自行指定备份文件的后缀。

-v 或--verbose：创建每个文件/目录时显示出名称。

--help：显示帮助信息并退出。

--version：显示版本信息并退出。

5）mount &umount

mount 命令的作用是加载文件系统，它的使用权限是超级用户或/etc/fstab 中允许的使用者。在 Linux 中，如果要使用硬盘、光驱等存储设备，就得先把它加载上，当存储设备挂载之后，就可以把它当成一个目录来访问了。挂载一个设备使用 mount 命令。命令格式：

```
mount [选项] <设备名称><挂载点>
```

参数说明如下。

<设备名称>：加载对象的设备名称。

在 Linux 中，设备名称通常都存在/dev 里。这些设备名称的命名都是有规则的，例如：/dev/hda1 是一个设备名称，其中"hd"即 Hard Disk（硬盘），代表 IDE 硬盘，"hd"也可以用"sd"代替，即 SCSI Drive，代表 SCSI 硬盘；"a"则是代表第一个设备，通常 PC 上可以连接 4 块 IDE 硬盘，所以 IDE 硬盘对应的设备名称分别为 hda、hdb、hdc 和 hdd，同样，如果使用 SCSI 硬盘，则设备名称则为 sda、sdb 等；此外，"1"代表 hda 的第一个硬盘分区，"2"代表 hda 的第二个分区，依次类推。通过查看/var/log/messages 文件，可以找到 Linux 系统已辨认出来的设备代号。

<挂载点>：要把设备加载到哪个目录下。

在 Linux 系统中有个/mnt 的空目录，该目录就是专门用来当成挂载点（Mount Point）的目录。建议在/mnt 里新建几个/mnt/cdrom、/mnt/floppy、/mnt/mo 等目录，当成目录的专用挂载点。例如要挂载下列设备，其执行指令如下（假设都是 Linux 的 ext2 系统）。

软盘：mount -t ext2 /dev/fd0 /mnt/floppy

IDE cdrom ：mount -t iso9660 /dev/hdc /mnt/cdrom

SCSI cdrom ：mount -t iso9660 /dev/sdb /mnt/scdrom

目前大多数较新的 Linux 发行版本都可以自动挂载文件系统，但 Red Hat Linux 除外。

主要选项如下。

-h：显示帮助信息并退出。
-v：显示详细安装信息，通常和-f 一起使用来除错。
-f：使 mount 不执行实际挂载的动作，而是模拟整个挂载的过程，通常会和-v 一起使用。
-a：把/etc/fstab 中定义的所有文件系统挂载。
-F：通常和-a 一起使用，它会为每一个 mount 的动作产生一个行程负责执行。在系统需要挂载大量 NFS 文件系统时可以加快加载的速度。
-n：不把安装记录写在/etc/mtab 文件中。
-t：文件系统类型，指定被加载文件系统的类型，常见的如下。
Windows 95/98 常用的 FAT 32 文件系统：vfat；
Win NT/2000 常用的文件系统：ntfs；
OS/2 常用的文件系统：hpfs；
Linux 常用的文件系统：ext2、ext3；
CD-ROM 光盘用的文件系统：iso9660。
umount 命令的作用是卸载一个文件系统，它的使用权限是超级用户或/etc/fstab 中允许的使用者。命令格式：

```
umount [选项] <设备名称><挂载点>
```

umount 命令是 mount 命令的逆操作，它的参数和使用方法和 mount 命令是一样的。

6）shutdown

shutdown 命令的作用是关闭系统，它的使用权限是超级用户。命令格式：

```
shutdown [-h][-i][-k][-n][-r][-t <sec>] <时间>
```

主要参数如下。
-h：关闭系统后立即关闭电源。
-i：关机时显示系统信息。
-k：并不真正关机，只是发送警告信号给每位登录者。
-n：不经过 init 程序，直接以 shutdown 的功能来关机。
-r：在将系统的服务停掉之后就重新启动。
-t <sec>：-t 后面加秒数<sec>，告诉 init 程序多久以后关机。
<时间>：这是一定要加入的参数，指定系统关机的时间。如果要立即关闭系统，则把该参数设为 now。

shutdown 命令可以安全地实现系统关机。用户要尽量避免使用直接断掉电源的方式来关闭 Linux 系统，因为 Linux 系统在后台运行着许多进程，强制关机可能会导致进程的数据丢失，使系统处于不稳定的状态，甚至在有的系统中会损坏硬件设备（硬盘）。

7）halt

halt 命令的作用是关闭系统，它的使用权限是超级用户。命令格式：

```
halt [-n] [-w] [-d] [-f] [-i] [-p]
```

主要参数如下。
-n：在关机前不执行把记忆体资料写回硬盘的操作。
-w：并不是真正关机，只是把记录写入 var/log/wtm 文件。
-f：强制关机，没有调用 shutdown 这个指令。

-i：关机前先关掉所有的网络装置。
-p：当关机的时候顺便执行关闭电源的操作。
-d：关闭系统，但不把记录写入 var/log/wtm 文件，-n 这个参数包含了-d。

halt 命令等价于调用 shutdown -h 命令。halt 执行时，杀死应用进程，执行 sync 系统调用（把存于 buffer 中的资料强制写入硬盘中），文件系统写操作完成后就会停止内核。若系统的运行级别为 0 或 6，则关闭系统；否则以 shutdown 指令（加上-h 参数）来取代。

8）chsh

chsh 命令的作用是更改使用者的 Shell 设定，它的使用权限是所有使用者。每位用户在登入系统时，都会拥有预设的 Shell 环境，这个指令可更改其预设值。若不指定任何参数与用户名称，则 chsh 会以应答的方式进行设置。命令格式：

```
chsh [ -s <Shell 名称>] [ -l] [ -u ] [ -v ] [ username ]
```

主要参数如下。
-s <Shell 名称>：更改系统预设的 Shell 环境。
-l：显示系统所有 Shell 类型。
-u：显示帮助信息。
-v：显示 Shell 版本号。

Linux 下有多种 Shell，如：Bourne Shell、C Shell、Korn Shell 和 Bash Shell 等，一般默认情况下是 Bash Shell，如果想更换 Shell 类型可以使用 chsh 命令。普通用户只能修改自己的 Shell，超级用户可以修改全体用户的 Shell。

9）last

last 命令的作用是显示近期用户或终端的登录情况，它的使用权限是所有用户。通过 last 命令查看该程序的 log，管理员可以获知哪些人员曾经或企图连接系统。命令格式：

```
last[-n<显示条数>][-f <文件名>] [-h <节点>][-i <IP>][-l][-y][-x]
```

主要参数如下。
-n<显示条数>：指定输出记录的条数。
-f<文件名>：指定记录文件作为查询用的 log 文件。
-h<节点>：只显示指定的节点上的登录情况。
-i<IP>：只显示指定的 IP 上登录的情况。
-y：显示记录的年、月、日。
-x：显示系统关闭、用户登录和退出的历史。

执行 last 指令时，它会读取位于/var/log 目录下名称为 wtmp 的文件，并把该文件中记录的登录系统的用户名单全部显示出来。默认是显示 wtmp 的记录，但/var/log 目录下的 btmp 能显示的内容更丰富，可以显示远程登录，例如 ssh 登录，包括失败的登录请求。

2．文件管理命令

1）file

file 命令的作用是检测并显示指定文件的类型，它的使用权限是所有用户。命令格式：

```
file [选项] 文件名
```

主要选项如下。

-v:在标准输出后显示版本信息,并且退出。
-z:探测压缩过的文件类型。
-L:直接显示符号连接所指向的文件的类别。
-c:详细显示指令执行过程,便于排错或分析程序执行的情形。
-f<filename>:从文件 filename 中读取要分析的文件名列表。
-F<分隔符>:使用指定分隔符替换输出文件名后的默认的":"分隔符。
file 命令能识别的文件类型有目录、Shell 脚本、英文文本、二进制可执行文件、C 语言源文件、文本文件和 DOS 的可执行文件。

2)mkdir

mkdir 命令的作用是建立子目录,它的使用权限是所有用户。命令格式:

```
mkdir [选项] 目录名
```

主要选项如下。
-m <模式>:在进行目录创建时可以设置目录的权限,与 chmod 类似。
-p:需要时创建上层目录;如果目录早已存在,则不当成错误。
-v:每次创建新目录都显示信息。
--version:显示版本信息后离开。

3)grep

grep 命令的作用是在指定文件中搜索特定的内容,并将含有这些内容的行输出,grep 表示全局正则表达式,它的使用权限是所有用户。命令格式:

```
grep[选项] <pattern> <filename>
```

参数说明如下。
<pattern>:表示指定的搜索串,是一个正则表达式,其中包含的描述符如下。
\:忽略正则表达式中特殊字符的原有含义。
^:匹配正则表达式的开始行。
$:匹配正则表达式的结束行。
\<:从匹配正则表达式的行开始。
\>:到匹配正则表达式的行结束。
[ ]:单个字符,如[A]即 A 符合要求。
[-]:范围,如[A-Z],即 A、B、C 一直到 Z 都符合要求。
.:匹配一个非换行符的任意单个字符。
*:所有字符,长度可以为 0。
主要选项如下。
-c:只输出匹配行的计数。
-i:不区分大小写(只适用于单字符)。
-h:查询多文件时不显示文件名。
-l:查询多文件时只输出包含匹配字符的文件名。
-n:显示匹配行及行号。
-s:不显示不存在或无匹配文本的错误信息。
-v:显示不包含匹配文本的所有行。

例如：要在/usr/src/Linux/Doc 目录下搜索含字符串 'magic' 的文件，可以使用下面的命令：

```
grep magic /usr/src/Linux/Doc/*
```

显示所有以 d 开头的文件中包含 test 的行：

```
grep test d*
```

4）dd

dd 命令的作用是复制文件，并根据参数在复制过程中进行格式转换。命令格式：

```
dd [参数]
```

主要参数如下。

bs=<字节>：指定读入和写入的字节数。
cbs=<字节>：每次转换指定的<字节>。
conv=<关键字>：根据以逗号分隔的关键字表示的方式来转换文件。
count=<块数目>：只复制指定<块数目>的输入数据。
ibs=<字节>：每次读取指定的<字节>。
if=<文件>：读取<文件>内容，而非标准输入的数据。
obs=<字节>：每次写入指定的<字节>。
of=<文件>：将数据写入<文件>，而不在标准输出显示。
seek=<块数目>：先略过以 obs 为单位的指定<块数目>的输出数据。
skip=<块数目>：先略过以 ibs 为单位的指定<块数目>的输入数据。

dd 命令的应用实例如下。

将本地的/dev/hdb 整盘备份到/dev/hdd：

```
dd if=/dev/hdb of=/dev/hdd
```

dd 命令常用来制作 Linux 启动盘。先找一个可引导内核，令它的根设备指向正确的根分区，然后使用 dd 命令将其写入软盘。

5）find

find 命令的作用是在目录中搜索文件，它的使用权限是所有用户。命令格式：

```
find [路径][选项][表达式]
```

主要参数如下。

[路径]：指定目录路径，系统从这里开始沿着目录树向下查找文件。它是一个路径列表，相互用空格分离，如果不写路径，那么默认为当前目录。

[选项]：

-depth：使用深度级别的查找过程方式，在某层指定目录中优先查找文件内容。
-maxdepth levels：表示至多查找到开始目录的第 level 层子目录。level 是一个非负数，如果 level 是 0 表示仅在当前目录中查找。
-mindepth levels：表示至少查找到开始目录的第 level 层子目录。
-mount：不在其他文件系统（如 Msdos、Vfat 等）的目录和文件中查找。
-version：显示版本。

[表达式]：是匹配表达式，find 命令的所有操作都是针对表达式的。它的参数非常多，这里只介绍一些常用的参数。

-name：要查找的文件名，支持通配符*和?。
-atime n：搜索在过去 n 天读取过的文件。
-ctime n：搜索在过去 n 天修改过的文件。
-group groupname：搜索所有组为 groupname 的文件。
-user 用户名：搜索所有文件属主为用户名（ID 或名称）的文件。
-size n：搜索文件大小是 n 个 block 的文件。
-print：输出搜索结果，并且打印。

6）mv

mv 文件的作用是为文件或目录改名，或将文件由一个目录移入另一个目录中。它的使用权限是所有用户。命令格式：

```
mv [选项] 源文件或目录 目标文件或目录
```

主要选项如下。

-i：交互方式操作。mv 操作将导致对已存在的目标文件的覆盖，此时系统询问是否重写，要求用户回答 y 或 n，这样可以避免误覆盖文件。

-f：禁止交互操作。mv 操作要覆盖某个已有的目标文件时不给出任何指示，指定此参数后 i 参数将不再起作用。

当目标类型是文件时，mv 命令完成文件重命名，它将所给的源文件或目录重命名为给定的目标文件名。当目标类型是已存在的目录名称时，源文件或目录参数可以有多个，mv 命令将指定的源文件均移至目标目录中。

7）rename

rename 命令的作用是批量修改文件名，命令格式：

```
rename [ -v ] [ -n ] [ -f ] perlexpr [文件]
```

perlexpr 是一种 Perl 脚本格式的正则表达式。如果命令中没有指定文件名，那么文件名将通过标准输入设备读入。

选项参数如下。

-v：详细模式，打印成功更改的文件名列表。

-n：测试模式，并不真正执行命令，而只是显示哪些文件名应该怎样进行更改，用于测试模式。

-f：强制模式，如果更改后的文件已经存在，则覆盖已经存在的文件。

8）rm

rm 命令的作用是删除一个目录中的一个或多个文件或目录，它也可以将某个目录及其下的所有文件及子目录均删除。命令格式：

```
rm [选项] 文件…
```

选项参数如下。

-f：忽略不存在的文件，从不给出提示。

-i：进行交互式删除，每个删除之前有提示。

-r 或-R：指示 rm 将参数中列出的全部目录和子目录均递归删除。

-v：详细显示删除进行的过程。

-d：删除空目录。

对于链接文件，mv 命令只是删除链接，原有文件均保持不变。rm 是一个危险的命令，用户在执行 rm 之前最好先确认一下在哪个目录再进行操作。

9）ls

ls 命令的作用是显示目录内容，它的使用权限是所有用户。命令格式：

```
ls [选项][文件]
```

主要选项如下。

-a：显示所有文件目录，包括以"."字符开始的隐藏项目。

-A：列出除了"."及".."以外的任何项目。

-b：以八进制溢出序列表示不可打印的字符。

--block-size=<大小>：块以指定<大小>的字节为单位。

-B：不列出任何以 ~ 字符结束的项目。

-F：加上文件类型的指示符号（*/=@| 的其中一个）。

-G：不显示组信息。

-i：列出每个文件的 inode 号。

-I 或 --ignore=<样式>：不显示任何符合 Shell 万用字符<样式>的项目。

-k：指定块的大小是 1024B，即--lock-size=1KB。

-l：使用较长格式列出信息。

-L：当显示符号链接的文件信息时，显示符号链接所指示的对象，而并非符号链接本身的信息。

-m：所有项目以逗号分隔，并填满整行。

-n：类似选项"-l"，但列出 UID 及 GID 号。

-N：列出未经处理的项目名称，例如不特别处理控制字符。

-p：加上文件类型的指示符号（/=@| 的其中一个）。

-Q：将项目名称加上双引号。

-r：依相反次序排列。

-R：同时列出所有子目录层。

-S：以文件大小为序显示。

10）diff

diff 命令的作用是在两个文件之间进行比较，并指出两者的不同，它的使用权限是所有用户。命令格式：

```
diff [选项] 源文件 目标文件
```

常用选项如下。

-a：将所有文件当成文本文件来处理。

-b：忽略空格造成的不同。

-B：忽略空行造成的不同。

-c：显示全部内文，并标出不同之处。

-H：利用试探法加速对大文件的搜索。

-i：忽略大小写。

11）cat

cat 命令的作用是连接并显示指定的一个和多个文件的有关信息，它的使用权限是所有用户。命令格式：

> cat ［选项］ 文件1 文件2……

主要选项如下。

-n：由第一行开始对所有输出的行数编号。

-b：和-n 相似，只不过对于空白行不编号。

-s：当遇到有连续两行以上的空白行时，就替换为一行的空白行。

12）ln

ln 命令的作用是在文件之间创建链接，它的使用权限是所有用户。命令格式：

> ln ［选项］ 源文件 ［链接名］

常用选项如下。

-f：链接时先将源文件删除。

-d：允许系统管理者硬链接自己的目录。

-s：进行软链接（Symbolic Link）。

-b：对在链接时会被覆盖或删除的文件进行备份。

在 Linux 中的链接有两种，一种是硬链接（Hard Link），另一种是符号链接（Symbolic Link），也叫软链接。默认情况下，ln 命令产生硬链接。硬链接是指通过索引节点来进行的链接。在 Linux 的文件系统中，保存在磁盘分区中的文件不管是什么类型都给它分配一个编号，称为索引节点号（Inode Index）。多个文件名指向同一索引节点的这种链接就是硬链接，硬链接的作用是允许一个文件拥有多个有效路径名，这样用户就可以建立硬链接到重要文件，以防止"误删"。

与硬链接相对应的另一种链接，称为符号链接（Symbolic Link），即软链接。软链接文件实际上是一个文本文件，其中包含的是另一文件的位置信息，类似于 Windows 的快捷方式。

3. 系统管理命令

1）df

df 命令的作用是显示指定文件系统的磁盘空间占用情况，使用权限是所有用户。如果没有文件名被指定，则显示所有当前被挂载的文件系统的可用空间。命令格式：

> df ［选项］ ［文件］

选项参数如下。

-a：显示全部文件系统列表。

-h：方便阅读方式显示，以容易理解的格式显示文件系统大小。

-H：等于"-h"，但是计算式是 1K=1000，而不是 1K=1024。

-i：显示 inode 信息而不是块信息。

-k：设置区块为 1024 字节。

-l：只显示本地文件系统。

-P：输出格式为 POSIX。

-T：显示文件系统类型。

df 命令被广泛用于生成文件系统的使用统计数据，它能显示系统中所有文件的信息，包括总容量、可用的空闲空间和目前的安装点等。

2）top

top 命令的作用是显示当前系统正在执行的进程的相关信息，包括进程 ID、内存占用率和 CPU 占用率等。使用权限是所有用户。命令格式：

```
top[选项]
```

选项参数如下。

-d <时间>：指定更新的间隔，以秒计算。

-c：显示进程完整的路径与名称。

-S：累积模式，将已完成或消失的子进程的 CPU 时间累积起来。

-s：安全模式。

-i：不显示任何闲置（Idle）或无用（Zombie）的行程。

-n <次数>：显示更新的次数，完成后将会退出 top。

top 是一个动态显示过程，可以通过用户按键来不断刷新当前状态。该命令可以按 CPU 使用、内存使用和执行时间对任务进行排序；而且该命令的很多特性都可以通过交互式命令或者在个人定制文件中进行设定。

3）free

free 命令的作用是显示系统使用和空闲的内存情况，包括物理内存、交互区内存（swap）和内核缓冲区内存。使用权限是所有用户。命令格式：

```
free[选项]
```

选项参数如下。

-b：以 Byte 为单位显示内存使用情况。

-k：以 KB 为单位显示内存使用情况。

-m：以 MB 为单位显示内存使用情况。

-g：以 GB 为单位显示内存使用情况。

-o：不显示缓冲区调节列。

-s <间隔秒数>：设置每隔多少秒来显示一次内存使用情况。

-t：显示内存总和列。

-V：显示版本信息。

-c <次数>：设置重复显示多少次内存使用情况，然后退出。

free 命令是用来查看内存使用情况的主要命令。和 top 命令相比，它的优点是使用简单，并且只占用很少的系统资源。通过使用 -s 参数可以不间断地监视有多少内存在使用，这样可以把它当成一个实时监控器来使用。

4）quota

quota 命令的作用是用以显示磁盘使用情况和磁盘配额，使用权限是超级用户。命令格式：

```
quota [选项] 用户名 组名
```

选项参数如下。

-g：显示用户所在组的磁盘使用限制。

-u：显示用户的磁盘使用限制。

-v：显示该用户或群组所有挂入系统的存储设备的空间限制。

-q：显示简化信息，只列出超过限制的部分。

在使用该命令之前，要先检查 Linux 内核是否打开磁盘配额支持。比如在 Ubuntu 中 quota 是没有安装的，需要执行"apt-get install quota"进行安装；然后启用它，执行"vim /etc/fstab"进行编辑（fstab 是一个配置文件，它包含了所有分区以及存储设备的信息），对所选文件系统激活配额选项；最后更新装载文件系统，使改变生效，这样就可以使用 quota 了。

5）at

at 命令的作用是在指定时刻执行指定的命令序列。使用权限是所有用户。命令格式：

```
at[选项] <TIME>
```

参数说明如下。

<TIME>：设定作业执行的时间。该命令中指定时间的方法比较复杂，可以接受 HH：MM（小时：分钟）式的时间指定，若该时刻已超过，则明天的 HH：MM 执行此任务；也可以用 am、pm、midnight、noon 和 teatime（一般是下午 4 点）等比较模糊的词语来指定时间。此外，用户可以使用"now + 时间间隔"这样的格式来弹性地指定时间，其中的时间间隔可以是 minutes、hours、days 和 weeks，也可指定 today 或 tomorrow 来表示今天或明天。当在 at 命令中指定了时间并按下回车键之后，at 命令会进入交互模式并要求输入指令或程序，当指令输入完成后按下 Ctrl+D 键即可完成所有动作。

主要选项如下。

-m：执行完作业后发送电子邮件给用户。

-l：列出所有的指定命令序列（使用者也可以直接使用 atq 而不用 at -l）。

-d：删除指定命令序列（使用者也可以直接使用 atrm 而不用 at -d）。

-f<文件>：从文件中读取作业。用户不一定要使用交互模式来输入，可以先将所有的指定命令写入文件后再一次读入。

-q <列队>：使用指定的列队。

at 命令的执行需要开启 atd 进程，不过并非所有的 Linux 都默认会把它打开，所以，需要手动将 atd 服务激活（如：在 Ubuntu 中使用/etc/init.d/atd start 开启 atd 服务）。

6）useradd & userdel & usermod

useradd 命令的作用是建立用户账号和创建用户的起始目录，使用权限是超级用户。命令格式：

```
useradd[选项] 用户名
```

选项参数如下。

-m：自动建立用户的登入目录。

-d<登入目录>：指定用户登入时的起始目录。

-g<群组>：指定用户所属的群组。

-u<UID>：指定用户 ID。

-s<Shell>：新增用户登录 Shell。

useradd 可用来建立用户账号，它和 adduser 命令是相同的。账号建好之后，再用 passwd 设定账号的密码。使用 useradd 命令所建立的账号，实际上保存在文本文件/etc/passwd 中。例如：

```
useradd -d /usr/sam -m Sam
```

此命令创建了一个用户 Sam,其中-d 和-m 选项用来为登录名 Sam 产生一个主目录/usr/sam（/usr 为默认的用户主目录所在的父目录）。

建立一个新用户账号 testuser1,并设置 UID 为 544,主目录为/usr/testuser1,属于 users 组,使用命令:

```
useradd -u 544 -d /usr/testuser1 -g users -m testuser1
```

如果一个用户的账号不再使用,那么可以从系统中删除,删除一个已有的用户账号使用 userdel 命令。命令格式:

```
userdel[选项] 用户名
```

在 userdel 命令中若不加参数,则仅删除用户账号,而不删除相关文档。使用选项-r,在删除用户的同时可以删除用户所有的目录和文件。

如果要修改已有用户的信息,那么使用 usermod 命令。命令格式:

```
usermod[选项] 用户名
```

usermod 命令常用的选项包括-c, -d, -m, -g, -G, -s, -u 以及-o 等,这些选项的意义与 useradd 命令中的选项一样。usermod 不允许改变正在线上的用户账号名称,当使用 usermod 来改变 userID 时,必须确认这个 user 没在电脑上执行任何程序。

7) groupadd

groupadd 命令的作用是将新组加入系统。命令格式:

```
groupadd [选项] 组名
```

选项参数如下。

-g <gid>: 指定组 ID 号。除非使用-o 参数,不然该值必须是唯一的,不可相同。

-o: 允许设置相同组 id 的群组。

-r: 建立系统组。

-f: 强制建立已经存在的组（如果存在则返回成功）。

如果要删除用户组,则使用 groupdel 命令;修改用户组,则使用 groupmod 命令。

8) kill

kill 命令的作用是中止一个进程。命令格式:

```
kill[选项] <pid>
```

参数说明如下。

<pid>: 要中止进程的 ID 号。

常用选项如下。

-s<Signal>: 指定发送的信号。

-p: 模拟发送信号。

-l: 指定信号的名称列表。

进程是 Linux 系统中一个非常重要的概念。Linux 是一个多任务的操作系统,系统上经常同时运行着多个进程。使用 kill 命令可以有效地控制这些进程,让它们能够很好地为用户服务。如使用 kill 中止某些进程来提高系统资源,解除 Linux 系统的死锁,回收内存等。

4．网络操作命令

1）ifconfig

ifconfig 命令用于查看和更改网络接口的地址和参数，包括 IP 地址、网络掩码、广播地址，使用权限是超级用户。命令格式：

```
ifconfig <interface> [选项]
```

主要参数如下。

<interface>：指定的网络接口名，如 eth0 或 eth1。

常用选项如下。

up：激活指定的网络接口卡。

down：关闭指定的网络接口卡。

broadcast [<address>]：设置接口的广播地址。

pointopoint [<address>]：启用点对点方式。

address：设置指定接口设备的 IP 地址。

netmask <address>：设置接口的子网掩码。

若运行不带任何参数的 ifconfig 命令，这个命令将显示机器所有激活接口的信息。带有-a 参数的命令则显示所有接口的信息，包括没有激活的接口。用 ifconfig 命令配置的网络设备参数，机器重新启动以后将会丢失，所以要想使配置信息永久生效，一般是在配置文件中设置。

2）ip

ip 命令的作用是对网络进行配置，它具有强大的网络配置功能，能替代 ifconfig、route 等命令的作用，使用权限为超级用户。命令格式：

```
ip [选项] OBJECT { COMMAND | help }
```

主要参数如下。

选项参数是修改 ip 行为或改变其输出的选项。目前，ip 命令支持的选项如下。

-v：打印 ip 的版本并退出。

-s：输出详尽的信息。

-f：这个选项后面接协议种类，包括 inet、inet6 或 link，强调使用的协议种类。如果没有足够的信息告诉 ip 使用的协议种类，ip 就会使用默认值 inet 或 any。link 比较特殊，它表示不涉及任何网络协议。

-4：是-f inet 的简写。

-6：是-f inet6 的简写。

-0：是-f link 的简写。

-o：对每行记录都使用单行输出，换行用字符代替。如果需要使用 wc、grep 等工具处理 ip 的输出，则会用到这个选项。

-r：查询域名解析系统，用获得的主机名代替主机 IP 地址。

OBJECT 参数是管理者要获取信息的对象。目前 ip 命令所能"认识"的对象如下。

link：网络设备。

addr：一个设备的协议地址。

route：路由表条目。

rule：路由策略数据库中的规则。

maddr：多播地址。

mroute：多播路由缓冲区条目。

tunnel：IP 上的通道。

COMMAND 设置针对指定对象执行的操作，它和对象的类型有关。一般情况下，ip 命令支持对象的增加（add）、删除（delete）和展示（show 或 list）。对于所有的对象，用户可以使用 help 命令获得帮助。这个命令会列出这个对象支持的命令和参数的语法。如果没有指定对象的操作命令，ip 会使用默认的命令 list，如果对象不能列出，就会执行 help 命令。

例如：添加 IP 地址 192.168.1.1/24 到 eth0 网卡上可以使用命令：

```
ip addr add 192.168.1.1/24 dev eth0
```

3）ping

ping 命令的作用是检测主机网络接口状态，使用权限是所有用户。命令格式：

```
ping [选项] IP 地址
```

主要选项如下。

-d：使用 Socket 的 SO_DEBUG 功能。

-c <次数>：设置要求回应的次数。

-f：极限检测。

-i <间隔秒数>：指定收发信息的间隔秒数。

-I <网络界面>：使用指定的网络界面发送数据包。

-l <前置载入>：设置在发送要求信息之前，先行发出的数据包。

-n：只输出数值。

-p <样式>：设置填满数据包的范本样式。

-q：不显示指令执行过程，开头和结尾的相关信息除外。

-r：忽略普通的 Routing Table，直接将数据包发送到远端主机上。

-R：记录路由过程。

-s <数据包大小>：设置数据包的大小。

-t <ttl>：设置存活数值 TTL 的大小。

-v：详细显示指令的执行过程。

ping 命令是使用最多的网络指令，通常使用它检测网络是否连通，它使用控制报文协议 ICMP（Internet Control Message Protocol）。

4）netstat

netstat 命令的作用是检查 Linux 系统的网络状态。命令格式：

```
netstat [选项]
```

主要选项如下。

-a：显示所有连线中的 Socket。

-c：持续列出网络状态。

-e：显示网络其他相关信息。

-g：显示多重广播功能群组组员名单。

-i：显示网络界面信息表单。

-l：显示监控中的服务器的 Socket。

-n：直接使用 IP 地址，而不通过域名服务器。
-N：显示网络硬件外围设备的符号连接名称。
-o 或--timers：显示计时器。
-p：显示正在使用 Socket 的程序识别码和程序名称。
-r：显示路由表。
-s：显示网络工作信息统计表。
-t：显示 TCP 传输协议的连线状况。
-u：显示 UDP 传输协议的连线状况。
-v：显示指令执行过程。
-w：显示 RAW 传输协议的连线状况。

netstat 是一个综合性的网络状态查看工具。在默认情况下，netstat 只显示已建立连接的端口。如果要显示处于监听状态的所有端口，则使用-a 参数即可。

5）telnet

telnet 命令的作用是登录远端主机。命令格式：

```
telnet [选项][主机名称 IP 地址<通信端口>]
```

主要选项如下。
-8：允许使用 8 位字符资料，包括输入与输出。
-a：尝试自动登入远端系统。
-b <addr>：使用别名指定远端主机名称。
-c：不读取用户专属目录里的.telnetrc 文件。
-d：启动排错模式。
-e <char>：设置脱离字符。
-E：滤除脱离字符。
-L：允许输出 8 位字符资料。
-n <file>：指定文件<file>记录相关信息。
-r：使用类似 rlogin（远程注册）指令的用户界面。

通过 telnet 登录到远程计算机上，必须知道远程主机上的合法用户名和口令。

6）ftp

ftp 命令的作用是进行远程文件传输。命令格式：

```
ftp[选项] [主机 IP 地址]
```

主要选项如下。
-d：详细显示指令执行过程，便于排错分析程序执行的情况。
-i：关闭互动模式，不询问任何问题。
-g：关闭本地主机文件名称支持特殊字符的扩充特性。
-n：不使用自动登录。
-v：显示指令执行过程。

ftp 命令是标准的文件传输协议的用户接口，是在 TCP/IP 网络计算机之间传输文件简单有效的方法，它允许用户传输 ASCII 文件和二进制文件。为了使用 ftp 传输文件，用户必须知道远程计算机上的合法用户名和口令。用户通过 ftp 连接到另一台计算机上，就可以使用内部命令进行操作了,如:列出目录内容,把文件从远程计算机复制到本地主机上,或者把文件从本地主机传输到远程系统中。ftp 内部命令很多,下面是几个常用的命令。

ls:列出远程主机的当前目录。
cd:在远程主机上改变工作目录。
lcd:在本地主机上改变工作目录。
close:终止当前的 ftp 会话。
hash:每次传输完数据缓冲区中的数据后就显示一个#号。
get(mget):从远程主机传送指定文件到本地主机。
put(mput):从本地主机传送指定文件到远程主机。
quit:断开与远程主机的连接,并退出 ftp。

7)route

route 命令的作用是查看和设置 Linux 系统的路由信息,以实现与其他网络的通信。命令格式:

```
route [-CFvn]
route add [-net|-host] target [netmask Nm] [gw Gw][[dev] If]
route del [-net|-host] target [netmask Nm] [gw Gw][[dev] If]
```

主要参数如下。
-C:显示更多信息。
-n:不解析名称。
-v:显示详细的处理信息。
-F:显示发送信息。
add:增加路由。
del:删除路由。
-net:路由到达的是一个网络,而不是一台主机。
-host:路由到达的是一台主机。
-netmask Nm:指定路由的子网掩码。
gw Gw:指定路由的网关。
[dev]If:强迫路由链接指定接口。
如果 route 命令不加任何参数,则显示当前路由。
例如:增加一条到达 244.0.0.0 的路由可以使用命令:

```
route add -net 224.0.0.0 netmask 240.0.0.0 dev eth0
```

8)scp

scp 命令的作用是进行远程复制文件,命令格式:

```
scp [选项] [[用户@]主机1:]源路径 [[用户@]主机2:]目标路径
```

主要选项如下。
-1:强制 scp 命令使用协议 ssh1。
-2:强制 scp 命令使用协议 ssh2。
-4:强制 scp 命令只使用 IPv4 寻址。
-6:强制 scp 命令只使用 IPv6 寻址。

-B：使用批处理模式（传输过程中不询问传输口令或短语）。
-C：允许压缩（将-C 标志传递给 ssh，从而打开压缩功能）。
-p：保留原文件的修改时间、访问时间和访问权限。
-q：不显示传输进度条。
-r：递归复制整个目录。
-v：以详细方式显示输出。
-c <cipher>：以<cipher>将数据传输进行加密，这个选项将直接传递给 ssh。
-F <ssh_config>：指定一个替代的 ssh 配置文件，此参数直接传递给 ssh。
-i <identity_file>：从指定文件中读取传输时使用的密钥文件，此参数直接传递给 ssh。
-l <limit>：限定用户所能使用的带宽，以 Kbps 为单位。
-S <program>：指定加密传输时所使用的程序。此程序必须能够理解 ssh1 的选项。

例如：从本地服务器复制文件到远程服务器的命令格式：

```
scp local_file remote_username@remote_ip:remote_folder
```

9）finger

finger 命令的作用是查询主机上登录账号的信息，通常会显示用户名、主目录、停滞时间、登录时间、登录 Shell 等信息，使用权限为所有用户。命令格式：

```
finger [选项] [使用者] [用户名@主机名]
```

主要参数如下。

-s：显示用户注册名、实际姓名、终端名称、写状态、停滞时间、登录时间以及地址和电话等信息。

-l：除了用-s 选项显示的信息外，还显示用户主目录、登录 Shell、邮件状态等信息，以及用户主目录下的.plan、.project 和.forward 文件的内容。

-p：除了不显示.plan 文件和.project 文件以外，与-l 选项相同。

-m：排除查找用户的真实姓名。

如果要查询远程主机上的用户信息，需要在用户名后面接"@主机名"，即采用[用户名@主机名]的格式，不过要查询的网络主机需要运行 finger 守护进程。

10）mail

mail 命令的作用是发送电子邮件，使用权限是所有用户。命令格式：

```
mail [选项] [地址]
mail [选项] -f [选项] [文件]
mail [选项] --file [选项] [文件]
mail [选项] --file=file [选项]
```

常用选项如下。

-a 或 --append=HEADER: VALUE：为发送的邮件追加指定的头部信息。

-A 或 --attach=FILE：添加附件文件 FILE。

-e：如果邮件存在则返回"真"。

-E 或 --exec=COMMAND：执行设定的命令 COMMAND。

-H：写入邮件的头部摘要并退出。

-i：忽略中断信号。

-n：不读入系统 mail.rc 文件。
-N：不显示初始头部摘要。
-p：把所有邮件打印到标准输出设备。
-r 或 --return-address=ADDRESS：指定邮件的返回地址 ADDRESS。
-s 或 --subject=SUBJ：指定发送信息的标题。
-u 或 --user=USER：在指定用户 USER 的邮箱进行操作。

最简单的一个例子：

```
mail -s test yangfang@hhu.edu.cn
```

这条命令的结果是发送一封标题为 test 的空白信息邮件给指定的邮箱。

5．系统安全命令

1）passwd

passwd 命令的作用是修改账户的登录密码，使用权限是所有用户。命令格式：

```
passwd [选项] 账户名称
```

主要选项如下。
-l：锁定已经命名的账户名称。
-u：解开账户锁定状态。
-x 或 --maxdays MAX_DAYS：最大密码使用时间（天）。
-n 或 --mindays MIN_DAYS：最小密码使用时间（天）。
-d：删除使用者的密码。
-S：检查指定使用者的密码认证种类。
以上选项只有超级用户方可使用。

2）su

su 命令的作用是变更为其他使用者的身份，除超级用户外，其他用户均需要输入该使用者的密码。命令格式：

```
su [选项] [使用者]
```

主要选项如下。
-c COMMAND：变更使用者，并执行指令 COMMAND 后再变回原来使用者。
-l 或 --login：改变身份后大部分环境变量（例如 HOME、SHELL 和 USER 等）都以该使用者（USER）为主，并且工作目录也会改变。如果没有指定使用者，默认情况是 root。
-m, -p ,--preserve-environment：执行 su 时不改变环境变数，保持原来的 Shell。
-s SHELL：指定要执行的 SHELL。

例如下面的命令是变更账号为超级用户，并在执行 df 命令后还原使用者：

```
su -c df root
```

3）umask

umask 命令的作用是设置用户文件和目录的创建默认权限屏蔽值，若将此命令放入 profile 文件，就可控制该用户后续所建文件的存取许可。使用权限是所有用户。命令格式：

```
umask [-p] [-S] [mode]
```

主要参数如下。

-p：修改 umask 设置。

-S：确定当前的 umask 设置。

[mode]：修改数值，表示特定的权限。有一些通用的值，"002"表示阻止其他用户写文件，"022"表示阻止组成员和其他用户写文件，"027"表示阻止组成员写文件以及其他用户读、写、执行文件。系统默认的 mask 是 002，使用不带任何参数的 umask 命令可以显示当前的 umask 值，因为是八进制数，所以显示 0022 不是 022。

严密的权限设定构成了 Linux 安全的基础，umask 命令用来设置进程所创建的文件的读写权限，最保险的值是 0077，即屏蔽创建文件的进程以外的所有进程的读写权限，表示为 -rw-------。在 ~/.bash_profile 中，加上一行命令 umask 0077 可以保证每次启动 Shell 后，进程的 umask 权限都可以被正确设定。

4）chgrp

chgrp 的作用是修改一个或多个文件或目录所属的组。使用权限是超级用户。命令格式：

```
chgrp [选项]... <组> <文件>...
chgrp [选项]... --reference=<参考文件> 文件...
```

主要参数如下。

-c 或--changes：类似--verbose，但只在发生改变时显示信息。

--dereference：会影响符号链接所指示的对象，而非符号链接本身。

-h 或--no-dereference：会影响符号链接本身，而非符号链接所指示的目的地（当系统支持更改符号链接的所有者时，此选项才有效）。

-f 或--silent 或--quiet：去除大部分的错误信息。

--reference=<参考文件>：使用<参考文件>的所属组，而非指定的<组>。

-R 或--recursive：递归处理所有的文件及子目录。

-v 或--verbose：处理任何文件都会显示信息。

命令中的<组>可以是用户组 ID，也可以是/etc/group 文件中用户组的组名。文件名是以空格分开的文件列表，支持通配符。如果用户不是该文件的属主或超级用户，则不能改变该文件的组。

例如：改变/opt/local/grp1 及其子目录下的所有文件的属组为 local，命令如下：

```
chgrp - R local /opt/local /grp1
```

5）chmod

chmod 命令的作用是改变 Linux 系统文件或目录的访问权限。该命令有两种用法：一种是包含字母和操作符表达式的文字设定法；另一种是包含数字的数字设定法。

文件或目录的访问权限分为读、写和可执行三种。文件被创建时，文件所有者自动拥有对该文件的读、写和可执行权限，以便于对文件的阅读和修改。用户也可根据需要把访问权限设置为需要的任何组合。

有三种不同类型的用户可对文件或目录进行访问：文件所有者、同组用户和其他用户。所有者一般是文件的创建者。所有者可以允许同组用户有权访问文件，还可以将文件的访问权限赋予系统中的其他用户。在这种情况下，系统中每一位用户都能访问该用户拥有的文件或目录。

每一个文件或目录的访问权限都有三组,每组用三位表示,分别为文件属主的读、写和执行权限;与属主同组的用户的读、写和执行权限;系统中其他用户的读、写和执行权限。

chmod 命令是 Linux 系统中一个非常重要的命令,用户用它来控制文件或目录的访问权限。命令格式:

```
chmod [选项]... MODE[,MODE]... 文件...
chmod [选项]... --reference=<参考文件> 文件...
```

主要参数如下。

-c:当发生改变时,报告处理信息。

-f:大部分错误信息不输出。

-R:处理指定目录以及其子目录下的所有文件。

-v:运行时显示详细处理信息。

--reference=<参考文件>:当使用--reference 参数时,要把每个文件设置成与指定参考文件相同的权限。

--version:显示版本信息并退出。

该命令中的 MODE 表示文件或目录的权限,可以用包含字母和操作符表达式的文字来设定,也可以用数字来设定。

(1) 字符设定法

```
chmod [who] [+ - =] [mode] 文件名
```

操作对象 who 可以是下述字母中的任一个或它们的组合。

u:表示用户,即文件或目录的所有者。

g:表示同组用户,即与文件属主有相同组 ID 的所有用户。

o:表示其他用户。

a:表示所有用户,它是系统默认值。

操作符号如下。

+:添加某个权限。

-:取消某个权限。

=:赋予给定权限,并取消其他所有权限(如果有的话)。

设置 mode 的权限可用下述字母的任意组合如下。

r:可读。

w:可写。

x:可执行。

X:只有目标文件对某些用户是可执行的或该目标文件是目录时才追加 x 属性。

s:文件执行时把进程的属主或组 ID 设置为该文件的文件属主。方式"u+s"设置文件的用户 ID 位,"g+s"设置组 ID 位。

t:保存程序的文本到交换设备上。

u:与文件属主拥有一样的权限。

g:与和文件属主同组的用户拥有一样的权限。

o:与其他用户拥有一样的权限。

文件名：以空格分开的要改变权限的文件列表，支持通配符。一个命令行中可以给出多个权限方式，其间用逗号隔开。

（2）数字设定法

```
chmod [mode] 文件名
```

数字表示权限的含义：0 表示没有权限，1 表示可执行权限，2 表示可写权限，4 表示可读权限，然后将其相加即为文件或目录的权限。 所以设置数字权限的格式应为 3 个从 0 到 7 的八进制数，其顺序是（文件所有者）（同组用户）（其他用户）。例如设置 rwx 属性则有 4+2+1=7，设置 rw-属性则有 4+2=6，设置 r-x 属性则有 4+1=5。

例如：系统管理员要授权所有用户对文件 file 有读写权限，可以使用命令：

```
chmod 666 file
```

这里的数字 666 表示文件所有者、同组用户、其他用户对 file 文件有读写权限。

如果用字符权限设定，则使用下面的命令：

```
chmod a = rw file
```

6）chown

chown 命令的作用是更改一个或多个文件或目录的属主和属组。使用权限是超级用户。命令格式：

```
chown [选项]... [所有者][:[组]] 文件...
chown [选项]... --reference=<参考文件> 文件...
```

命令中的用户可以是用户名或者用户 ID；组可以是组名或者组 ID；文件是以空格分开的文件列表，支持通配符。主要参数如下。

-c：显示更改的部分的信息。

--dereference：受影响的是符号链接所指示的对象，而非符号链接本身。

-h 或--no-dereference：会影响符号链接本身，而非符号链接所指示的目的地（当系统支持更改符号链接的所有者时，此选项才有效）。

--from=目前所有者:目前组：只有文件当前的所有者和组符合选项所指定的，才会更改所有者和组。其中一个可以省略，已省略的属性就不需要符合原有的属性。

-f 或--silent 或--quiet：去除大部分的错误信息。

-R 或--recursive：递归处理所有的文件及子目录。

-v 或--verbose：处理任何文件都会显示信息。

--reference=<参考文件>：把指定的目录/文件作为参考，把操作的文件/目录设置成与参考文件/目录相同的拥有者和群组。

一个最简单的例子是把文件 file 的所有者改为 Sam：

```
chown Sam file
```

7）ps

ps 命令的作用是显示系统中瞬间进程的信息，也就是执行 ps 命令的那个时刻的那些进程。ps 命令提供了对进程的一次性查看，查看结果并不动态连续，如果想对进程实时监控，应该用 top 命令，它可以动态显示进程信息。命令格式：

```
ps [选项]
```

常用选项如下。

a：显示同一终端下的所有程序，包括其他用户的进程。

e：显示环境变量。

f：显示程序间的关系。

-l：显示长列表。

-au：显示较详细的信息。

-aux：显示所有包含其他使用者的进程。

--lines<行数>：每页显示的行数。

--width<字符数>：每页显示的字符数。

ps 能够标识 Linux 进程的 5 种状态：D 表示不可中断；R 表示正在执行中；S 表示静止状态，但可被某些信号（signal）唤醒；T 表示暂停执行；Z 表示已经终止，但是其父程序无法正常终止，造成僵尸（zombie）程序的状态。

8）who

who 命令用以显示当前有哪些用户登录系统，显示的资料包含了使用者 ID、使用的登录终端、上线时间、持续时间、CPU 占用情况。使用权限为所有用户。命令格式：

```
who [选项][记录文件]
```

主要选项如下。

-b：显示最近一次登录系统的时间。

-H：显示标题列信息。

--ips：显示 IP 地址而不是主机名。

-l：显示系统登录的进程。

-m：显示当前登录系统用户的信息。

-q 或--count：显示登录系统的账号名称和总人数。

-u：显示登录的用户，不显示登录者的动作/工作。

-s：使用简短的格式来显示，即默认格式，仅显示用户名、终端文件名、时间。

--version：显示程序版本并退出。

6．其他命令

1）tar

tar 命令的作用是压缩和解压文件。tar 是一个打包命令，即将多个文件和目录做成一个文件，tar 包文件通常以.tar 为扩展名。生成 tar 包后，就可以用其他的程序来进行压缩了，也就是将一个大的文件通过一些压缩算法变成一个小文件。tar 命令格式：

```
tar[主选项] [辅选项][文件]
```

主选项如下。

-A 或--catenate 或--concatenate：新增压缩文件到已存在的压缩文件。

-c 或--create：建立新的压缩文件。

-d 或--diff 或--compare：记录压缩文件和文件系统的差别。

--delete：从压缩文件中删除。

-r 或--append：添加文件到已经压缩的文件。

-t 或--list：显示压缩文件的内容。

--test-label：测试压缩文件的卷标并退出。
-u 或--update：添加更新的文件到已经存在的压缩文件。
-x 或--extract 或--get：从压缩的文件中提取文件。

以上的选项在压缩或解压中都要用到其中一个，可以与别的命令连用但只能用其中一个。下面的选项是根据需要在压缩或解压文件时可选的。

-z：支持 gzip 解压文件。
-j：支持 bzip2 解压文件。
-k：解压时保留原有文件不覆盖。
-p：保留原文件的原有属性。
-f：使用文件名，在 f 后面要紧跟文件名，不能加其他参数。
-v：显示操作过程。

例如：

```
tar -cf archive.tar file1 file2    //把file1和file2两个文件打包成一个文件
                                     archive.tar
tar -tvf archive.tar               //显示 archive.tar 文件中的内容
tar -xf archive.tar                //从 archive.tar 中提取所有文件
```

2）gzip & gunzip

gzip 命令的作用是对文件进行压缩和解压缩，它是 Linux 系统中经常使用的一个命令，文件被压缩后以".gz"为扩展名。gzip 不仅可以用来压缩大文件以节省磁盘空间，还可以和 tar 命令一起构成 Linux 操作系统中比较流行的压缩文件格式，如：扩展名为.tar.gz 的压缩文件。命令格式：

```
gzip[选项][文件]
```

主要选项如下。

-c 或--stdout：把压缩后的文件输出到标准输出设备，不改变原始文件。
-d 或--decompress：解压缩文件。该选项用于 gzip 命令，与 gunzip 命令效果一样。
-f 或--force：压缩/解压缩时强制覆盖输出文件。
-h 或--help：在线帮助。
-k 或--keep：不删除输入文件。
-l 或--list：显示压缩文件的内容，显示字段有：压缩文件的大小、未压缩文件的大小、压缩比、未压缩文件的名字。
-L 或--license：显示版本与版权信息。
-n 或--no-name：不保存原来的文件名称及时间戳记。
-N 或--name：保存原来的文件名称及时间戳记。
-q 或--quiet：禁止显示警告信息。
-r 或--recursive：递归压缩或解压缩指定目录下的文件和子目录。
-t 或--test：测试压缩文件的完整性。如果文件完整则不显示任何信息。
-v 或--verbose：显示文件名、压缩后的文件名和每个被处理文件的压缩量。
-V 或--version：显示版本信息并退出。
-1 或--fast：表示最快压缩方法（低压缩比）。

-9 或--best：表示最慢压缩方法（高压缩比）。系统默认值为 6。

gzip 只能对文件进行压缩，不能压缩目录，即使指定压缩的目录，也只能压缩目录内的所有文件。

例如：

```
gzip *              //把当前目录下的每个文件压缩成.gz 文件
gzip -dv *          //把当前目录下每个压缩的文件解压，并列出详细的信息
gzip usr.tar        //压缩 usr.tar 文件，此时压缩文件的扩展名为.tar.gz
```

gunzip 是一个使用广泛的解压缩命令，它用于解开被 gzip 压缩过的扩展名为".gz"的文件。事实上 gunzip 就是 gzip 的硬链接，因此不论是压缩或解压缩，都可通过 gzip 指令单独完成。gunzip 的命令格式：

```
gunzip [选项] [文件]
```

命令中可以使用的选项主要有：-c 或--stdout、-f 或--force、-k 或--keep、-l 或--list、-n 或--no-name、-N 或--name、-q 或--quiet、-r 或--recursive、-t 或--test、-v 或--verbose、--help、--version。这些选项的使用方法与 gzip 命令中相应选项的使用方法一样。一个简单的例子如下：

```
gunzip /opt/usr.tar.gz
gzip -d /opt/usr.tar.gz
```

这两个命令都可以实现将/opt 目录下的压缩文件 usr.tar.gz 解压到当前目录，也就是说 gunzip 命令等价于 gzip -d 命令。

另外，查看一个 gzip 格式的压缩文件也可以使用 zcat 命令，该命令不真正解压缩文件而能显示压缩包中文件的内容。命令格式：

```
zcat [选项] [文件]
```

例如要显示/opt 目录下的压缩文件 usr.tar.gz 的内容，使用下面的命令：

```
zcat /opt/usr.tar.gz
```

3）man

man 是 Linux 中一个很重要的命令，用来查看系统中自带的各种参考手册，类似于一个帮助文档。命令格式：

```
man [选项] [SECTION] PAGE...
```

主要参数如下。

SECTION：指定从 man 手册的哪个部分搜索帮助。man 手册分为好几个章节，用数字表示，具体含义如下所示。

1：用户在 Shell 环境中可以操作的命令或可执行文件。

2：系统内核可调用的函数与工具等，如 open、write 等。

3：一些常用的函数（function）与函数库（library），大部分为 ANSI C 的函数库（libc），如 printf、fread。

4：设备文件的说明，通常是在/dev 下的文件。

5：配置文件或者是某些文件的格式，如 passwd。

6：游戏（games），由各个游戏自己定义。

7：附件和变量，比如 environ 这种全局变量在这里就有说明。

8：系统管理员可用的管理命令，这些命令只能由 root 使用，如 ifconfig。
PAGE：指定要搜索帮助的关键字（命令或函数）。
常用选项如下。
-a：在所有的 man 帮助手册中搜索。
-f 或--whatis：显示给定关键字的简短描述信息。
-P 或--pager=<PAGER>：显示内容时使用指定的分页程序<PAGER>。
-M 或--manpath=<PATH>：指定 man 手册搜索的路径<PATH>。
-w：显示手册所在的路径。

如果在 man 命令中不指定从哪个部分搜索，那么默认从数字较小的手册中寻找相关命令和函数。例如：输入 man ls，它会在左上角显示"LS（1）"，在这里，"LS"表示手册名称，而"（1）"表示该手册位于第一章节，同样，输入"man ifconfig"，它会在左上角显示"IFCONFIG（8）"。

man 是按照手册的章节号的顺序进行搜索的，比如：man sleep，只会显示 sleep 命令的手册，如果想查看库函数 sleep，就要输入：man 3 sleep。同样，man passwd 显示 passwd 命令的手册，而 man 5 passwd 显示 passwd 文件的格式。

4）date

date 命令用于显示或设定系统的日期和时间，需要特别说明的是，只有超级用户才能用"date"命令设置时间，一般用户只能用"date"命令显示时间。命令格式：

```
date [选项]... [+格式]
```

常用选项如下。

-d 或--date=<STRING>：显示由字符串<STRING>所描述的日期与时间，而不是当前"now"时间。

-s 或--set=<STRING>：根据字符串<STRING>来设置日期与时间。

-u 或--utc 或--universal：显示或设置 UTC 时间。

--help：在线帮助。

--version：显示版本信息。

date 命令提供了许多格式，帮助用户任意设定日期和时间的显示格式。格式设定为一个"+"后接数个标记，常用的标记如下。（注：-s 参数是设定系统当前日期和时间，+%X 是设定时间的显示格式）

%H：显示小时（00～23）。
%M：显示分钟（00～59）。
%P：显示出 AM 或 PM。
%S：显示秒（00～59）。
%x：以本地习惯用法表示的日期（如 mm/dd/yy）。
%X：以本地习惯用法表示的时间（如 HH:MM:SS）。

例如：设置时间为 2010 年 06 月 17 日，命令如下：

```
date -s 08/19/2015
```

设置时间为 12 点 07 分 33 秒，命令如下：

```
date -s 12:07:33
```

显示以本地习惯用法表示的时间，命令如下：

```
date +%X
```

5）cal

cal 命令用来显示公历（阳历）日历。命令格式：

```
cal [选项] [[月] 年]
```

主要选项如下。

-3：显示系统前一个月、当前月和下一个月的月历。
-1：显示当前一个月的月历。
-m <month>：显示指定月份<month>的日历。
-A <months>：显示当月和后<months>个月的日历。
-B <months>：显示当月和前<months>个月的日历。
-j：显示当前月在当年中的第几天（从1月1号算起，显示当前月在一年中的天数）
-y：显示当前年份的日历。

例如：

```
cal 10 2016          //显示指定年月（2016年10月）的日历
cal -m 5 -A 2 -B 3   //显示当年五月份及其前三个月和后两个月的日历，即2月到7月的日历
```

6）bc

bc 是 Linux 系统下的一个简单计算器，通过 bc 命令可以进行一些简单的运算。bc 在默认的情况下是交互式的指令，可以使用以下计算符号：+（加法）、-（减法）、*（乘法）、/（除法）、^（指数）、%（余数）等。命令格式：

```
bc [选项] [文件 ...]
```

主要选项如下。

-h 或--help：显示帮助信息并退出。
-i 或--interactive：强制进入交互式模式。
-l 或--mathlib：使用预定义的标准数学库。
-q 或--quiet：不打印初始的 GNU bc 环境信息。
-s 或--standard：设置非标准的 bc 结构为错误。
-w 或--warn：对非标准的 bc 结构进行警告。
-v 或--version：显示版本信息并退出。

命令中的文件是指包含计算任务的文件。例如以下命令：

```
bc calc.txt    //calc..txt 文件中有计算代码，从该文件输入并且显示输出结果
```

另外，由于 bc 默认输出的是整数，如果要输出小数，还需要执行一个 scale 命令指定小数位数。例如在 bc 工作环境下输入以下指令：

```
scale=3
10/3
```

显示计算结果为 3.333。
这里 scale=3，表示输出三位小数，如果不指定，则计算结果是整数 3。
计算完成后，使用 quit 指令退出当前的 bc 计算器。

7) vi

vi 是 Linux 系统提供的文本编辑器,通过它可以编辑文件。命令格式:

```
vi [参数] [文件 ..]
```

如果命令中指定的文件存在,则 vi 显示文件内容并等待用户命令;如果指定的文件不存在,则 vi 告知用户这是一个未命名的文件,并进入空白的界面。

vi 有三种工作模式:命令模式、编辑模式和行编辑模式。启动 vi 后默认进入命令模式,在命令模式下不能编辑,只能接受命令,可以通过控制屏幕光标来移动、复制某区段,对字符、字或行进行删除、搜索等操作。在命令模式下按 Insert 键或者小写字母 i、a、o、s 均可以切换到编辑模式,按 Esc 键可以返回到命令模式。在编辑模式下才可以做文字输入,当编辑好文件后,需从编辑模式切换到命令模式才能对文件进行保存。行编辑模式实际上也是命令模式的一种,在命令模式下输入一个":"进入一个命令行,可以显示和输入命令。

在命令模式下常用的命令如下。

(1) 退出

:w 保存当前文档但不退出。

:q 直接退出 vi。

:q! 不保存文档,强制退出 vi。

:wq 先保存后退出。

:wq! 强制保存退出。

:x 作用和":wq"一样。

(2) 光标移动

vi 可以直接用键盘上的光标键来上下左右移动,也可以用小写英文字母来控制:h、j、k、l,分别控制光标向左、下、上、右移一格。

按 Ctrl+B:屏幕往前移动一页。

按 Ctrl+F:屏幕往后移动一页。

按数字 0:移到光标所在行的开头位置。

按$:移到光标所在行的行尾。

(3) 搜索

/pattern:在文件中向前搜索关键字 pattern。

?pattern:在文件中向后搜索关键字 pattern。

(4) 复制粘贴

yy:复制光标所在行。

yw:复制光标所在位置到字尾的字符。

p:粘贴到光标所在位置(指令"yw"与"p"必须搭配使用)。

(5) 删除

dd:删除当前行。

dw:删除一个单词。

dG:删除当前光标到文件末尾的所有内容。

(6) 撤销

u:撤销上一次的更改。

7. Linux 命令组合

1）连续运行多个命令

在 Linux 中将所有需要运行的命令放到 Shell 的一行上，再用分号（;）分隔开每个具体的命令。每个命令会依次顺序执行，只有一个命令结束运行（无论成功或失败），才会运行下一个命令。如：

```
cd /etc;cd network;cat interfaces
```

相当于按顺序执行了三个命令。

此外还可以使用"&&"和"||"合并多个命令，前者只有当之前的命令是正确的时候才会继续执行下一个命令，后者只有当之前的命令是错误的时候才会执行下一个命令。如：

```
cd /etc&&cd network&&cat interfaces
cd /etc||cd network||cat interfaces
```

2）文件重定向

Linux 系统有三个标准输入输出文件：stdin（标准输入文件）关联到键盘；stdout（标准输出文件）关联到显示器；stderr（标准错误）关联到显示器。系统对三个标准文件分别赋予一个整数，称为**文件描述符**。其中 stdin 为 0，stdout 为 1，stderr 为 2。Linux 默认输入是键盘，输出是显示器，使用重定向操作符可以将命令输入和输出数据流从默认位置重定向到其他位置。常用的重定向操作符如下。

>：把标准输出重定向到一个文件。若文件存在，则覆盖原来的文件；若不存在，则创建。
>>：把标准输出重定向到一个文件，若文件存在，则追加到文件末尾；若不存在，则创建。
<：把标准输入重定向到一个文件。
2>：把标准错误重定向到一个文件。若文件存在，则覆盖原来的文件；若不存在，则创建。
2>>：把标准错误重定向到一个文件，若文件存在，则追加到文件末尾；若不存在，则创建。

例如：有两个文件 file1.txt 和 file2.txt，将文件内容合并后保存在 file3.txt 中，使用下面的命令：

```
cat file1.txt>file3.txt
cat file2.txt>>file3.txt
```

或者使用下面的命令：

```
cat file1.txt file2.txt>file3.txt
```

又如：将某个目录下所有文件及目录的列表保存在一个文本文件 ls.txt 中：

```
ls -l /usr/>ls.txt
```

3）管道功能

利用 Linux 所提供的管道符"|"将两个命令隔开，管道符左边命令的输出就会作为管道符右边命令的输入；同时把右边命令的输入重定向，以左边命令的输出结果作为输入。管道功能在本质上属于重定向功能，利用内存实现文件信息的保存，加快执行速度。

管道具有把多个命令从左到右串联起来的作用，但并不是所有命令都适合使用在这条管道的中间。适合使用于管道的命令通常被称为**过滤器**（**Filter**），常见的过滤器如下。

（1）wc：统计文件的行数、词数、字节数。wc 命令需要从键盘输入被统计的文本，以 Ctrl+D 终止输入，统计的结果在屏幕上显示。在命令中可以使用参数来指定统计项目。

-l：表示统计行数。
-w：表示统计词数。
-c：表示统计字节数。
-m：表示统计字符数。

使用管道符可以实现对文件中的内容的统计，而无须从键盘输入文本。例如：

```
cat file.txt|wc -l
```

该命令使用管道符，把 cat 的输出结果（即 file.txt 文件）作为 wc 命令的输入，实现对 file.txt 文件统计行数。

（2）cut：从指定的文件中逐行提取特定列的内容，输出到标准输出文件。在 cut 命令中常用的选项如下。

-f<字段列表>：指定要提取的列。
-d<分隔符>：指定某个字符作为分隔符。
-c<字符列表>：指定要提取的字符的位置。

例如：指定某个字符作为分隔符，把每行内容分为若干列，然后再指定提取某些列，从而形成对输入内容的过滤：

```
cat /etc/passwd | cut -d":" -f 1
cat /etc/passwd | cut -d":" -f 1-3
cat /etc/passwd | cut -d":" -f 1-3,7
```

上述命令是以冒号 ":" 为分隔符将每行内容划分成列，再提取特定列内容的。

又如：指定提取每行的某些位置的字符，相当于把每行内容以一个字符为单位分为若干列，然后再指定提取某些列，从而形成对输入内容的过滤：

```
cat /etc/passwd | cut -c 1
cat /etc/passwd | cut -c 1-3
cat /etc/passwd | cut -c 1-3,7
```

上述三个命令分别提取的是每行的第 1 个、第 1～3 个以及第 1～3 个和第 7 个位置上的内容。

（3）tr：tr 命令的功能一是把从标准输入文件读入的一个字符集合翻译成另一个字符集合，然后输出到标准输出文件；二是把连续几个相同的字符压缩为一个字符。例如：

```
cat /etc/passwd | tr ":" ","              //把文件中的冒号翻译成逗号，并显示文件内容
cat /etc/passwd | tr "[a-z]" "[A-Z]"      //把文件中的小写字母翻译成大写字母
who | tr -s " "                            //显示结果中把多个空格压缩为一个空格
```

（4）grep：从给定的文件中查找包含某种模式的行，该模式由用户使用正则表达式指定。如果 grep 命令中不指定文件，则从标准输入文件中读取。例如，从指定的文件中查找包含关键字 magic 的行：

```
grep magic /usr/src/Linux/Documentation/* | less
```

该命令使用管道符，如果有许多输出时，可以通过管道将其转到 "less" 上阅读。

又如：

```
cat /etc/passwd | grep /bin/bash | wc -l
```

这条命令使用了两个管道，利用第一个管道将 cat 命令（显示 passwd 文件的内容）的输

出发送给 grep 命令，grep 命令找出含有 "/bin/bash" 的所有行；第二个管道将 grep 的输出发送给 wc 命令，wc 命令统计出输入文件中的行数。

8．Shell 脚本

把若干命令存入一个文本文件中，然后使用该文件名一次执行所有命令，此文本称为 **Shell 脚本**。Shell 脚本中可以包含一些不能在 Shell 提示符下直接执行的语句，这些语句只在 Shell 脚本中才有效。

1）Shell 脚本的编写与执行

在编写 Shell 脚本时，在第一行必须要指定 Shell，而且必须要写绝对路径（如果要查看系统中所有可用的 Shell 及其绝对路径，可以使用命令 cat /etc/shells），比如标准的 Shell 脚本第一行的格式为：

```
#!/bin/sh
```

首行中的符号#!告诉系统其后路径所指定的程序即是解释此脚本文件的 Shell 程序。如果首行没有这句代码，在执行脚本文件的时候，将会出现错误。后续的部分就是主程序，Shell 脚本像高级语言一样，也有变量赋值，也有控制语句。除第一行外，以#开头的行就是注释行，直到此行的结束。

对 Shell 脚本的编辑可以使用 Linux 的 vi 编辑器来完成，编辑完毕，将脚本存盘为 filename.sh，文件名后缀.sh 表明这是一个 Bash 脚本文件。Shell 脚本常见的有以下两种执行方式。

第一种方式是：./文件名
在当前目录下执行文件要写明执行路径"./"，要求文件必须有执行权限。例如：

```
chmod 755 filename.sh
./filename.sh
```

第二种方式是：sh 文件名。如：

```
sh filename.sh
```

2）Shell 变量

Shell 变量可分为两类：局部变量和环境变量。局部变量只在创建它们的 Shell 中可用，而环境变量则可以在创建它们的 Shell 及其派生出来的任意子进程中使用。有些变量是用户创建的，其他的则是专用 Shell 变量（如 PATH、HOME）。环境变量是系统环境的一部分，可以在 Shell 程序中使用它们。

（1）局部变量

局部变量是弱类型的，无须声明类型。创建变量的方式是：

变量名=值

变量名必须以字母或下划线字符开头，其余的字符可以是字母、数字（0~9）或下划线字符，变量名区分大小写。给变量赋值时，等号两边不能有任何空格。如果给变量所赋的值包含空格，必须用双引号括起来。

引用变量时，在变量名前面加"$"，有两种方式：

$变量名
${变量名}

如果不涉及字符的连接，"{}"符号是可选的。如：

```
FirstName="Tony"
LastName="Kim"
Writer=$FirstName
FullName=${FirstName}"."${LastName}
```

输出变量取值的格式为：

```
echo ${变量名}           //输出变量的值
echo [-n] 字符串         //输出字符串，-n 表示不输出换行符
```

读入变量的格式为：

```
read 变量名 [变量名...]
```

可以从键盘上读取多个变量的值，用户输入数据时以空格或 Tab 键作为分隔符。如果输入数据个数不够，则从左到右对应赋值，没有输入的变量为空。如果输入数据个数多于变量个数，则从左到右对应赋值，最后一个变量被赋予剩余的所有数值。

另外，在 Shell 中还常用以下命令：

```
set                    //可以查看所有的变量
unset 变量名            //可以清除变量名，该变量名相当于没有定义过
readonly 变量名         //可以把变量名设为只读变量，定义之后不能对变量进行任何更改。
```

（2）环境变量

用户登录 Shell 后会创建一些由系统预先定义的变量，即环境变量，这些变量会在创建子进程时传递给子进程。环境变量可以在命令行中设置，但用户注销时这些值将丢失，环境变量均为大写表示，必须用 export 命令导出。使用 env 命令可以查看一些与用户有关的环境变量。下面是几个比较重要的环境变量。

LOGNAME：登录名。

SHELL：目前环境使用的 Shell 是哪个程序。

HOME：用户主目录。

PATH：命令搜索路径。一个由冒号分隔的目录列表，Shell 用它来搜索命令。

PS1：Shell 的主提示符，默认是$。

设置环境变量的方法如下。

变量名=值

export 变量名

显示环境变量的方法：

```
env                    //显示所有环境变量
echo $环境变量名         //显示指定的一个变量
```

清除环境变量的方法：

unset 环境变量名

3）数值运算

expr 是简易的命令行计算器，能够进行一些简单的表达式计算，支持变量引用。例如：

```
x=6
```

```
expr 4 + $x    //注:运算符"+"两端都有空格
```

expr 既可以把变量理解为数值变量,也可以理解为字符串变量。它的判断依据是:如果运算符号左右两端都有空格,则视为数据变量,否则视为字符串变量。**注意:乘法符号需要使用转义符"*"。**

如果想把 expr 的计算结果保存在一个变量中,就需要使用一对反引号"``"把 expr 命令括起来,这样就将该命令的输出结果截获,然后把结果赋给一个变量。如:

```
a=2
b=4
count=`expr $a \* $b + 12 / 2`
echo $count
```

count 变量显示的结果是 14。

对于带有括号的表达式,使用"$((...))"将括号里的表达式当成普通的数学表达式进行计算,支持多重括号。在展开计算时,不管是使用具体数值还是变量参加运算,运算符号的两端都不强制要求保留空格,变量可以不使用$,乘号也不需要使用转义字符表示。这些方面和使用 expr 命令的计算有很大不同。如:

```
x=2
echo $((((x+1)*2+4)/8))
```

显示计算结果是 1。

4)脚本控制流程

和高级语言程序设计类似,Shell 脚本也支持分支、循环流程控制。

(1)测试表达式

test 命令用于检查某个条件是否成立,它可以进行数值、字符和文件三个方面的测试。如果为真返回 0,如果为假返回 1。命令格式:

```
test 表达式 - 参数 表达式
test  - 参数 表达式
```

test 命令语法要求被测试表达式中比较运算符的左右两边必须有空格,与 expr 命令类似。在 Shell 脚本中可以使用"[]"代替 test 命令,"["的后面和"]"的前面必须加空格。

数值测试常用命令如下。

[$N1- lt $N2]:若 N1 小于 N2,则为真,否则为假。

[$N1- le $N2]:若 N1 小于等于 N2,则为真,否则为假。

[$N1- gt $N2]:若 N1 大于 N2,则为真,否则为假。

[$N1- ge $N2]:若 N1 大于等于 N2,则为真,否则为假。

[$N1- eq $N2]:若 N1 等于 N2,则为真,否则为假。

[$N1- ne $N2]:若 N1 不等于 N2,则为真,否则为假。

字符串测试常用命令如下。

[S]:若字符串 S 长度不为 0,则为真,否则为假。

[-z S]:若字符串 S 长度为 0,则为真,否则为假。

[S1 = S2]:若字符串 S1 与 S2 相等,则为真,否则为假。

[S1 != S2]：若字符串 S1 与 S2 不相等，则为真，否则为假。
文件测试常用命令如下。
[-e File]：若文件存在（exist），则为真，否则为假。
[-s File]：若文件存在，且大小（size）大于 0，则为真，否则为假。
[-f File]：若文件存在，且为普通文件（file），则为真，否则为假。
[-d File]：若文件存在，且为目录（directory），则为真，否则为假。
[-r File]：若文件存在，且为可读（readable），则为真，否则为假。
[-w File]：若文件存在，且为可写（writable），则为真，否则为假。
[-x File]：若文件存在，且为可执行（executable），则为真，否则为假。
[-O File]：若文件存在，且属于当前用户（Owner），则为真，否则为假。
[-G File]：若文件存在，且属于当前组（Group），则为真，否则为假。
其他参数如下。
!：表示逻辑值取反，如：[! -e File]。
- a：逻辑"与"AND
- o：逻辑"或"OR
（2）分支结构 if

```
if <条件 1>
then
    <命令序列 1>
[ elif <条件 2>              //多个条件时使用 elif
 then
    <命令序列 2> ]
[ else
    <命令序列 3> ]
fi                           //if 结束
```

例如：编写一个 Shell 脚本，从键盘读入一个成绩，根据成绩显示不同的信息。

```
#!/bin/bash
echo -n "please input your score:"    //n 表示不换行
read score
if [ $score -ge 90 ] && [ $score -le 100 ]
then
    echo "Your score is excellent!"
elif [ $score -ge 60 ] && [ $score -lt 90 ]
then
    echo "Your score is good!"
else
    echo "Your score is bad!"
fi
```

（3）分支结构 case

```
case <变量> in
模式 1)   <命令序列 1> ;;
模式 2)   <命令序列 2> ;;
```

```
    ...
    *)       <命令序列>;;        //"*"表示默认通配符
    esac                        //case 结束
```

case 语句结构特点如下：

case 行尾必须为单词"in"，每一个模式必须以右括号")"结束。匹配模式中可以使用方括号表示一个连续的范围，如[0~9]；使用竖杠符号"|"表示逻辑"或"。最后的"*)"表示默认模式，当使用前面的各种模式均无法匹配该变量时，将执行"*)"后的命令序列。双分号";;"表示命令序列结束。

例如：编写一个 Shell 脚本，从键盘输入一个字符，并判断该字符是否为字母、数字或者其他字符（用 case 语句实现）。

```
#!/bin/bash
echo -n "please input the key:"
read key
case $key in
[a-z]|[A-Z] ) echo "This is a letter!";;
[0-9] ) echo "This is a digit!";;
* ) echo "This is other key!";;
esac
```

（4）循环结构 while

```
while <条件>
do
<命令序列>
done
```

例如：编写一个 Shell 脚本，求 1~100 的所有数字之和（用 while 语句实现）。

```
#!/bin/bash
i=1
sum=0
while [ $i -le 100 ]
do
    sum=$[$sum+$i]
    i=$[$i+1]
done
echo $sum
```

（5）循环结构 for

```
for ((Expr1;Expr2:Expr3))
do
<命令序列>
done
```

例如：编写一个 Shell 脚本，求 1~100 的所有数字之和（用 for 语句实现）。

```
#!/bin/bash
sum=0
```

```
for((i=1;i<=100;i=i+1))
do
    sum=$[$sum+$i]
done
echo $sum
```

(6) 设计循环结构 for in

```
for <变量> in <列表>
do
<命令列表>
done
```

例如：编写一个 Shell 脚本，求 1~100 的所有数字之和（用 for in 语句实现）。

```
#!/bin/bash
sum=0
for i in $(seq 1 100)
do
    sum=$[$sum+$i]
    i=$[$i+1]
done
echo $sum
```

附录 B 常用 OpenStack 命令

用户对 OpenStack 的管理可以通过两种方式来实现：一是通过 Horizon 组件提供的 Web 服务接口来实现，这是一个基于 Web 的图形化界面，操作简单直观，但实现的管理功能有限；二是通过 OpenStack 的命令行方式来实现。在实际应用中，对 OpenStack 的大部分运维和管理工作都是在控制台通过命令行方式来完成的。这里介绍一些比较重要和使用频率较多的 OpenStack 命令，供读者在实验过程中查阅和参考。执行 OpenStack 命令需要一些相关的配置信息，这些配置信息通常都以文件形式提供，如 openrc、envnc 文件，因此在使用 OpenStack 命令前，需要先执行命令 "source openrc" 或 "source envnc" 把这些配置信息放到运行环境中。

1. 认证管理相关命令（Keystone）

认证服务 Keystone 为整个 OpenStack 的其他子项目提供用户、租户基本信息管理，登录认证，鉴权管理功能。在 Keystone 中涉及以下几个方面的操作。

Service（服务）：Service 是基于 OpenStack 标准 REST API 对外提供的服务，如 Glance 服务、Nova 服务、Cinder 服务、Neutron 服务等。对服务的常见操作有创建、删除、显示服务的详细信息等，与服务管理相关的命令如附表 B-1 所示。

附表 B-1 服务管理相关命令

命令格式	参数描述	作用
keystone service-create --name \<name\> --type \<type\>	--name \<name\>：所创建服务的名称，名称必须唯一 --type \<type\>：服务类型（比如：identity, compute, network, image 或 object-store） 可选参数： --description \<service-description\>：对服务的描述	创建一个服务
keystone service-delete\<service\>	\<service\>：被删除服务的名称或 ID	删除一个服务
keystone service-get\<service\>	\<service\>：服务的名称或 ID	显示指定服务的详细信息
keystone service-list		显示所有服务的信息列表

Endpoint（服务端点）：Endpoint 是提供服务的 Server 端，一个可以通过网络访问的地址，通常是 URL 的形式。与服务端点管理相关的命令如附表 B-2 所示。

Tenant（租户）：Tenant 是使用 OpenStack 相关服务的一个用户组，一个用户（包括 admin user）必须至少属于一个租户，也可以属于多个租户。对租户常见的操作命令如附表 B-3 所示。

Role（角色）：Role 是一个租户中的使用权限的集合，不同的角色代表了不同的权限。与角色管理相关的命令如附表 B-4 所示。

User（用户）：User 是能够与 Keystone 进行交互的任何一个个体、应用或服务，OpenStack 以用户的形式来授权服务给他们。对用户的常见操作有创建、删除、更改，为用户赋予角色，关联用户与租户，以及取消关联等。与用户管理相关的命令如附表 B-5 所示。

读者可以通过 keystone help 命令提供的帮助信息来查阅更多的 keystone 相关命令。

附表 B-2　服务端点管理相关命令

命令格式	参数描述	作用
keystone endpoint-create --service <service-name>	--service <service-name>或--service-id <service-id>：所创建服务的名称或 ID 可选项： --region <endpoint-region>：定义服务端点范围 --publicurl <public-url>：定义公共 URL 端点 --adminurl <admin-url>：定义管理 URL 端点 --internalurl <internal-url>：定义内部 URL 端点	创建一个服务端点
keystone endpoint-delete <endpoint-id>	<endpoint-id>：被删除的服务端点的 ID	删除一个服务端点
keystone endpoint-get --service <service-type>	--service <service-type>：服务类型 可选项： --endpoint-type <endpoint-type>：端点类型 --attr <service-attribute> --value <value>：服务属性及服务属性的值	显示指定服务类型或服务属性的服务端点信息
keystone endpoint-list		显示所有服务端点的信息列表

附表 B-3　租户管理相关命令

命令格式	参数描述	作用
keystone tenant-create --name <tenant-name>	--name <tenant-name>：所创建租户的名称，名称必须唯一 可选项： --description <tenant-description>：租户的描述信息，默认值为空 --enabled <true|false>：租户的初始可用状态，默认为 true	创建一个新租户
keystone tenant-delete <tenant>	<tenant>：被删除租户的名称或 ID	删除一个租户
keystone tenant-get <tenant>	<tenant>：租户名称或 ID	显示指定租户的详细信息
keystone tenant-list	（该命令无参数）	显示所有的租户信息列表
keystone tenant-update <tenant>	<tenant>：被更改租户的名称或 ID 可选项： --name <tenant-name>：租户更改的新名称 --description <tenant-description>：租户更改的新的描述信息 --enabled <true|false>：更改租户的可用状态	更改租户的名称、描述信息和可用状态

附表 B-4　角色管理相关命令

命令格式	参数描述	作用
keystone role-create --name <role-name>	--name <role-name>：所创角色的名称	创建一个角色
keystone role-delete <role>	<role>：被删除角色的名称或 ID	删除一个角色
keystone role-get <role>	<role>：角色的名称或 ID	显示指定角色的信息
keystone role-list		显示所有角色的信息列表

附表 B-5　用户管理相关命令

命令格式	参数描述	作用
keystone user-create --name <user-name>	--name <user-name>：用户名称，该名称必须唯一 可选项： --tenant <tenant>或--tenant-id <tenant-id>：指定新用户所属的租户名称或 ID --pass <pass>：新用户的密码 --email <email>：新用户的 E-mail 地址 --enabled <true|false>：新用户的可用状态，该参数的默认状态为 true	创建一个用户

命令格式	参数描述	作用
keystone user-delete <user>	<user>：被删除用户的名称或 ID	删除一个用户
keystone user-get <user>	<user>：用户的名称或 ID	显示指定用户的详细信息
keystone user-update <user>	<user>：被更改用户的名称或 ID 可选项： --name <user-name>：用户更改的新名称 --email <email>：用户更改的新 E-mail 地址 --enabled <true|false>：更改用户的可用状态	更改用户的名称、E-mail 和可用状态
keystone user-list	可选项： --tenant <tenant>或 --tenant-id <tenant-id>：指定用户所属租户的名称或 ID。该参数默认时，表示显示所有用户	显示用户列表
keystone user-password-update <user>	<user>：用户的名称或 ID 可选项： --pass <password>：用户更改的新密码	更改指定用户的密码
keystone user-role-add --user <user> --role <role>	--user <user>或--user-id <user-id>：用户名称或 ID --role <role>或--role-id <role-id>：角色名称或 ID 可选项： --tenant <tenant>或--tenant-id <tenant-id>：与用户关联的租户名称或 ID	为用户赋予角色，并关联用户与租户
keystone user-role-list	可选项： --user <user>或--user-id <user-id>：用户名称或 ID --tenant <tenant>或--tenant-id <tenant>：租户名称或 ID 这两个参数默认表示显示所有用户的角色列表	显示用户在所属租户中所具有的所有角色列表
keystone user-role-remove --user <user> --role <role>	--user <user>或--user-id <user-id>：用户名称或 ID --role <role>或--role-id <role-id>：角色名称或 ID 可选项： --tenant <tenant>或--tenant-id <tenant>：与用户关联的租户名称或 ID	删除用户和角色的关联

2. 计算服务相关命令（Nova）

Nova 主要为虚拟机提供计算资源管理，通过 Nova 相关的操作命令能够实现对虚拟机实例、虚拟机模板类型（Flavor）、虚拟机快照以及项目配额的管理，这些操作包括定义 Flavor，创建、删除虚拟机和虚拟机快照，加载、卸载卷，更改虚拟机状态，虚拟机的扩容与迁移，以及修改项目配额等。虚拟机实例操作命令如附表 B-6 所示，虚拟机模板类型操作命令如附表 B-7 所示，虚拟机快照操作命令如附表 B-8 所示，项目配额管理命令如附表 B-9 所示。读者若要了解更多的 Nova 命令，可以通过使用 nova help 命令来获取相关的帮助信息。

附表 B-6 虚拟机实例操作命令

命令格式	参数描述	作用
nova boot <name>	<name>：虚拟机名称 --flavor <flavor>：虚拟机类型的名称或 ID --image <image>：虚拟机镜像的名称或 ID 可选项： --boot-volume <volume_id>：卷的 ID。如果虚拟机实例是从卷启动的，则需要该参数 --snapshot <snapshot_id>：快照的 ID。如果虚拟机实例是从快照启动的，则需要该参数，同时也会创建一个卷	创建一个虚拟机实例

续表

命令格式	参数描述	作用
nova delete <server> [<server> ...]	<server>：被删除虚拟机的名称或ID。该命令可以删除多个虚拟机	关闭并删除虚拟机实例
nova reboot <server>	<server>：虚拟机的名称或ID 可选项： --hard：该参数表示硬重启 --poll：显示重启的进度块	重启虚拟机
nova start <server>	<server>：虚拟机的名称或ID	启动虚拟机
nova stop <server>	<server>：虚拟机的名称或ID	关闭虚拟机
nova suspend <server>	<server>：虚拟机的名称或ID	挂起虚拟机
nova reset-state <server>	<server>：虚拟机的名称或ID 可选项： --active：将虚拟机的状态由"error"置为"active"	重置虚拟机的状态
nova rebuild <server> <image>	<server>：虚拟机的名称或ID <image>：新镜像的名称或ID 可选项： --rebuild-password <rebuild-password>：设置密码 --poll：显示重建虚拟机过程的进度块	关闭虚拟机并使用新镜像重建虚拟机
nova list	可选项： --ip <ip-regexp>：显示IP地址与正则式<ip-regexp>匹配的虚拟机（仅管理员可用） --ip6 <ip6-regexp>：显示IPv6地址与正则式<ip6-regexp>匹配的虚拟机（仅管理员可用） --instance-name <name-regexp>：显示虚拟机名称与正则式<name-regexp>匹配的虚拟机（仅管理员可用） --status <status>：显示状态为<status>的虚拟机 --flavor <flavor>：显示虚拟机模板类型为<flavor>的虚拟机 --image <image>：显示镜像为<image>的虚拟机 --all-tenants [<0|1>]：显示所有租户的虚拟机（仅管理员可用） --tenant [<tenant>]：显示指定租户的虚拟机（仅管理员可用）	显示虚拟机列表
nova show <server>	<server>：虚拟机的名称或ID	显示指定虚拟机的详细信息
nova rename <server> <name>	<server>：被更改的虚拟机的名称或ID <name>：虚拟机的新名称	更改虚拟机的名称
nova live-migration <server> <host>	<server>：被迁移的虚拟机的名称或ID <host>：目的主机的名称	将运行的虚拟机迁移到另一台物理主机（热迁移）
nova migrate <server>	<server>：被迁移的虚拟机的名称或ID 可选项： --poll：显示迁移过程的进度块	迁移虚拟机，目的主机由系统的调度程序决定
nova volume-attach <server> <volume> <device>	<server>：虚拟机的名称或ID <volume>：卷的ID <device>：要挂载的设备的名称，如：/dev/vdb	将卷挂载到虚拟机上
nova volume-detach <server> <volume>	<server>：虚拟机的名称或ID <volume>：卷的ID	将卷从虚拟机上卸载
nova resize <server> <flavor>	<server>：虚拟机的名称或ID <flavor>：扩容参数对应的虚拟机模板类型的名称或ID	改变虚拟机尺寸（虚拟机扩容）
nova resize-confirm <server>	<server>：虚拟机的名称或ID	确认虚拟机尺寸的改变
nova resize-revert <server>	<server>：虚拟机的名称或ID	恢复虚拟机容量，回到上一个尺寸

附表 B-7　虚拟机模板类型操作命令

命令格式	参数描述	作用
nova flavor-create <name> <id> <ram> <disk> <vcpus>	<name>：新模板类型的名称 <id>：新模板类型唯一的 ID，可以是整数或 UUID。如果该参数设置为"auto"，则生成一个 UUID 作为 ID <ram>：内存容量，单位是 MB <disk>：根磁盘容量，单位是 GB <vcpus>：虚拟内核的个数 可选项： --ephemeral <ephemeral>：临时磁盘容量，单位是 GB，默认值为 0 --swap <swap>：交换盘容量，单位是 MB，默认值为 0 --is-public <is-public>：设置虚拟机模板类型为公用，默认值为 true	定义新的虚拟机模板类型
nova flavor-delete <flavor>	<flavor>：被删除的虚拟机模板类型的名称或 ID	删除指定的虚拟机模板类型
nova flavor-list	可选项： --extra-specs：显示每个虚拟机模板类型的附加信息 --all：显示所有虚拟机模板类型（仅管理员有权限使用）	显示虚拟机模板类型的列表
nova flavor-show <flavor>	<flavor>：虚拟机模板类型的名称或 ID	显示指定虚拟机模板类型的详细信息

附表 B-8　虚拟机快照操作命令

命令格式	参数描述	作用
nova image-create <server> <name>	<server>：虚拟机的名称或 ID <name>：快照的名称 可选项： --poll：显示快照创建过程的进度块	创建虚拟机快照，快照以镜像形式表示
nova image-delete <image> [<image> ...]	<image>：快照或镜像的名称或 ID。该命令可同时删除多个快照或镜像	删除指定的快照或镜像
nova image-list	可选项： --limit <limit>：指定显示快照或镜像的个数	显示快照或镜像列表
nova image-show <image>	<image>：快照或镜像的名称或 ID	显示指定快照或镜像的详细信息

附表 B-9　项目配额管理命令

命令格式	参数描述	作用
nova quota-defaults	可选项： --tenant <tenant-id>：需显示配额的项目的 ID	显示默认的项目配额
nova quota-delete	可选项： --tenant <tenant-id>：项目的 ID --user <user-id>：用户的 ID	删除一个项目或用户的配额设置，使配额恢复到默认值
nova quota-show	可选项： --tenant <tenant-id>：项目的 ID --user <user-id>：用户的 ID	显示指定项目或用户的配额信息列表
nova quota-update <tenant-id>	<tenant-id>：需修改配额的项目的 ID 可选项： --instances <instances>：设置配额项"instances"（实例个数） --cores <cores>：设置配额项"cores"（虚拟内核的个数） --ram <ram>：设置配额项"ram"（虚拟内存的大小） --floating-ips <floating-ips>：设置配额项"floating-ips"（浮动 IP 地址的个数） --fixed-ips <fixed-ips>：设置配额项"fixed-ips"（固定 IP 地址的个数）。若以上可选项为默认值，则显示指定租户的配额列表	设置项目的配额

3. 镜像管理相关命令（Glance）

镜像服务 Glance 用来注册、登录和检索虚拟机镜像，通过 Glance 服务提供的镜像可以支持多种存储方式，如简单的文件存储或对象存储（swift）。常用的镜像管理相关命令如附表 B-10 所示。读者若要了解更多的 glance 命令，可以通过使用 glance help 命令来获取相关的帮助信息。

附表 B-10 镜像管理命令

命令格式	参数描述	作用
glance image-create	可选项： --id <IMAGE_ID>：设置镜像的 ID --name <NAME>：设置镜像名称 --disk-format <DISK_FORMAT>：设置镜像格式，可用的镜像格式有：ami, ari, aki, vhd, vmdk, raw, qcow2, vdi 和 iso --container-format <CONTAINER_FORMAT>：设置容器格式，可用的容器格式有：ami, ari, aki, bare 和 ovf --owner <TENANT_ID>：租户的 ID，表示镜像的属主 --is-public {True,False}：设置镜像是否公用 --is-protected {True,False}：设置镜像是否受保护（不允许删除） --progress：显示镜像上传的进度	创建镜像，即把镜像上传到镜像服务 Glance
glance image-delete <IMAGE> [<IMAGE> ...]	<IMAGE>：被删除镜像的名称或 ID。该命令可以同时删除多个镜像	删除镜像
glance image-download <IMAGE>	<IMAGE>：要下载的镜像的名称或 ID 可选项： --file <FILE>：镜像下载到本地的文件名。如果该参数为默认值，则将镜像数据输出到标准输出文件 --progress：显示下载的进度	下载镜像，即把镜像从 Glance 下载到本地
glance image-list	可选项： --name <NAME>：显示名称为 <NAME> 的镜像 --status <STATUS>：显示状态为 <STATUS> 的镜像 --container-format <CONTAINER_FORMAT>：显示具有指定容器格式的镜像 --disk-format <DISK_FORMAT>：显示具有指定镜像格式的镜像 --owner <TENANT_ID>：显示属主为指定租户的镜像	显示镜像的信息列表
glance image-show <IMAGE>	<IMAGE>：镜像的名称或 ID	显示指定镜像的详细信息
glance image-update <IMAGE>	<IMAGE>：要修改的镜像的名称或 ID 可选项及使用方法与 glance image-create 命令类似	修改镜像的信息
glance member-create <IMAGE> <TENANT_ID>	<IMAGE>：镜像名称或 ID <TENANT_ID>：使用指定镜像的租户 ID	增加一个租户可访问指定镜像
glance member-delete <IMAGE> <TENANT_ID>	<IMAGE>：镜像名称或 ID <TENANT_ID>：被删除的租户成员的 ID	删除一个可访问指定镜像的租户成员
glance member-list	可选参数： --image-id <IMAGE_ID>：镜像 ID --tenant-id <TENANT_ID>：租户 ID	获取可访问指定镜像的租户成员列表

4. 块存储服务相关命令（Cinder）

块存储服务 Cinder 提供到虚拟机的永久性块存储卷，用以实现块设备到虚拟机的创建、挂载和卸载。此外 Cinder 还提供了对卷快照的管理，在块存储上实现数据备份的功能，可以作为引导卷来使用。常用的卷操作相关命令如附表 B-11 所示,卷快照操作相关命令如附表 B-12 所示。读者若要了解更多的 cinder 命令,可以通过使用 cinder help 命令来获取相关的帮助信息。

附表 B-11 卷操作相关命令

命令格式	参数描述	作用
cinder create <size>	<size>:卷的大小,单位是 GB 可选项: --snapshot-id <snapshot-id>:使用该选项表示从指定的快照创建卷 --image-id <image-id>:使用该选项表示从指定的镜像创建卷 --display-name <display-name>:所创建的卷的名称 --display-description <display-description>:对卷的描述 --volume-type <volume-type>:设置卷的类型 以上可选项的默认值为空	新建一个卷
cinder delete <volume> [<volume> ...]	<volume>:被删除卷的名称或 ID。该命令可以同时删除多个卷	删除指定的卷
cinder list	可选项: --all-tenants [<0|1>]:显示所有租户的卷信息列表(仅管理员有权限使用) --display-name <display-name>:显示具有指定卷名称的卷 --status <status>:显示具有指定卷状态的卷	显示卷的信息列表
cinder type-create <name>	<name>:卷类型的名称	创建卷的类型
cinder type-delete <id>	<id>:卷类型的 ID	删除一个卷类型
cinder type-list	(该命令无参数)	显示所有卷类型的信息列表
cinder upload-to-image <volume> <image-name>	<volume>:卷的名称或 ID <image-name>:所创建镜像的名称 可选项: --force <True|False>:该选项表示在指定卷挂接在虚拟机的情况下是否强制上传。默认值为 False --container-format <container-format>:指定容器的格式。默认格式为 bare --disk-format <disk-format>:指定镜像的格式。默认格式为 raw	将指定卷作为镜像上传到镜像服务
cinder show <volume>	<volume>:卷的名称或 ID	获取指定卷的详细信息
cinder rename <volume> <display-name>	<volume>:被修改卷的名称或 ID <display-name>:卷的新名称	为指定卷改名
cinder reset-state <volume>	<volume>:卷的名称或 ID 可选项: --state <state>:设置卷的状态,可选的状态有:available, error, creating, deleting, error_deleting。该项默认设置为 available 状态	重置卷的状态

附表 B-12 卷快照操作相关命令

命令格式	参数描述	作用
cinder snapshot-create <volume>	<volume>:卷的名称或 ID 可选项: --force <True|False>:该选项表示在指定卷挂接在虚拟机的情况下是否强制创建卷快照。该项默认值为 False --display-name <display-name>:卷快照的名称。该项默认值为空 --display-description <display-description>:卷快照的描述信息	创建一个卷快照

续表

命令格式	参数描述	作用
cinder snapshot-delete <snapshot>	<snapshot>：被删除卷快照的名称或 ID	删除一个卷快照
cinder snapshot-list	可选项： --all-tenants [<0|1>]：显示所有租户的卷快照信息列表（仅管理员有权限使用） --display-name <display-name>：显示具有指定名称的卷快照 --status <status>：显示具有指定状态的卷快照 --volume-id <volume-id>：显示由指定卷所创建的卷快照	显示所有卷快照的信息列表
cinder snapshot-rename <snapshot> <display-name>	<snapshot>：卷快照的名称或 ID <display-name>：卷快照的新名称	为指定的卷快照改名
cinder snapshot-show <snapshot>	<snapshot>：卷快照的名称或 ID	获取指定卷快照的详细信息
cinder snapshot-reset-state <snapshot>	<snapshot>：卷快照的名称或 ID 可选项： --state <state>：设置卷的状态，可选的状态有：available, error, creating, deleting, error_deleting。该项默认设置为 available 状态	重置卷快照的状态

5. 网络服务相关命令（Neutron）

网络服务 Neutron 为 OpenStack 的各组件提供软件定义网络功能，允许用户自己创建网络并连接端口使用，自定义子网地址和浮动 IP 的分配规则，还可以定义网关、路由器、防火墙等网络设备。常用的网络操作相关命令如附表 B-13 所示，子网操作命令如附表 B-14 所示，端口操作命令如附表 B-15 所示。读者若要了解更多的 neutron 命令，可以通过使用 neutron help 命令来获取相关的帮助信息。

附表 B-13　网络操作相关命令

命令格式	参数描述	作用
neutron net-create <NAME>	<NAME>：所创建网络的名称 可选项： --tenant-id <TENANT_ID>：网络所属租户的 ID --admin-state-down：设置不启用管理员状态 --shared：设置网络为共享的	创建一个网络
neutron net-delete <NETWORK>	<NETWORK>：被删除网络的名称或 ID	删除一个网络
neutron net-list	（该命令无参数）	显示租户所有的网络信息列表
neutron net-show <NETWORK>	<NETWORK>：网络的名称或 ID	获取指定网络的详细信息
neutron net-update <NETWORK>	<NETWORK>：被更改网络的名称或 ID	更改指定网络的信息

附表 B-14　子网操作相关命令

命令格式	参数描述	作用
neutron subnet-create <NETWORK> <CIDR>	<NETWORK>：子网所属主网络的名称或 ID <CIDR>：所建子网的 CIDR 地址 可选项： --tenant-id <TENANT_ID>：网络所属租户的 ID --name <NAME>：所建子网的名称 --ip-version {4,6}：设置 IP 版本，默认是 IPv4 --gateway <GATEWAY_IP>：子网的网关地址 --no-gateway：该选项表示无网关 --allocation-pool start=<IP_ADDR>,end=<IP_ADDR>：设置子网 IP 地址池的起止地址 --host-route destination=<CIDR>,nexthop=<IP_ADDR>：设置路由 --dns-nameserver <DNS_NAMESERVER>：设置 DNS 服务器 --disable-dhcp：不启用 DHCP	创建一个子网络

续表

命令格式	参数描述	作用
neutron subnet-delete <SUBNET>	<SUBNET>：被删除子网的名称或 ID	删除一个子网
neutron subnet-list	（该命令无参数）	显示子网信息列表
neutron subnet-show <SUBNET>	<SUBNET>：子网的名称或 ID	获取指定子网的详细信息
neutron subnet-update <SUBNET>	<SUBNET>：被更改子网的名称或 ID	更改子网的信息

附表 B-15　端口操作相关命令

命令格式	参数描述	作用
neutron port-create <NETWORK>	<NETWORK>：端口所属网络的名称或 ID 可选项： --tenant-id <TENANT_ID>：所属租户的 ID --name <NAME>：所建端口的名称 --admin-state-down：设置不启用管理员状态 --mac-address <MAC_ADDRESS>：端口的 MAC 地址 --device-id <DEVICE_ID>：端口设备的 ID --fixed-ip ip_address=<IP_ADDR>：设置端口的 IP 地址，指明端口所属子网和端口 IP：subnet_id=<name_or_id>,ip_address=<ip>	创建一个端口
neutron port-delete <PORT>	<PORT>：被删除端口的名称或 ID	删除一个指定端口
neutron port-list	（该命令无参数）	显示端口列表
neutron port-show <PORT>	<PORT>：端口的名称或 ID	获取指定端口的详细信息
neutron port-update <PORT>	<PORT>：被更改端口的名称或 ID	更改端口的信息

参考文献

[1] 刘黎明, 王昭顺. 云计算时代: 本质、技术、创新、战略. 北京: 电子工业出版社, 2014

[2] (美) 埃尔 (Erl, T.) 等著. 龚奕利, 贺莲, 胡创 译. 云计算: 概念、技术与架构. 北京: 机械工业出版社, 2014

[3] 陈伯龙, 程志鹏, 张杰. 云计算与OpenStack: 虚拟机Nova篇. 北京: 电子工业出版社, 2013

[4] 张子凡. OpenStack部署实践. 北京: 人民邮电出版社, 2014

[5] 张小斌. OpenStack企业云平台架构与实践. 北京: 电子工业出版社, 2015

[6] 程克非, 罗江华, 兰文富. 云计算基础教程. 北京: 人民邮电出版社, 2013

[7] 陆嘉恒 等. 分布式系统及云计算概论（第2版）. 北京: 清华大学出版社, 2013

[8] 刘鹏. 云计算（第二版）. 北京: 电子工业出版社, 2011

[9] 朱近之. 智慧的云计算——物联网的平台（第2版）. 北京: 电子工业出版社, 2011

[10] 刘军. Hadoop大数据处理. 北京: 人民邮电出版社, 2013

[11] 陆嘉恒. Hadoop实战（第2版）. 北京: 机械工业出版社, 2014

[12] 赵书兰. 典型Hadoop云计算. 北京: 电子工业出版社, 2013

[13] 刘川意, 袁玉宇. 拨得云开见日出——解构一个典型的云计算系统. 北京: 电子工业出版社, 2012

[14] 张德丰. 云计算实战. 北京: 清华大学出版社, 2012

[15] 何小朝. 纵横大数据: 云计算数据基础设施. 北京: 电子工业出版社, 2014

[16] (美) George Reese 著. 程桦 译. 云计算应用架构. 北京: 电子工业出版社, 2010

[17] 张为民, 赵立君, 刘玮. 物联网与云计算. 北京: 电子工业出版社, 2012

[18] 徐强, 王振江. 云计算: 应用开发实践. 北京: 机械工业出版社, 2012

[19] 姚宏宇, 田溯宁. 云计算: 大数据时代的系统工程. 北京: 电子工业出版社, 2013

[20] 中国电子学会云计算专家委员会, 主编 李德毅. 云计算技术发展报告: 2012. 第2版. 北京: 科学出版社, 2012

[21] 袁文宗. 创新的云计算商业模式. 北京: 清华大学出版社, 2013

[22] 徐保民. 云计算解密: 技术原理及应用实践. 北京: 电子工业出版社, 2014

[23] 邹恒明. 云计算之道. 北京: 清华大学出版社, 2013

[24] 黄凯, 毛伟杰, 顾骏杰. OpenStack实战指南. 北京: 机械工业出版社, 2014

[25] Tim Mather, Subra Kumaraswamy, Shahed Latif 著, 刘戈舟, 杨泽明, 刘宝旭 译. 云计算安全与隐私. 北京: 机械工业出版社, 2011

[26] (美) Venkata Joysula, Malcolm Orr, Greg Page 著, 张猛 译. 云计算与数据中心自动化. 北京: 人民邮电出版社, 2012

[27] 鲍亮, 李倩. 实战大数据. 北京: 清华大学出版社, 2014

[28] 周品. 云时代的大数据. 北京: 电子工业出版社, 2013

[29] 李德伟, 顾煜, 王海平等. 大数据改变世界. 北京: 电子工业出版社, 2013

[30] 赵刚. 大数据: 技术与应用实践指南. 北京: 电子工业出版社, 2013

[31] 杨巨龙. 大数据技术全解. 北京: 电子工业出版社, 2014

[32] 何小朝. 纵横大数据: 云计算数据基础设施. 北京: 电子工业出版社, 2014

[33] 彭渊. 大规模分布式系统架构与设计实战. 北京：机械工业出版社，2014
[34] （美）Tom White 著，周敏奇，王晓玲，金澈清 等译. Hadoop 权威指南. 北京：清华大学出版社，2011
[35] 李宁，王东亮. Hadoop 云计算一体机实践指南. 北京：机械工业出版社，2013
[36] 文艾，王磊. 高可用性的 HDFS——Hadoop 分布式文件系统深度实践. 北京：清华大学出版社，2012
[37] 徐俊刚，邵佩英. 分布式数据库系统及其应用（第 3 版）. 北京：科学出版社，2012
[38] （美）Kai Hwang, Geoffrey C. Fox, Jack J. Dongarra 著，武永卫，秦中元 译. 云计算与分布式系统：从并行处理到物联网. 北京：机械工业出版社，2013
[39] （美）Anand Rajaraman, Jeffrey David Ullman 著，王斌 译. 大数据：互联网大规模数据挖掘与分布式处理. 北京：人民邮电出版社，2012
[40] 雷葆华，饶少阳，张洁. 云计算解码（第 2 版）. 北京：电子工业出版社，2012
[41] 黎连业，王安，李龙. 云计算基础与实用技术. 北京：清华大学出版社，2013
[42] 雷万云. 云计算技术、平台及应用案例. 北京：清华大学出版社，2011
[43] 万川梅. 云计算与云应用. 北京：电子工业出版社，2014
[44] （美）Barrie Sosinsky 著，陈健 译. 云计算宝典. 北京：电子工业出版社，2013
[45] 鲍亮，陈荣. 深入浅出云计算. 北京：清华大学出版社，2012
[46] 周品. Hadoop 云计算实战. 北京：清华大学出版社，2012
[47] （美）Vic（J. R.）Winkler 著 刘戈舟，杨泽明，许俊峰 译. 云计算安全：架构、战略、标准与运营. 北京：机械工业出版社，2013
[48] 杨正洪，周发武. 云计算和物联网. 北京：清华大学出版社，2011
[49] 中兴通讯学院. 对话云计算. 北京：人民邮电出版社，2012
[50] 赵新芬. 典型云计算平台与应用教程. 北京：电子工业出版社，2013
[51] 祁伟，刘冰，路士华. 云计算：从基础架构到最佳实践. 北京：清华大学出版社，2013
[52] （美）Christopher Wahl, Steven Pantol 著，姚军 译. VMware 网络技术：原理与实践. 北京：机械工业出版社，2014
[53] （美）Thomas Erl,（英）Zaigham Mahmood,（巴西）Ricardo Puttini 著，龚奕利，贺莲，胡创 译. 云计算：概念、技术与架构. 北京：机械工业出版社，2014
[54] （美）Christopher M. Moyer 著，顾毅 译. 构建云应用：概念、模式和实践. 北京：机械工业出版社，2012
[55] （美）Ronald L. Krutz, Russell Dean Vines 著，张立强 译. 云计算安全指南. 北京：人民邮电出版社，2013
[56] （英）特金顿著，张治起 译. Hadoop 基础教程. 北京：人民邮电出版社，2014
[57] （美）Eric Sammer 著，刘敏，麦耀锋，李冀蕾 译. Hadoop 技术详解. 北京：人民邮电出版社，2013
[58] 李天目，韩进. 云计算技术架构与实践. 北京：清华大学出版社，2014
[59] M. Tamer Ozsu, Patrick Valduriez 著，周立柱 译. 分布式数据库系统原理. 北京：清华大学出版社，2014
[60] Ajay D. Kshemkalyani, Mukesh Singhal 著，余宏亮，张冬艳 译. 分布式计算：原理、算法与系统. 北京：高等教育出版社，2012
[61] 李文军. 分布式计算. 北京：机械工业出版社，2012
[62] 发现 OpenStack 系列, IBM developerWorks 中国文档库. https://www.ibm.com/developerworks/cn/views/global/libraryview.jsp.2015
[63] 朱晓阳.桌面云中的 Connection Broker.http://www.ibm.com/developerworks/cn/cloud/library/1112_zhuxy_connectionbroker/index.html.2012
[64] William von Hagen.使用 KVM 虚拟化技术.https://www.ibm.com/developerworks/cn/linux/l-using-kvm.2014

[65] OpenStack. http://www.openstack.org/software/project-navigator.2015

[66] xCAT. http://sourceforge.net/p/xcat/wiki/Main_Page/.2015

[67] OpenStack 子项目 Savanna 架构.https://savanna.readthedocs.org/en/latest/architecture.html.2015

[68] Martin C. Brown. 云部署中的 Hadoop.http://www.ibm.com/developerworks/cn/data/library/ba/ba-hadoop-in-cloud/.2015

[69] Savanna 安装指南. https://savanna.readthedocs.org/en/0.3/userdoc/installation.guide.html.2015

[70] Steve Markey. 将 OpenStack 私有云部署到 Hadoop MapReduce 环境.http://www.ibm.com/developerworks/cn/cloud/library/cl-openstack-deployhadoop/.2013

[71] Fuel 开源代码库.http://github.com/stackforge.2015

[72] 陈海洋. OpenStack 网络：Neutron 初探. http://www.ibm.com/developerworks/cn/cloud/library/1402_chenhy_openstacknetwork/index.html.2014

[73] 肖宏辉.OpenStack Neutron 之 L3 HA .http://www.ibm.com/developerworks/cn/cloud/library/1506_xiaohh_openstackl3/index.html.2015

[74] Mirantis-OpenStack 解决方案.https://www.mirantis.com/products/mirantis-openstack-software/.2015

[75] CSDN 社区.http://blog.csdn.net/.2015.

[76] 祁晓璐.使用 xCAT 简化 AIX 集群的部署和管理. http://www.ibm.com/developerworks/cn/aix/library/1009_qixl_xcataix/index.html.2010.

[77] CHEF. https://www.chef.io/chef/.2015

[78] Chef 软件下载. https://downloads.chef.io/.2015

[79] Ruby 程序设计语言官网. https://www.ruby-lang.org/zh_cn/.2015

[80] Puppet 运维实战电子版. https://www.gitbook.com/book/kisspuppet/puppet/details.2015

[81] OpenStack Neutron/ML2. https://wiki.openstack.org/wiki/Neutron/ML2.2015

[82] Nagios 核心手册. http://library.nagios.com/library/products/nagioscore/manuals.2015

[83] Hadoop. http://hadoop.apache.org/.2015

[84] Savanna Documentation. https://savanna.readthedocs.org/en/0.2/index.html.2015

[85] Sahara-OpenStack. https://wiki.openstack.org/wiki/Sahara.2015

[86] Sahara in launchpad. https://launchpad.net/sahara.2015

[87] RDO. https://www.rdoproject.org/.2015

[88] CentOS RPM 软件包. http://dev.centos.org/centos/.2015

[89] DevStack Documentation. http://docs.openstack.org/developer/devstack/.2015

[90] DevStack 安装指南. http://docs.openstack.org/developer/devstack/guides/single-vm.html.2015

[91] DevStack configuration. http://docs.openstack.org/developer/devstack/configuration.html.2015

[92] 程磊，杨剑飞. Hadoop NameNode 高可用（High Availability）实现解析. http://www.ibm.com/developerworks/cn/opensource/os-cn-hadoop-name-node/.2015

[93] Judith M. Myerson. http://www.ibm.com/developerworks/cn/cloud/library/cl-software-defined-networking/.2014

[94] 陈海洋. OpenStack 存储剖析. http://www.ibm.com/developerworks/cn/cloud/library/1402_chenhy_openstackstorage/.2014

[95] 中移动专家："大云"Hadoop 平台及应用.http://tech.it168.com/a2014/0410/1611/000001611910.shtml.2014

[96] 阿里搜索离线技术团队负责人谈 Hadoop：阿里离线平台、YARN 和 iStream. http://www.infoq.com/cn/news/2014/09/hadoop-alibaba-yarn.2014